ROUNIU QINGCU SILIAO ZIYUAN
GAOXIAO LIYONG JISHU

# 肉牛青粗饲料资源
# 高效利用技术

牛化欣　　陆拾捌　胡宗福
吴白乙拉　徐均钊　梁丽丽　　著

中国农业科学技术出版社

**图书在版编目（CIP）数据**

肉牛青粗饲料资源高效利用技术 / 牛化欣等著 .

北京：中国农业科学技术出版社，2024.10. -- ISBN
978-7-5116-7140-0

Ⅰ. S823.95

中国国家版本馆 CIP 数据核字第 2024ZT2205 号

**责任编辑**　张国锋
**责任校对**　李向荣
**责任印制**　姜义伟　王思文

**出 版 者**　中国农业科学技术出版社
　　　　　　北京市中关村南大街 12 号　邮编：100081
**电　　话**　（010）82109705（编辑室）（010）82106624（发行部）
　　　　　　（010）82109709（读者服务部）
**网　　址**　https://castp.caas.cn
**经 销 者**　各地新华书店
**印 刷 者**　北京建宏印刷有限公司
**开　　本**　170 mm×240 mm　1/16
**印　　张**　14.25　彩插 8 页
**字　　数**　280 千字
**版　　次**　2024 年 10 月第 1 版　2024 年 10 月第 1 次印刷
**定　　价**　58.00 元

# 前　言

　　肉牛产业是我国畜牧业的重要组成部分，也是关系国计民生的畜牧优势产业。当前，我国畜牧业现代化建设取得重大进展，奶牛、猪、家禽养殖已基本实现现代化养殖，生产效率已接近于国际先进水平。然而，我国肉牛产业发展较晚，还处于转型升级的关键时期，面临机遇与诸多挑战。根据国家统计局数据，我国肉牛存栏量从 2019 年的 6998 万头增长到 2023 年的 8454 万头，增加 1456 万头，牛肉产量从 2019 年的 667 万 t 增加到 753 万 t，增加 86 万 t。而进口牛肉数量从 2019 年的 165.9 万 t 增长到 2023 年的 330 万 t，增长约 1 倍。因此，我国肉牛产业质量、生产效率、效益和竞争力还有待增强。

　　提高饲料效率是国内外肉牛提质增效的主要途径，也是肉牛科技进步的综合体现。我国肉牛营养与饲料研究起步晚，基础薄弱，投入少，但经过近 10 年的不断发展，已基本建立了适应我国肉牛养殖需求的技术支撑。饲料成本是肉牛养殖成本的主要组成部分，约占养殖总成本的 65%，是直接影响养殖效益的关键因素之一，其中粗饲料必不可少，青粗饲料是肉牛日粮中最为重要的组成部分，粗饲料成本占总成本的 40%～60%。因此，科学合理利用粗饲料是减少肉牛养殖成本的重要因素，也是肉牛养殖盈利的决定性因素。内蒙古民族大学地处全国肉牛产业第一重镇的内蒙古自治区通辽市，校肉牛科技创新团队自 2016 年起，开始从"饲料端"探索青贮微生物影响青贮饲料发酵品质研究，系统开展了全株玉米青贮、苜蓿青贮、羊草青贮、玉米 – 大豆混贮、绿色农业废弃物青贮等青贮饲料调制加工与生物发酵系列研究和生产实践推广（2023YFDZ0079），基于多组学技术解析了生物添加剂（外源酶 / 乳酸菌 / 纤维素降解菌）及其接种青贮全株 / 黄贮玉米对肉牛利用效率差异的分子机制（NJYT22054），集成了玉米资源饲用高值化及其肉牛发酵 TMR 精准高效利用关键技术（2020GG0108）和肉用繁殖母牛 – 犊牛精准营养调控关键技术研究与应用示范（2021GG0035）；并且从"瘤胃微生物消化 – 宿主营养吸收代谢端"探索了基于多组学的蒙古牛瘤胃微生物纤维素降解和利用分子机制（2022MS03074、GXKY22041）、基于瘤胃肝轴 SCFA/GPCR /

AMPK/mTOR 信号通路探究寒冷应激对华西牛瘤胃消化吸收和肝脏糖异生的作用机制（32460813）等方面的研究，结合"饲料端"和"瘤胃微生物消化–宿主营养吸收代谢端"的科技成果，为提高"养殖端"肉牛生产效率提供科学理论和技术支撑。本书针对内蒙古自治区肉牛养殖、青粗饲料调制加工与高效利用技术需求，确定了不同生长阶段肉牛营养需求、瘤胃微生物功能与消化代谢；优化青绿、青贮、粗饲料资源开发与高值化利用关键技术，特别是针对不同形式饲用玉米资源，利用挤压膨化微贮和生物发酵青贮、黄贮技术，集成玉米资源饲用高值化关键技术，并制备和优化其肉牛全混合日粮配方，探索了肉用母牛–犊牛生产系统与青粗饲料高效利用技术，构建了肉牛育肥营养调控技术，优化粗饲料、青贮饲料型肉牛饲料配方与养殖效果，为推进肉牛节本增效饲料加工关键技术推广应用、挖掘节粮型肉牛青粗饲料养殖潜力、提高肉牛生产效率提供理论参考与技术支撑。希望通过本书出版发行，为肉牛利用青粗饲料资源提供技术，不断提高肉牛生产效率和饲料资源转化效率，为我国和内蒙古自治区肉牛市场竞争力提升和养殖增效提供科技支撑。

肉牛青粗饲料资源高效利用技术研究与本书出版，均得到了国家自然科学基金、内蒙古自然科学基金、内蒙古自治区科技攻关项目、内蒙古民族大学校肉牛科技创新团队等多个项目和团队的资助。内蒙古民族大学、通辽市农牧业发展中心和内蒙古自治区农牧业技术推广中心科技工作者和生产推广人员在编写过程中，还广泛征求了业界各位专家和养殖户的意见，在此表示衷心感谢，但由于能力有限，疏漏在所难免，在此希望得到业内人士的批评指正。

牛化欣

2024 年 10 月 10 日

# 目 录

# 第一章 优质青粗饲料资源开发与利用关键技术

## 第一节 我国青粗饲料资源利用现状及发展趋势

### 一、优质青粗饲料资源利用现状

优质青粗饲料是现代草食畜牧业健康、高质量发展的重要基础保障，也是草食家畜维持高产与生产优质、安全畜产品的重要前提。就我国而言，优质青粗饲料是实现4亿多牛羊等草食动物健康、高质量发展，实现奶业振兴，支持"粮改饲"政策落地生根和保障国家大粮食安全等国家重大战略需求的有效突破口和主抓手。优质青粗饲料资源利用现状总体良好，但仍面临一些挑战。优质青粗饲料资源在我国虽然丰富，但由于自然、技术、经济条件等因素的限制，其开发与利用仍受到一定限制，影响了畜牧业生产的发展。

近年来，随着我国经济社会发展，居民膳食结构发生了明显改变，主要表现为人们对乳肉等畜产品的需求增加。2013年，任继周等9位院士在给国务院的《我国"耕地农业"应向"粮草兼顾型结构转型"的建议》中指出，我国人均口粮从1986年到2010年降低了28.5%，而动物性食品消耗量一路攀升。据农业农村部统计，从2013年到2020年我国奶类和肉类的消费量分别增长11%和14%，而粮食的消费量呈现负增长（-5%）。从我国粮食消费量来看，2021年我国饲料粮消耗量占比48%，而口粮消费量占33%。因此，我国粮食安全的核心是饲料粮的安全。由此可见，居民膳食结构的改变已拉动畜牧业特别是节粮型草食畜牧业

1

进入快速发展的轨道。为支撑草食畜牧业高质量发展和保障畜产品安全，我国先后出台了"振兴奶业苜蓿发展行动（2012年）""粮改饲（2015年）""草牧业试点（2015年）"和"'十四五'全国饲草产业发展规划（2022年）"等政策，并在2015年的中央一号文件中首次提出了加快发展草牧业，支持青贮玉米和苜蓿等饲草料的种植，从而极大地推动了我国草产业和草食畜牧业的发展，并对保障国家粮食安全起到了积极作用。2021年，全国粮改饲2 000万亩（1亩≈667m²）以上，收贮优质饲草5 500万t，牛羊养殖减用玉米和豆粕720万t，相当于减少2 600万亩玉米、大豆种植需求，节约耕地600万亩，实现了"以草代粮"效果。即便如此，我国每年仍需进口苜蓿、燕麦等优质饲草200多万t，而饲料粮缺口更甚，"粮食饲用"的畸形发展趋势愈发明显。比如，2020年我国进口大豆10 033万t、玉米1 130万t，其中1/2用于饲料。谯仕彦院士根据我国当前饲料转化率测算：2035年，我国玉米等能量饲料缺口将超过8 800万t，大豆等蛋白饲料缺口将超过1.24亿t。当前，在新时代"大食物观"的背景下衍生出的"种草就是种粮"的观念逐渐凸显出饲草产业对于我国"大粮食安全"的重要性。

优质草产品可有效链接种草和养畜环节，高效利用饲草资源是保障我国畜产品持续、稳定供应的前提。但目前饲草加工中还存在诸多未明确或未解决的科学问题，如牧草调制过程中微生物组动态变化及其发挥功能的基石菌株和核心菌株不明确；功能微生物组调控牧草营养转化路径与适口性的分子机制不清晰；利用功能微生物、合成微生物群落等调制发酵牧草，精准调控动物饲料转化率等的分子机制有待解析；牧草加工过程中微生物组演替与碳排放关系及规律未知；饲草加工工艺与环境因子等对饲草加工品质的影响机制有待深入研究；草加工与家畜养殖有效衔接及协同增效的关键机制研究还未受到足够重视等。上述科学问题的回答，有助于揭示饲草加工过程中发挥作用的功能微生物组，阐明微生物与饲草营养、品质、功能、利用的关系，为建立有效减少干物质损失、提高品质、增加利用率和安全性的饲草加工技术体系提供理论基础，从而实现多元优质草产品（如烘干草、青贮、草颗粒等）的精细加工与高效利用。因此，明晰饲草本底的生物学特性、饲草加工贮存过程中微生物演替规律与微生物组调控的饲草营养转化路径、饲草加工过程中减损提质的限制因子、饲草饲喂动物后的营养吸收与利用特点是草产品精细加工、稳定贮存和高效利用的理论基础，对于提高草产品品质与安全性、提升饲草利用率与转化率，促进畜牧业稳定可持续发展意义深远。

优质青粗饲料资源的种类和特点。我国肉牛常用的优质青粗饲料包括青饲玉米、青饲高粱、青饲大麦、青饲燕麦等。这些饲料柔软多汁，适口性好，能够提供丰富的营养，有助于提高肉牛的生长和健康。此外，还有秸秆、秕壳等粗饲料，这些饲料来源广泛，数量多，易于收集，是粮食的副产物，对于降低养殖成本具有重要意义。

优质青粗饲料资源利用中存在的问题。尽管我国有较为丰富的粗饲料资源，但总体饲料资源长期紧张，且日益突出。随着粗饲料成本的大幅上升，如何充分利用粗饲料成为降低肉牛养殖成本、保障肉牛业可持续发展的必然途径。然而，我国对肉牛粗饲料营养价值的评定研究较少，这在一定程度上限制了其有效利用。此外，人畜争粮的问题也是草畜产业发展的重要问题，需要通过政策引导和技术创新来解决。

## 二、全株玉米、羊草、苜蓿等饲草青贮研究进展

全株玉米青贮是草食家畜尤其是肉牛饲养体系中不可或缺的基础饲料，但当前全株玉米青贮饲料二次发酵和有氧变质现象频发，给畜牧业生产造成了重大经济损失。研究表明，好氧性细菌（如巴氏醋酸杆菌等）和酵母菌（如毕赤酵母等）是诱发全株玉米青贮有氧变质的关键微生物。酵母菌等好氧微生物随着青贮pH值的升高开始恢复活性至完成青贮饲料腐败的整个过程，会消耗青贮干物质总量的20%。此外，由于霉菌（如曲霉、镰刀霉等）产生毒素威胁动物健康，所以它们在青贮有氧变质过程中的危害也备受重视。目前，对于全株玉米二次发酵及减少真菌毒素的应对措施主要包括以下四个方面：外源接种异型发酵乳酸菌制剂；添加外源抗菌制剂；适当延长青贮时间；添加脱毒酶制剂。当玉米青贮完全暴露于空气中时添加乙酸和丙酸，可以有效降低玉米青贮饲料的pH值，提高乙酸、干物质和粗蛋白质含量，显著延长玉米青贮在有氧环境下保持稳定的时间；接种布氏乳杆菌可显著提高全株玉米的有氧稳定性。与化学添加剂和酶制剂相比，乳酸菌制剂因经济实用使得其前景广阔。因此，挖掘具有高效稳定发酵、抑制腐败微生物以及毒素降解功能的乳酸菌等微生物是今后研究的主流方向。

羊草属禾本科，是一种多年生的优良草种。因其对复杂环境（如 -47.5℃的极寒地区和土壤湿度低于6%）的干旱地区的耐受性而闻名。羊草自然分布于西伯利亚、俄罗斯、中国的北部平原和内蒙古高原，具有丰富的嫩茎和叶、发达的根茎系统及枯黄期晚等特点，是延长青绿饲料供应时间的重要饲草资源。尽管羊草在这些地区被重点栽培，但其本身仍存在可溶性碳水化合物含量低和乳酸菌数量少的问题，这可能会成为制约调制高质量青贮饲料的因素。所以，考虑在新鲜

羊草青贮时直接添加添加剂的情况下生产青贮饲料，这不仅能扩大羊草的利用空间，并且对推动饲草业向生产优质饲草的模式转型也有着实践意义。如今，青贮工艺在不断更新的过程中，已经逐渐代替简单调制干草的方式。青贮饲料的生产是在无氧环境下以微生物活动为主完成的。其中，乳酸菌通过可溶性糖（WSC）转变成乳酸和其他有机酸，加快形成低 pH 值环境，从而达到养分流失最小化的目的。但在青贮初期，牧草表面天然存在的附生菌数量少、活性低，产生的乳酸达不到成功青贮所需的浓度。因此，青贮饲料添加剂被用来解决青贮生产中的这些问题。

豆科饲草可为反刍动物提供优质的蛋白质，作为牧草之王的苜蓿对奶牛养殖至关重要。然而，由于我国北方地区苜蓿收获时节面临雨热同季现象，导致半干苜蓿青贮在晾晒、捡拾过程中容易导致灰分增加，叶片蛋白损失大和淋雨变质等问题，从而致使青贮品质不稳定、成本增加。因此，减少翻晒次数和时间的高水分苜蓿青贮技术模式是解决上述问题的理想方法。然而，高水分苜蓿青贮（水分含量高于 70%）往往会稀释苜蓿中可溶性碳水化合物浓度，加之独特的气候条件，饲草表面自然附着的微生物复杂，有害或好氧微生物数量远多于乳酸菌，导致其自然发酵品质极不稳定，青贮不易成功，且面临梭菌发酵的风险。目前，改善高水分苜蓿青贮发酵品质主要通过青贮添加剂，如甲酸或者丙酸类等有机酸，虽然效果明显但适口性较差。乳酸菌是认可度较高的添加剂，但由于梭菌厌氧、底物宽泛和产孢等特性，普通乳酸菌不能靶向杀死耐酸梭菌和孢子，同时受限于苜蓿的低可溶性糖含量，也不能直接降解多糖（如淀粉和纤维素）产生足够的有机酸提高发酵品质。未来可靶向筛选合成特定活性物质如细菌素等抑制梭菌的菌株，以及可降解淀粉或纤维素的菌株，并依据它们的代谢特性组装具有高效抑菌活性及高效利用碳源的多功能微生物群落，在抑制梭菌的基础上提升发酵品质。此外，在青贮过程中，豆科牧草的部分真蛋白会被降解为非蛋白氮，难以被反刍动物快速吸收利用，经瘤胃壁吸收在肝脏中合成尿素最终排出体外，造成蛋白浪费且可能引起环境污染。研究表明，红三叶、红豆草等饲草中富含酚类化合物，该类物质可与蛋白酶或者蛋白底物结合，从而抑制蛋白质的水解作用。因此，与其他饲草相比，这类饲草在青贮过程中蛋白质的降解程度较低。未来通过外源添加蛋白酶抑制剂或者利用微生物表达植物蛋白酶抑制剂，赋予苜蓿同样的蛋白保护机制，将对优质苜蓿青贮饲料的生产和反刍动物养殖业的发展产生积极影响。

## 三、木本植物资源研究进展

面对我国饲料短缺、饲草自给率低的难题，充分开发利用乡土饲草资源迫在眉睫。我国乡土饲草种类丰富，包括灌木、半灌木和草本植物等资源，它们青绿期长、抗逆性强、产量高，且大部分可种植在盐碱地、山地丘陵等边际土地，如蛋白桑、柠条、田菁、沙棘等，可作为蛋白饲料加以利用，不但可扩充饲料来源，解决人畜争地难题，还可改良土壤、保持水土、防风固沙，增加环境与生态效益。然而乡土饲草原料的营养成分、微生物菌群等理化特征不一，将其饲用化利用存在诸多问题，如木质纤维素含量高、抗营养相关次生代谢物含量丰富、本底附生乳酸菌较少等。为解决上述问题，一方面通过加工工艺对原材料进行处理，如适时收获、提高留茬高度、加工时进行揉丝等方式，破坏木质纤维素结构，增加纤维素的可及性，同时降低抗营养因子的含量；另一方面通过添加剂如糖蜜、纤维素酶以及乳酸菌等方式增加发酵底物，促进乳酸菌发酵。以构树为例，其单宁等抗营养因子是限制木本饲料作为基础日粮的主要原因之一，但可通过筛选降解单宁的乳酸菌来达到降低其含量的目的。作为一种"绿色蛋白"来源，除构树外，还有蛋白桑、柠条、田菁等非常规高蛋白饲草，因其在替代蛋白饲料和减少饲料粮进口等方面发挥着越来越重要的作用，被诸多专家学者称为"绿色黄金"。但是，高蛋白饲草存在缓冲能值高、发酵不充分等问题，极易腐败并产生氨态氮、生物胺等物质，严重影响饲草的适口性并危及牲畜安全。以田菁为例，因其水分大、蛋白含量高、次级代谢产物多，青贮发酵较难成功，并往往导致蛋白质降解。通过添加在发酵过程占据主导地位的同型乳酸菌（促进发酵）和异型发酵乳酸菌（提高有氧稳定性），可显著降低青贮发酵后 pH 值和氨态氮含量，减少粗蛋白质损失。

未来可针对性地筛选降解纤维或抗营养因子的微生物菌株（群），同时优化乡土饲草青贮加工工艺，深入乡土饲草青贮改善畜产品品质机理研究，强化乡土饲草多功能和全产业链创新。

## 四、秸秆、尾菜类、中药残渣、糟渣类等农业副产物发酵研究进展

厌氧发酵是农作物秸秆资源饲料化和高效利用的有效途径。鉴于农作物秸秆

纤维素含量较高、附生乳酸菌和发酵底物不足的问题，各类添加剂被应用于农作物秸秆青贮饲料生产中，如糖蜜、甲酸、纤维素酶、乳酸菌等，均可改善小麦、水稻等秸秆的发酵品质。但值得注意的是，添加外源酶制剂存在成本较高、性能不稳定及 pH 值适应范围较狭窄等缺陷，限制了其在青贮中的广泛应用。近年来，兼性厌氧纤维素降解复合菌群由于其活力强、适用范围广等特点，在青贮领域得到了广泛关注。因此，未来研究应聚焦于纤维素降解菌的挖掘和功能研究、多功能复合菌群的组装、开发与应用，以及基因编辑技术改造菌株的酶功能与活性提升，从而提高纤维素降解菌群的广谱性、持续性及高效性。

随着现代农业的发展和农业科技的进步，人们更加关注反刍动物的健康问题，特别是抗生素的不合理使用，已导致耐药菌和抗生素残留等诸多问题的出现。因此，近几年中草药产品在动物保健和防治疾病方面的应用越来越受到关注，众多企业开始涉入中兽药领域，随之出现中草药资源消耗量的不断增加、资源匮乏等问题。同时，中药提取废弃物大量排放也对环境产生严重影响，据相关统计，中国每年中药残渣的排放量约为 3 000 万 t，并且逐年增加。目前，中草药残渣在可循环利用方面的应用非常有限，处理方式主要以堆放、掩埋或焚烧为主，资源消耗大，有效利用率低，还容易产生二次污染，不仅对周围环境产生严重的破坏，也会造成资源的严重浪费，成为影响环境可持续发展的重点问题，所以发展循环农业经济，杜绝污染浪费，寻找资源的循环利用途径已是目前资源与环境发展战略中的共同目标。为了保证中草药提取残渣有效成分的高效利用或进一步提高残渣的营养价值，在其饲喂之前可先进行微生物发酵处理，目前该处理方式的中草药提取残渣多用于反刍动物的饲养方面。中草药残渣中含有大量的营养成分，主要包括氨基酸、粗蛋白质、粗纤维、粗脂肪，以及氮、磷、钾、硅、锰、铝、锌、铬、镁、铁等多种无机元素和少量维生素，并且不含致病菌、有毒物质，重金属含量远低于作为肥料或者基质的允许含量限值，所以该原料是一种极为安全、无公害的优质有机肥原材料。

尾菜类废弃物是继水稻秸秆、玉米秸秆和小麦秸秆之后的第四大农业废弃物。这类副产物营养价值高，适口性好，但水分含量高，单独青贮不易成功。除了通过凋萎和接种乳酸菌调控发酵品质和影响有氧稳定性外，还可与农作物秸秆类副产物混合青贮，发挥材料间的互补特性，调节尾菜水分。由于部分尾菜中还富含多糖等抗氧化物质，添加至发酵全混合日粮（TMR）中可抑制有氧腐败，提高有氧稳定性。未来应关注尾菜中微生物菌群及生物活性物质在青贮过程中的动态变化规律和水分、营养等调控技术，从而实现尾菜资源的高效利用。

　　与尾菜相似，糟渣类饲料同样需要合理开发及饲用化利用。在我国糟渣类主要包括酿造业副产品，如白酒糟、啤酒糟、酱油糟等，饮料业的副产品如苹果渣、柑橘皮渣等。虽然糟渣类营养丰富，富含糖类、有机酸、维生素、矿物质、膳食纤维等营养物质及黄酮、多酚、色素类活性物质，但因其存在含水量高、易霉变、无法长距离运输和长期贮存的问题，往往制约着糟渣类饲料资源的规模化利用。将糟渣发酵为青贮饲料可有效减少营养损失，提高适口性，增加贮存时间，但由于糟渣饲料自身营养不均衡，需将其与其他饲料原料和精饲料进行配合。采用发酵全混合日粮技术可高效利用糟渣类非常规饲料资源，降低其水分含量，便于商业化运输和长期贮存，实现饲料的全年均衡供应。未来尚需进一步优化以糟渣类饲料为主要原料的全混合日粮的发酵工艺和功能菌种，从而促进多种原材料的利用，均衡营养，减少有毒有害物质。

## 五、新型、功能性饲用微生物资源综合挖掘与饲料发酵调控研究进展

　　优质青干草是家畜生长发育及休牧禁牧期间必备的重要粗饲料，也是各种饲草加工企业的主要原料，在青干草的生产实践中，提高其品质调控、防霉及安全贮藏技术水平极其重要。青干草在调制过程中因机械、翻晒、雨淋及加工调制方式等因素会造成营养物质损失，降低饲草利用率，甚至影响饲草的再生量和草地生态环境。目前，诸多学者关于以上问题开展了相关研究，在加工工艺方面对关键参数进行优化可提高干草品质，如燕麦刈割后在水泥地压扁晾晒至27% ～ 30%含水量再进行打捆效果最佳，晒制厚度为 6 cm 时，可有效缩短干燥时间，使得燕麦青干草达到一级标准，晒制厚度为 13 cm 时，压扁晾晒效果最好；天然干草打捆密度达到 160 kg/m³ 时，可显著改善天然干草的营养品质，减少真菌毒素污染。此外，通过添加化学制剂（如柠檬酸）或植物精油（如芳樟醇、丁香酚、香豆素等）抑制霉菌可显著减少干草霉变。

　　与自然晾晒的天然青干草相比，制成草粉或草颗粒不仅能更好地保留饲草的营养物质，提高家畜的消化利用率；还可减少在晒制及运输过程中叶片等部位的营养损失，同时改善饲草质地，减少对家畜口腔及消化道的危害，保障家畜健康。在草粉和草颗粒加工制作的过程中，原料中的含水量、调制工艺及相关参数等都是影响其质量的关键因素。据测定，用豆科和禾本科饲草压制草颗粒，最佳含水量分别在 14% ～ 16% 和 13% ～ 15% 时用于制粒，有助于提高颗粒的耐储存

性。另外，通过模拟并建立草颗粒制作与工艺参数的数学模型获得最优参数组合可为生产优质颗粒饲料提供理论依据。鉴于青干草及草颗粒对草食家畜健康养殖的重要性，为进一步提高其品质，未来重点关注的研究工作主要包括：深入开展青干草加工机理研究，如叶绿素和胡萝卜素保存原理等；精准分析不同原料及成型颗粒的能耗及生产效率等因素，从产品与设备两方面优化生产工艺，制作稳定优质的饲草产品，助力畜牧业稳定可持续发展。

## 六、青粗饲料高效利用的生物学基础及研究进展

### （一）青粗饲料高效利用与反刍动物生产性能

反刍动物可将人类无法食用的饲草转化为高质量的动物蛋白质。然而，家畜摄入饲草的干物质最终只有14%可供人类食用。因此，增加饲草纤维消化率对家畜生产力、盈利能力和环境都至关重要。青贮饲料是家畜日粮的主要成分，占家畜干物质采食量的50%～70%，对草食家畜养殖业健康发展至关重要。在生产实践中保证青贮饲料发酵品质的同时，如何持续提高青贮饲料营养物质的利用效率或饲草转化效率也是目前青贮饲料研究领域重点关注的热点之一。青贮过程中纤维素酶的作用可能仅局限于更易被消化的营养物质，如半纤维素、纤维素、果胶等，对木质纤维素的整体结构（细胞骨架）并未造成实质性的破坏，因瘤胃中缺乏一些酯酶的活性，饲草木质纤维素的复杂结构（如3-甲氧基-4-羟基肉桂酸，即阿魏酸）不能被瘤胃微生物进一步水解，最终导致干物质和中性洗涤纤维体外消化率变化不明显，甚至下降。阿魏酸酯酶可破坏阿魏酸与细胞壁多糖和木质素的交联结构，增强瘤胃微生物对细胞壁的降解。动物饲喂试验表明，接种产阿魏酸酯酶的乳酸菌发酵后，苜蓿青贮饲料的干物质表观消化率提高了3%。然而，由于阿魏酸酯酶表达量较低，对饲草转化率提升幅度有限。未来，可通过基因编辑手段进一步强化功能乳酸菌的产酶能力，同时联合纤维素酶产生菌以进一步提高纤维素降解性能并保证其持续性及高效性是提高饲草转化效率的重要手段。

不完全的纤维消化通过限制摄入量降低了肉牛的利润，从而降低了动物生产力，增加了粪便的排泄量。例如，在玉米细胞壁中，木质素被认为是阻碍细胞壁消化的主要因素，且木质素浓度每增加1个单位，细胞壁降解率会降低2个单位。中性洗涤纤维消化率每增加1个单位，干物质采食量和产奶量则分别增加

0.17 kg/d 和 0.25 kg/d。在多年生黑麦草的饲喂试验过程中，消化率每增加 5% ～ 6%，可使奶牛泌乳性能提高 27%。由此可见，饲草细胞壁木质素浓度每增加 1 个单位都会严重抑制家畜的干物质采食量和产奶量。此外，增加饲草转化率相当于增加纤维饲料的能量供应。目前，提高饲草转化率的方法主要有以下几种：机械加工包括切碎、制粒、蒸汽处理；化学方法如酸碱处理；外源微生物或纤维素酶处理。但考虑到生产和饲喂成本、设备的腐蚀性以及对家畜和人类健康的影响，物理和化学方法使用较少。为降低成本、减少污染及对家畜的危害，未来利用瘤胃及肠道来源功能微生物对原材料进行预消化来提高饲草纤维利用率是饲草高效利用的有效途径。

胃肠道甲烷排放是反刍家畜饲养过程中的重要能量损失，占日粮消化能的 2% ～ 12%，占日粮代谢能的 6.5% ～ 18.7%。反刍家畜胃肠道甲烷排放主要来自瘤胃和后肠道，其中瘤胃甲烷占胃肠道甲烷生成总量的 80% 以上。目前，不同添加剂降低反刍动物甲烷排放的措施在动物实际生产中已取得较好的效果，如硝酸盐、植物精油、莫能菌素和延胡索酸等。未来，可通过在饲草加工过程中添加抑制甲烷产生的特定微生物（如酿酒酵母）达到长期稳定、安全有效的甲烷减排效果，从而保障动物及畜产品安全，提高我国饲料资源利用以及加速实现"双碳"事业目标。

### （二）青粗饲料高效利用与反刍动物健康福利

乳酸菌是一类具有益生功能的细菌，目前已广泛应用于食品、医药、畜牧业等领域。大量试验已证实乳酸菌能够通过菌体本身和代谢产物来有效提高机体免疫力，改善肠道功能，预防炎症性疾病和延缓衰老。通过青贮饲料代谢组学研究发现，青贮饲料中除了乳酸菌发酵产生的有机酸外，还含有抗菌、抗炎、抗氧化、神经递质、必需氨基酸、维生素、寡糖以及风味物质（醇类、酯类、醛类和烷烃类）等大量具有特殊生物学功能的其他代谢产物，但它们如何调控青贮发酵并发挥其生物学功能的机理尚不明晰。利用代谢组学、蛋白组学、宏基因组学等微生物组多组学联合分析手段开展功能菌或核心菌对青贮饲料及其对草食畜胃肠道健康的调控机制研究甚少。目前，通过高效利用青粗饲料调控反刍动物健康福利（如预防疾病、提升饲草料适口性等）的研究较少。结合人工智能解析青贮发酵基石菌、核心菌及功能菌与草畜产品品质调控的研究尚存空白。已有研究表明，接种产阿魏酸酯酶及具抗氧化能力乳酸菌的优质苜蓿青贮通过提升原料的抗氧化特性改善了奶山羊的抗氧化及免疫性能，下调了与奶山羊乳房炎相关的炎症因子的表达水平；接种产1，2-丙二醇布氏乳杆菌的玉米青贮饲料中可能有助于预防奶牛酮病；接种产生特定风味物质（如乙偶姻、芳樟醇）的乳酸菌上调相关风味物质的丰度，进而可能提升饲草的适口性。因此，未来可充分利用乳酸菌的益生特性，深入发掘新型、功能型乳酸菌（如抗氧化、抗病、提高适口性等），并以青贮饲料为载体，为家畜提供优质的营养物质和微生态调节剂，促进草食畜胃肠道健康、提高其生产性能、提升畜产品品质、促进健康养殖、提升家畜健康福利，保障生物安全；同时利用AI与多组学技术研究"功能微生物—发酵饲草料—草食家畜—畜产品"生物链中迁移与转化规律等重要科学问题也将是未来拟开展研究的工作重点。

### （三）青粗饲料高效利用与畜产品品质及安全

随着居民生活水平的不断提高，畜产品已成为国民膳食结构的重要组成部分，如何生产更多优质的畜产品以满足国民需求是我们面临的重大挑战。解析青粗饲料关键营养素（如碳水化合物、蛋白和脂类）的消化、吸收、转运途径及分配等如何调控肉牛产品的品质与功能是研究青粗饲料对畜产品品质调控的基石。例如，饲喂非纤维性碳水化合物与中性洗涤纤维比值为4.05的高精饲料饲粮可提高肉牛肌肉风味氨基酸的含量，改善肌肉风味，激活肌肉mTOR通路，促进肌肉蛋白质合成，提高蛋白质的利用率。目前，通过日粮调控方法改善草食家畜乳肉产品中磷脂、肌氨酸和肉毒碱等重要功能成分的研究较少，基于其在草食家畜乳肉产品和人类营养中的重要性，需要加强针对这些重要功能成分的靶向日粮配制技术和功能型饲料产品研发，提高畜产品品质、保障畜产品安全。

## 主要参考文献

郭旭生，周禾，玉柱，2006. 提高反刍家畜对苜蓿青贮蛋白利用率的研究进展 [J]. 草食家畜（1）：34-37.

李宇宇，贾玉山，格根图，等，2021. 饲用草产品主要真菌毒素污染检测、风险评估与控制研究进展 [J]. 草业学报，30（4）：191-204.

刘晓婧，张颖超，杨富裕，2019. 乳酸菌添加剂对3种典型木本饲料青贮效果的影响 [J]. 饲料工业，40（2）：16-21.

庞淑婷，刘颖，2021. 中外谷物及其制品中污染物限量要求分析 [J]. 标准科学（3）：70-76.

武海雯，陈军华，吴亚琦，等，2022. 我国盐生饲料植物资源与营养价值分析 [J].
中国饲料（19）：104-115.

杨富裕，2023. 树立"饲草就是粮食"理念，大力发展饲草产业 [J]. 草地学报，
31（2）：311-313.

ALONSO V A, PEREYRA C M, KELLER L A M, et al., 2013. Fungi and mycotoxins in
silage: an overview [J]. Journal of Applied Microbiology, 115（3）：637-643.

LEE M R F, 2014. Forage polyphenol oxidase and ruminant livestock nutrition [J].
Frontiers in Plant Science, 5: 694.

MAKONI N F, SHELFORD J A, NAKAI S, et al., 1993. Characterization of protein
fractions in fresh, wilted, and ensiled Alfalfa1[J]. Journal of Dairy Science, 76（7）：
1934-1944.

SPOELSTRA S F, COURTIN M G, VAN BEERS J A C, 1988. Acetic acid bacteria
can initiate aerobic deterioration of whole crop maize silage [J]. The Journal of
Agricultural Science, 111（1）：127-132.

SULLIVAN M L, AND FOSTER J L, 2013. Perennial peanut（Arachis glabrata Benth.）
contains polyphenol oxidase（PPO）and PPO substrates that can reduce post-harvest
proteolysis [J]. Journal of Science Food Agricultural, 93（10）：2421-2428.

WANG N W, XIONG Y, WANG X K, et al., 2022. Effects of Lactobacillus plantarum
on fermentation quality and antinutritional factors of paper mulberry silage [J].
Fermentation, 8（4）：144.

（本章作者：吴白乙拉）

# 第二节 青绿饲料资源开发与利用

## 一、青绿饲料的来源及利用特点

近年来随着我国畜牧业迅速发展，畜禽饲料的需求量日益增加，我国饲料产量连续多年位居世界第二。目前我国饲料用粮约占粮食总量的 1/3，人畜之间的粮食矛盾已经成为影响畜牧业持续发展的重要因素之一，并且我国的饲料生产大部分是利用进口饲料资源进行生产的，这使得我国配合饲料和养殖业生产成本居高不下。随着玉米、豆粕等原料价格的不断升高，导致饲料成本逐步上涨，达到了养殖成本的 70%。而我国青绿饲料资源丰富，却没有得到足够的重视和利用。据统计，发达国家 65% ~ 70% 的饲料来源于草业，而我国却只有 8%，因此开发利用青绿饲料有利于缓解我国饲料资源不足的境况，有利于加速饲料业的发展。

青绿饲料又称青饲料，是指天然水分一般在 60% 以上富含叶绿素的青绿多汁植物。其中包括天然牧草、栽培牧草、青饲作物、叶菜类、非淀粉质根茎瓜类、水生植物及树叶类等。青绿饲料蛋白质含量高，粗纤维含量较低，且钙磷比例适宜，富含丰富的维生素，水分含量也较高，适口性好，易消化。其品种齐全、来源广、成本低、采集方便、加工简单，能较好地被畜禽利用。所以开发利用青绿饲料，努力使其成为我国现代畜牧业生产过程中一种重要的补充饲料，对我国今后畜牧业的健康可持续发展尤为重要。

我国地域辽阔，农业气候类型复杂多样。南部湿热多雨，温度、光照条件配合充分，是我国的主要粮食产区。再加上传统农耕模式的影响，牧草种植面积较少，大部分是利用冬闲田、草山草坡上种植，但牧草品种大部分饲养价值较低。这导致南方的青绿饲料无法满足快速发展的畜牧生产的需求，必须从北方运输才行。南方大都种植白三叶、苏丹草、黑麦草、狼尾草等。而我国北方地区以草地畜牧业占主导，以种植羊草、紫花苜蓿、无芒雀麦等耐寒的牧草为主。但因气候恶劣，产草量普遍较低。

不同的青绿饲料在品质上具有不同的营养价值。豆科牧草营养价值最高，其次是禾本科，杂类草品质较差，水生饲料最差。青绿饲料的品质主要是指粗蛋白质含量、消化率、适口性等。豆科牧草含有较高的蛋白质和钙，分别占干物质的18%～24%和0.9%～2%，其他矿物质元素和维生素含量也较高，适口性好，易消化。饲养反刍家畜时，采食单一豆科牧草易发生臌胀病。禾本科牧草富含无氮浸出物，干物质中粗蛋白质含量10%～15%，不及豆科牧草，但适口性好，无异味，家畜均喜食。菊科牧草串叶松香草干物质粗蛋白质含量为25%～30%，因其叶多有茸毛，适口性差，饲喂时需逐步驯化。

## 二、我国优质牧草新品种的培育

### （一）培育耐盐碱优质牧草新品种

我国的高海拔地区及南方的沿海滩涂地区有大面积的盐碱地。所谓盐碱地是指土壤里面所含的盐分影响到植物正常生长的一种土壤，是地球上广泛分布的一种低产土壤类型，也是一种重要的土地资源。我国盐碱地的面积约占全国可耕地面积的25%，目前的盐碱地资源大部分未得到很好的开发利用。许能祥等（2013）对7种多花黑麦草品种进行种植试验，结果表明，多花黑麦草的耐盐能力与盐土条件下的产量和饲用品质显著正相关。所以，在盐碱地种植多花黑麦草，可以开发盐碱地资源，缓解饲料资源的压力。王殿、袁芳等（2012）通过试验测定表明杂交狼尾草苗期的耐盐阈值是0.57%；康爱平、刘艳等（2014）以盆栽的杂交狼尾草为试验材料，在不同浓度NaCl（0、0.5%）条件下，用含有不同钾浓度（0 mmol/L、1 mmol/L、3 mmol/L、6 mmol/L、9 mmol/L）的营养液处理4周后，测定植株高度、分蘖数、干重、叶片净光合速率、不同部位的离子含量、丙二醛（MDA）含量和细胞质膜透性等生理指标，以确定缓解盐害的适宜钾浓度。结果表明，适宜的钾浓度（6 mmol/L）能明显缓解NaCl对能源植物杂交狼尾草生长和光合的抑制，增加其产量。由此看出，多花黑麦草和杂交狼尾草在盐碱地上的种植和推广对于盐碱地的开发利用、生态保护也具有重要的意义。

### （二）培育耐干旱优质牧草新品种

近年来，草地不合理的开发利用，使得草地资源遭到严重破坏，草地生产力急速下降，利用天然草地自然生产力养畜的传统生产方式已经无法满足现代畜牧业生产快速发展的要求。人工草地的建设便成为解决草畜矛盾，改善生态环境的主要措施之一。干旱区温带草原占我国草原面积的78%，干旱问题是制约人工草地建植的关键，因此牧草品种的培育是旱区建植人工草地的关键问题之一。靳军英、张卫华等（2015）为了解不同牧草对干旱胁迫的响应，筛选抗旱性强的牧草种类，试验选用扁穗牛鞭草、高丹草和拉巴豆为材料，盆栽研究了水分胁迫对牧草生长的影响及其生理反应。结果表明，牧草对干旱的响应因牧草种类和生理指标不同而异，并且扁穗牛鞭草的抗旱性最强，拉巴豆次之，高丹草最差。

## 三、有效利用青绿饲料的研究

### （一）抑制反刍动物臌胀病发生的新途径

臌胀病是反刍动物的一种急性消化系统紊乱疾病。主要是由滞留在瘤胃中的内容物因瘤胃微生物发酵而产生气体使瘤胃臌胀，气体不能通过正常的生理代谢除去，只能靠瘤胃内容物分散减轻。瘤胃内容物的发酵增加了循环系统和肺部呼吸系统的压力，导致家畜生理代谢负担加重，处于应激状态，严重时引起家畜死亡。目前有两种类型的臌胀病，一是日粮以精饲料为主的肉牛容易发生育肥场臌胀病；二是放牧家畜过多采食多汁的豆科牧草，使瘤胃中形成大量稳定泡沫，气体滞留在瘤胃，使瘤胃的嗳气功能受抑制。李玉珠等（2015）通过紫花苜蓿与百脉根原生质体培养及不对称体细胞杂交，最终获得了苜蓿与百脉根的杂种愈伤组织，为进一步培育抗臌胀病型苜蓿种质提供了新的材料。通过原生体培养和不对称细胞杂交实现百脉根与苜蓿种间基因重组，为改良苜蓿饲用品质提供新的技术手段，用酶解法分离清水紫花苜蓿及里奥百脉根愈伤组织来源的原生质体，研究了酶解时间、酶液组合、甘露醇浓度、预处理条件、继代时间及培养方法等对原生质体分离和培养效果的影响。采用改良的 PEG– 高 $Ca^{2+}$– 高 pH 法进行了不对称体细胞杂交，通过荧光染色鉴别异核体并测定融合率。结果表明，采用继代培养第 8～12 d 的苜蓿和百脉根愈伤组织，分别获得较好的原生质体分离效果及愈伤组织再生植株。清水紫花苜蓿原生质体经处理后，最终获得了苜蓿与百脉根的杂种愈伤组织，为进一步培育抗臌胀病型苜蓿种质提供了新的材料。

### （二）青绿饲料储藏保鲜技术的研究进展

青绿饲料种类丰富，但其种植受季节和地区的影响较大，为了能够全年供给，一般是通过青贮进行保存。但却不容易青贮成功，因为青绿饲料水分含量较高，在青贮时缓冲能较高，达到稳定发酵状态的时间长，容易引起梭状芽孢杆菌的活动，造成丁酸型发酵，而且易产生大量的青贮渗出液，为此可以选择凋萎后青贮。凋萎可以降低牧草的水分含量，抑制青贮过程中丁酸菌的活性，减少青贮饲料流汁和营养物质的损失，并降低流汁对环境造成的污染。在良好条件下，牧草在田间凋萎时干物质的损失不大。有研究发现用凋萎牧草青贮，干物质平均总损失为13%～15%；而不添加添加剂直接青贮鲜饲料的损失为17%～20%。也就是说，在青贮前使饲料凋萎，在干物质损失方面没有不良影响。凋萎还能抑制蛋白质降解，特别是能够抑制氨基酸进一步降解脱氨。随着牧草干物质含量提高，青贮饲料中非蛋白氮含量（包括氨态氮）明显减少，而蛋白质明显增加。例如董臣飞、丁成龙等（2015）利用多花黑麦草进行试验，研究表明，综合孕穗期多花黑麦草以凋萎3 h为佳，凋萎3 h时原料的干物质含量升至26.59%。开花期则以凋萎2 h处理最佳，凋萎2 h时原料的干物质含量升至28.03%。另外豆科牧草因蛋白质含量高，可溶性碳水化合物含量低，缓冲能高，附着乳酸菌数目少，青贮也不易成功，如苜蓿。目前知道的能够有效改善苜蓿青贮品质的方法有3种：第1种是与禾本科牧草混贮；第2种是半干青贮；第3种是添加剂青贮。刘辉等（2015）通过试验表明，分别添加乳酸接种剂、甜菜粕和甲酸钠对不同凋萎程度苜蓿青贮的品质均有一定的改善作用，另外适当提高苜蓿原料的凋萎程度对青贮品质有积极的改善效果，低含水率苜蓿青贮品质优于高含水率苜蓿青贮。蒋慧等（2014）也提出在新疆地区，苜蓿青贮时，添加30%以上的骆驼刺能够有效地改善苜蓿的青贮品质。

## （三）青绿饲料资源深加工新产品的开发与应用

随着我国粮油精深加工及生物质能源尤其是燃料乙醇加工业的高速发展，对粮油资源的消耗影响增大，每年生产的粮食在满足人和粮油深加工工业的需要以后，用于饲料生产的粮食原料便出现了紧缺，表现在蛋白质饲料原料和能量谷物严重短缺。而植物叶蛋白的开发利用能够很好地弥补这一短缺。植物叶蛋白是以新鲜的青绿植物茎叶为原料，经压榨取汁、汁液中蛋白质分离和浓缩干燥而制备的蛋白质浓缩物。叶蛋白若经过有机溶剂脱色处理后，会改善叶蛋白的适口性，添加到谷类食物中则可提高谷类食物中赖氨酸的含量。由植物叶中提取的蛋白质，其氨基酸组成较一般谷类和豆类蛋白质优良，与除乳类和蛋类以外的一般动物蛋白质近似，营养价值较高。可以作为家畜饲料以及人类饮食的蛋白质补充物。植物叶蛋白中被开发最多的则为苜蓿叶蛋白。苜蓿叶蛋白是以新鲜苜蓿的茎叶为原料，经磨碎、压榨分离后从其汁液中提取的浓缩粗蛋白质产品。作为一种植物性蛋白，其保水性、乳化性、胶质形成性均优于动物性蛋白，并且不含胆固醇，易于直接加入配合饲料制成颗粒饲料，是畜禽生长发育过程所需的优质蛋白质饲料添加剂，也可作为鱼类和虾等的配合饲料成分。国内外大量试验证明，用叶蛋白取代牛、猪、家禽日粮中的部分乃至全部的蛋白质来源，能明显增加畜禽的体重，改善畜、禽、鱼、蛋等产品品质，降低饲料消耗率及提高转化率，取得了良好的饲养效果。苜蓿叶蛋白的开发利用对于缓解目前我国紧张的蛋白质饲料资源，提高苜蓿潜在营养价值、经济附加值和改善人们的营养结构，提高生活水平具有重要意义。

## 主要参考文献

董臣飞，丁成龙，许能祥，等，2015. 不同生育期和凋萎时间对多花黑麦草饲用和发酵品质的影响［J］. 草业学报，24（6）：125-132.

贺立红，余晓华，2014. 重金属污染胁迫对杂交狼尾草生理生化特性的影响［J］. 仲恺农业工程学院学报，27（3）：1-4.

回振龙，马兰，李朝周，2012. CoCl$_2$对酸胁迫下多花黑麦草种子萌发及幼苗抗性的影响［J］. 草业科学，29（5）：753-758.

蒋慧，方雷，2014. 添加初花期骆驼刺改善苜蓿青贮品质［J］. 农业工程学报，30（17）：328-334.

靳军英，张卫华，袁玲，2015. 三种牧草对干旱胁迫的生理响应及抗旱性评价［J］. 草业学报，24（10）：157-165.

康爱平，刘艳，王殿，等，2014. 钾对能源植物杂交狼尾草耐盐性的影响［J］. 生态学报，34（20）：5793-5801.

李克梅，张芯伪，王丽丽，等，2015. 草酸诱导紫花苜蓿对霜霉病的抗性［J］. 草业科学，32（1）：36-40.

李玉珠，师尚礼，2015. 紫花苜蓿与百脉根原生质体培养及不对称体细胞杂交［J］. 核农学报，29（1）：40-48.

刘辉，卜登攀，吕中旺，等，2015. 凋萎和不同添加剂对紫花苜蓿青贮品质的影响［J］. 草业学报，24（5）：126-133.

王殿，袁芳，王宝山，等，2012. 能源植物杂交狼尾草对 NaCl 胁迫的响应及其耐盐阈值［J］. 植物生态学报，36（6）：572-577.

许能祥，顾洪如，丁成龙，等，2013. 多花黑麦草耐盐性及其在盐土条件下饲用品质的研究［J］. 草业学报，22（4）：89-98.

（吴白乙拉）

# 第三节　青贮饲料加工工艺

## 一、高水分青贮

被刈割的青贮原料未经田间干燥即行贮存，一般情况下含水量70%以上。这种青贮方式的优点为原料不经晾晒，减少了气候影响和田间损失。其特点是作业简单，效率高。但是为了得到好的贮存效果，水分含量越高，越需要达到更低的 pH 值。高水分对发酵过程有害，容易产生品质差和不稳定的青贮饲料。另外，由于渗漏，还会造成营养物质的大量流失，以及增加运输工作量。为了克服高水分引起的不利因素，可以添加能促进乳酸菌或抑制不良发酵的一些有效添加剂，促使其发酵理想。

## 二、普通青贮

### （一）适时收割

优质青贮原料是调制优良青贮饲料的物质基础。青贮饲料的营养价值，除了与原料的种类和品种有关外，还与收割时期有关。一般早期收割其营养价值较高，但收割过早单位面积营养物质收获量较低，同时易引起青贮饲料发酵品质的降低。因此，依据牧草种类，在适宜的生育期内收割，不但可从单位面积上获得最高总可消化营养物质产量，而且不会大幅度降低蛋白质含量和提高纤维素含量。同时含水量适中，可溶性碳水化合物含量较高，有利于乳酸发酵和制成优质青贮饲料。营养价值的下降影响采食量，因此，刈割晚易引起可消化营养物质和采食量的下降。在结实期干物质采食量只保持早期刈割的 75%，而其总可消化营养物质和可消化粗蛋白质的下降分别为早期的 46% 和 28%。

### （二）调节水分

适时收获的原料含水量通常为 75% ～ 80% 或更高。要调制出优质青贮饲料，必须调节含水量。尤其对于含水量过高或过低的青贮原料，青贮时均应进行处理。水分过多的原料，青贮前应晾晒凋萎，使其水分含量达到要求后再行青贮；有些情况下如雨水多的地区通过晾晒无法达到合适水分含量，可以采用混合青贮的方法，以期达到适宜的水分含量。水分过低的原料，在青贮时要添加适宜的水分以利于发酵。

### （三）切碎和装填

原料的切短和压裂是促进青贮发酵的重要措施。切碎的优点概括起来如下：①装填原料容易，青贮容器内可容纳较多原料（干物质），并且节省时间；②改善作业效率，节约踩压的时间；③易于排出青贮容器内的空气，尽早进入密封状态，阻止植物呼吸，形成厌氧条件，减少养分损失；④如使用添加剂时，能均匀撒在原料中。

切碎的程度取决于原料的粗细、软硬程度、含水量、饲喂家畜的种类和铡切的工具等。对牛、羊等反刍动物来说，禾本科和豆科牧草及叶菜类等切成2～3 cm，玉米和向日葵等粗茎植物切成0.5～2 cm，柔软幼嫩的植物也可不切碎或切长一些。对猪、禽来说，各种青贮原料均应切得越短越好。

切碎的工具多种多样，有粉碎机、甩刀式收割机和圆筒式收割机。无论采取何种切碎措施均能提高装填密度，改善干物质回收率、发酵品质和消化率，增加摄取量，尤其是圆筒式切碎机的切碎效果更好。利用粉碎机切碎时，最好就在青贮容器进行，切碎后立即装入容器内，这样可减少养分损失。青贮前，应将青贮设施清理干净，容器底可铺一层10～15 cm切短的秸秆等软草，以便吸收青贮汁液。窖壁四周衬一层塑料薄膜，以加强密封和防止漏气渗水。装填时应边切边填，逐层装入，时间不能太长，速度要快。一般小型容器当天完成，大型容器2～3 d内装满压实。

### （四）压实

切碎的原料在青贮设施中都要装匀和压实，尽量压实，尤其是靠近壁和角的地方不能留有空隙，以减少空气，利于乳酸菌的繁殖和抑制好气性微生物的活力。但是不能过度压实，以免引起梭状芽孢杆菌的大量繁殖。小型青贮容器可人力踩踏，大型青贮容器则用履带式拖拉机来压实。用拖拉机压实要注意不要带进泥土、油垢、金属等污染物，压不到的边角可人力踩压。

## （五）密封与管理

原料装填压实之后应立即密封和覆盖。其目的是隔绝空气与原料接触，并防止雨水进入。青贮容器不同，其密封和覆盖方法也有所差异。以青贮窖为例，在原料的上面盖一层 10～20 cm 切短的秸秆或青干草，草上盖塑料薄膜，再压 50 cm 的土，窖顶呈馒头状以利于排水，窖四周挖排水沟。密封后尚需经常检查，发现裂缝和空隙时用湿土抹好，以保证高度密封。

# 三、半干青贮

半干青贮也称低水分青贮，主要应用于牧草（特别是豆科牧草），通过降低水分，限制不良微生物的繁殖和丁酸发酵，从而达到稳定青贮饲料品质的目的。为了调制高品质的半干青贮饲料，首先通过晾晒或混合其他饲料使其水分含量达到半干青贮的条件，应用密封性强的青贮容器，切碎后快速装填。

# 四、混合青贮

一些青贮原料干物质含量偏低、过于干燥，可发酵碳水化合物含量少，如果把两种以上的青贮原料进行混合青贮，彼此取长补短，不但容易青贮成功，还可以调制出品质优良的青贮饲料。混合青贮有以下三种类型。

第一种：青贮原料干物质含量低，可与干物质含量高的原料混合青贮。例如，甜菜叶、块根块茎类、瓜类等，可与农作物秸秆或糠麸等混合青贮。不仅提高了青贮质量，而且可免去建造底部有排水口的青贮设施或加水的工序。

第二种：含可发酵碳水化合物太少的原料进行青贮难以成功，可与富含糖的原料混合青贮。如豆科牧草与禾本科牧草混合青贮。

第三种：为了提高青贮饲料营养价值，调制配合青贮饲料。

常用混合青贮：沙打旺与玉米秸秆混合青贮（按 1∶1 或沙打旺占 60%～70%）；沙打旺与野草混合青贮；苜蓿与玉米秸秆混合青贮（按 1∶2 或 1∶3）；苜蓿与禾本科牧草或其他野草混合青贮；红三叶与玉米（或高粱）秸秆混合青贮；玉米秸秆与马铃薯茎叶混合青贮；甜菜叶与糠麸混合青贮等，还有用玉米、向日葵与其他饲料混合青贮，以及豌豆与燕麦混合青贮均可收到良好的效果。

# 五、添加剂青贮

为保证调制出优质的青贮饲料，常规青贮时青贮原料必须满足四个条件：①应含有适量并以水溶性碳水化合物形式存在的发酵基质；②干物质的含量应在200 g/kg 以上；③应具有较低的缓冲能；④应具有理想的物理结构，这种结构使牧草饲料在青贮容器里容易压实。若青贮原料不符合上述条件时，需添加青贮添加剂。根据青贮添加剂的作用效果，可将其分为五类：①发酵促进剂；②发酵抑制剂；③好气性变质抑制剂；④营养性添加剂；⑤吸收剂。

## （一）发酵促进剂

### 1. 乳酸菌制剂

添加乳酸菌制剂是人工扩大青贮原料中乳酸菌群体的方法。原料表面附着的乳酸菌数量少时，添加乳酸菌制剂可以保证初期发酵所需的乳酸菌数量，使原料尽快进入乳酸发酵优势阶段。近年来随着乳酸菌制剂生产水平的提高，选择优良菌种或菌株，通过先进的保存技术将乳酸菌活性长期保持在较高水平。目前主要使用的菌种有植物乳杆菌、肠道球菌、戊糖片球菌及干酪乳杆菌。值得注意的是，菌种选择应是那些盛产乳酸，而少产乙酸和乙醇的同质型乳酸菌。一般每100 kg 青贮原料中加入乳酸菌培养物 0.5 L 或乳酸菌制剂 450 g。因乳酸菌添加效果不仅与原料中可溶性糖含量有关，而且也受原料缓冲能力、干物质含量和细胞壁成分的影响，所以乳酸菌添加量也要考虑乳酸菌制剂种类及上述影响因素。对于猫尾草、鸭茅和意大利黑麦草等禾本科牧草，乳酸菌制剂在各种水分条件下均有效，最适宜的水分范围为轻度到中等含水量；苜蓿等豆科牧草的适应范围则比较窄，一般在含水量中等以下的萎蔫原料中利用，不能在高水分原料中利用。调制青贮的专用乳酸菌添加剂应具备如下特点：①生长旺盛，在与其他微生物的竞争中占主导地位；②具有同型发酵途径，以便使六碳糖产生最多的乳酸；③具有耐酸性，尽快使 pH 值降至 4.0 以下；④能使葡萄糖、果糖、蔗糖和果聚糖发酵，能使戊糖发酵则更好；⑤生长繁殖温度范围广；⑥在低水分条件下也能生长繁殖。

### 2. 酶制剂

添加的酶制剂主要是多种细胞壁分解酶，大部分商品酶制剂是包含多种酶活性的粗制剂，主要是分解原料细胞壁的纤维素和半纤维素，产生被乳酸菌可利用的可溶性糖类。目前酶制剂与乳酸菌一起作为生物添加剂引起关注。酶制剂的研究开发也取得了很大进展，酶活性高的纤维素分解酶产品已经上市。作为青贮添加剂的纤维素分解酶应具备以下条件：①添加之后能使青贮早期产生足够的糖分；②在pH值4.0～6.5范围内起作用；③在较宽温度范围内具有较高活性；④对低水分原料也起作用；⑤在任何生育期收割的原料中都能起作用；⑥能提高青贮饲料营养价值和消化性；⑦不存在蛋白分解活性；⑧能与其他青贮添加剂相媲美的价格水准，同时能长期保存。

**3. 糖类和富含糖分的饲料**

通过旺盛的乳酸发酵，产生1.0%～1.5%的乳酸，pH值降至4.2以下后就能制备优质青贮饲料。为了达到此目的，通常原料中的可溶性含糖量要求2%以上。当原料可溶性糖分不足时，添加糖和富含糖分的饲料可明显改善发酵效果。这类添加剂除糖蜜以外，还有葡萄糖、糖蜜饲料、谷类、米糠类等。糖蜜是制糖工业的副产品，其加入量禾本科为4%，豆科为6%。一般葡萄糖、谷类和米糠类等的添加量分别为1%～2%、5%～10%和5%～10%。此外，糖蜜饲料其所含的养分也是家畜营养源。

（二）发酵抑制剂

**1. 无机酸**

由于无机酸对青贮设备、家畜和环境不利，目前使用不多。

**2. 甲酸**

青贮中添加甲酸是20世纪60年代末开始在国外广泛使用的一种方法。即通过添加甲酸快速降低pH值，抑制原料呼吸作用和不良细菌的活动，使营养物质的分解限制在最低水平，从而保证饲料品质。添加甲酸降低了乳酸的生成量，同时更明显降低了丁酸和氨态氮生成量，从而改善发酵品质。甲酸添加青贮饲料具有乳酸和总酸含量少等特点，表明适当添加甲酸可抑制青贮发酵。另外，添加甲酸也能减少青贮发酵过程中的蛋白质分解，所以蛋白质利用率高。浓度为85%的甲酸，禾本科牧草添加量为湿重的0.3%，豆科牧草为0.5%，混播牧草为0.4%。通常苜蓿的缓冲能较高，需要较高的甲酸添加量，有人建议苜蓿适宜添加水平为5～6 L/t。甲酸添加量不足时，pH值不能达到理想水平，从而不能抑制不良微生物的繁殖。由于干物质含量的原因，中等水分（65%～75%）原料的添加量要比高水分（75%以上）原料多，其添加量应增加0.2%左右。此外，对早期刈割的牧草，因其蛋白质含量和缓冲能较高，为了达到理想pH值，有必要增加0.1%的添加量。

在欧美各国也有与其他添加剂混用,如甲酸+丙酸+乳酸+抗氧化剂等。

### (三)好气性变质抑制剂

有乳酸菌制剂、丙酸、己酸、山梨酸和氨等。对牧草或玉米添加丙酸调制青贮饲料时,单位鲜重添加0.3%～0.5%时有效,而增加到1.0%时效果更明显。在美国玉米青贮中也广泛采用氨作为青贮添加剂。

### (四)营养性添加剂

营养性添加剂主要用于改善青贮饲料营养价值,而对青贮发酵一般不起作用。目前应用最广的是尿素,将尿素加入青贮饲料中,可降低营养物质的分解,提高青贮饲料的养分含量;同时还兼有抑菌作用。在美国,玉米青贮饲料中添加0.5%的尿素,可使粗蛋白质提高8%～14%,所以在肉牛育肥中广泛使用。

### (五)吸收剂

吸收剂主要是用来吸收青贮发酵时产生的流汁,吸收的效果受青贮饲料作物的物理结构、应用方法、青贮容器构造的影响。用作吸收剂的材料一般有稻草秆、甜菜渣、丙烯酰胺和斑脱土。

## 主要参考文献

房巍慧,2023. 复合微生物发酵青贮玉米饲料对奶牛产奶量及乳成分影响的研究 [J]. 中国畜禽种业,19(6):141-144.

谷丽,杨磊,王祎,2022. 青贮饲料添加剂的研究进展 [J]. 农业技术与装备(8):87-89.

黄媛,2023. 青贮方式对全株玉米饲料品质及霉菌毒素的影响 [D]. 贵阳:贵州大学.

贾玉山,于浩然,都帅,等,2018. 天然牧草青贮添加剂研究进展 [J]. 草地学报,26(3):533-538.

李淑君,袁亮,祁志云,等,2023. 不同青贮玉米品种产量和青贮品质的综合评价 [J]. 南方农业学报,54(7):2092-2100.

刘建华,2016. 青贮饲料在畜牧业中的利与弊 [J]. 中国动物保健,18(11):15-16.

马淑敏,焦婷,师尚礼,等,2022. 乳酸菌制剂对灌溉区不同品种青饲玉米青贮发酵品质的影响 [J]. 草业科学,39(8):1653-1663.

聂宁，陈兴懿，2023. 不同种植密度对全株青贮玉米发酵饲料品质和营养成分分析 [J]. 中国饲料（20）：107–110.

汪秋芹，杨根荣，杨维林，等，2022. 龙陵县全株玉米青贮推广应用的现状、问题及建议 [J]. 云南畜牧兽医（5）：45–46.

温媛媛，张美琦，李建国，2021. 体外产气法评价生薯条加工副产品 – 稻草混贮与全株玉米青贮组合效应的研究 [J]. 草业学报，30（8）：154–163.

吴鹏昊，王成林，徐晓明，等，2020. 添加复合乳酸菌制剂对全株玉米青贮品质的影响 [J]. 饲料研究，43（10）：89–93.

辛亚芬，陈晨，曾泰儒，等，2021. 青贮添加剂对微生物多样性影响的研究进展 [J]. 生物技术通报，37（9）：24–30.

杨仕钰，张兰兰，燕志宏，2023. 不同廉价培养基对青贮玉米秸秆微生物的影响 [J]. 饲料工业，44（20）：108–112.

郑会超，胡斌，王海青，等，2023. 贮存温度影响全株青贮玉米有氧劣变的速度和程度 [J]. 粮食与饲料工业（3）：41–45.

周梦鸽，李永华，2024. 基于 DPSIR 模型的牧草产品质量安全评价指标体系构建及应用 [J]. 草业学报，33（2）：13–27.

WANG M, LIU Y, WANG S, et al., 2021. Development of a compound microbial agent beneficial to the composting of Chinese medicinal herbal residues [J]. Bioresour. Technol. 330：124948.

（吴白乙拉）

# 第四节　青贮饲料资源利用关键技术

## 一、添加糖蜜和乳酸菌对青贮苜蓿的发酵品质和微生物菌群的影响

青贮饲料常被人们称作牛羊的"青草罐头"，在厌氧条件下，通过附着在青贮表面或外源添加，使可溶碳水化合物产生乙酸等，从而迅速降低青贮 pH 值，形成贮酸环境，抑制有害微生物的生长繁殖过程。青贮可以提高饲料贮存的稳定性，是畜牧业重要的储备饲料。

苜蓿作为有较高蛋白质含量的豆科植物，在我国的种植历史已有两千多年。苜蓿青贮不仅能满足养殖业对饲料及营养成分的需求，还能提高奶产量及奶品质。但由于其缓冲能较高，难以自然发酵并抑制腐败菌，所以青贮很容易失败。近年来，我国紫花苜蓿的种植已初具规模，但青贮质量还是与发达国家存在差距。随着畜牧养殖业的规模化发展，养殖企业对青贮饲料的需求日益增加，因此，紫花苜蓿青贮的研究对畜牧养殖业实现优质青贮饲料的发展，饲草料达到自给自足具有重大的意义。

青贮饲料的原料中乳酸菌数至少达到 $10^5$ CFU/g FM 时，才能保证青贮饲料良好的发酵品质并得以长期保存。但是，大多数牧草中附着的乳酸菌数量均低于 $10^5$ CFU/g FM，因此需要添加不同的乳酸菌获得优质的青贮饲料。同型发酵乳酸菌，在青贮过程中乳酸发酵为主导，从而提高青贮饲料的发酵品质。植物乳杆菌是一种很有潜力的乳酸菌添加剂，与对照组相比，植物乳杆菌处理的青贮饲料 pH 值降低，干物质消失率和乳酸含量提高。糖蜜可为乳酸菌发酵提供更多的底物，使乳酸发酵迅速占主导作用，作为一种安全的添加剂被广泛使用。Zhou 等（2017）报道，青贮过程中添加糖蜜可迅速降低 pH 值，减少干物质损失，增加水溶性碳水化合物含量和乳酸含量。

本试验采用小规模发酵法，以苜蓿为原材料，研究乳酸菌和糖蜜作为添加剂对苜蓿青贮饲料营养成分含量、发酵品质及细菌菌群的影响，为优质青贮饲料的生产提供理论依据。

## （一）试验材料与方法

青贮试验原料为 2021 年 6 月 3 日收割，由内蒙古自治区通辽市开鲁县某草业种植公司提供。乳酸菌添加剂：植物乳杆菌（*Lactobacillus plantarum*，活菌数 $10^{11}$ CFU/g），购自北京百欧博伟生物技术有限公司；糖蜜购自潍坊丰冠生物科技有限公司，含糖量在 42% ～ 50%，纯度 ≥ 60%。

青贮容器为聚乙烯塑料真空包装袋：27 cm×39 cm，厚度 0.24 mm。

苜蓿原料均经铡草机切碎至 1 ～ 2 cm。植物乳杆菌以 2 mL/kg 的剂量均匀地喷洒在原材料上，以保证每克原材料含 $10^6$ CFU/g 的植物乳杆菌。5% 糖蜜添加原材料，5% 糖蜜和 $10^6$ CFU/g 的植物乳杆菌混合添加原材料。设置对照组（CK）：未添加任何添加剂；L 组：添加植物乳杆菌；M 组：添加糖蜜；LM 组：糖蜜和植物乳杆菌混合添加。将切好的紫花苜蓿每 3 个重复约 300 g，放入聚乙烯塑料真空包装袋（27 cm×39 cm，厚度 0.24 mm），用真空封口机（XT-260，上海）封口，置于环境温度 25℃中发酵，保存于 25℃恒温室避光储存。分别于 14 d 和

56 d 开封取样分析营养成分及发酵品质。

## （二）结果与分析

青贮前新鲜紫花苜蓿青贮的各营养成分如表 1-1 所示。

表 1-1　青贮前紫花苜蓿的营养成分

| 项目 | 含量（%DM） |
|---|---|
| 干物质（鲜重基础） | 22.26±0.23 |
| 粗蛋白质 | 20.68±0.20 |
| 粗脂肪 | 2.22±0.14 |
| 可溶性糖 | 4.16±0.51 |
| 中性洗涤纤维 | 41.50±0.51 |
| 酸性洗涤纤维 | 37.37±0.19 |
| pH 值 | 7.02±0.00 |

由表 1-2 可知，不同添加剂对青贮中的干物质含量有不同程度的影响，紫花苜蓿青贮发酵的第 14 d，M 组和 LM 组极显著高于 CK 组（$P < 0.01$），L 组不显著；青贮发酵的第 56 d，L 组和 LM 组与 CK 组差异显著（$P < 0.05$），M 组差异不显著（$P > 0.05$），随着时间的延长，干物质略有下降。

表 1-2　添加剂对紫花苜蓿青贮营养成分的影响

| 测定指标 | 取样时间（d） | 处理 | | | |
|---|---|---|---|---|---|
| | | CK | L | M | LM |
| 干物质（%） | 14 | 20.72±0.48[B] | 21.02±0.32[B] | 22.81±0.36[A] | 23.42±0.29[A] |
| | 56 | 20.69±1.87[ab] | 20.37±0.20[b] | 22.44±0.26[ab] | 23.00±0.35[a] |
| 粗蛋白质（%DM） | 14 | 21.01±0.57[a] | 21.99±0.65[a] | 22.55±0.60[a] | 21.95±0.63[a] |
| | 56 | 22.08±1.39[a] | 22.10±1.15[a] | 22.07±0.21[a] | 22.71±0.37[a] |
| 粗脂肪（%DM） | 14 | 2.39±0.23[C] | 3.04±0.15[B] | 3.40±0.11[AB] | 3.74±0.12[A] |
| | 56 | 2.80±0.17[C] | 3.18±0.16[BC] | 3.84±0.08[AB] | 4.31±0.45[A] |
| 可溶性糖（%DM） | 14 | 9.44±0.05[A] | 5.86±0.36[B] | 7.13±0.15[B] | 5.67±1.05[B] |
| | 56 | 5.65±1.27[B] | 10.97±0.89[A] | 10.72±0.51[A] | 7.74±0.68[B] |
| 中性洗涤纤维（%DM） | 14 | 37.19±0.39[B] | 37.05±0.83[B] | 31.33±0.19[A] | 30.25±0.42[A] |
| | 56 | 40.95±0.33[A] | 39.54±0.22[B] | 29.03±0.74[D] | 31.68±0.29[C] |
| 酸性洗涤纤维（%DM） | 14 | 35.81±0.23[B] | 35.75±0.66[B] | 30.19±0.14[A] | 29.46±0.58[A] |
| | 56 | 39.86±0.52[A] | 36.69±1.06[B] | 28.30±1.00[D] | 30.56±0.09[C] |

注：表中数据为平均值 ± 标准差；同组数据不同小写字母表示差异显著（$P < 0.05$），大写字母表示差异极显著（$P < 0.01$），相同字母表示差异不显著（$P > 0.05$）。

在青贮发酵的第 14 d 和第 56 d，各组间的粗蛋白质含量无显著差异，添加剂对青贮中的粗蛋白质含量影响不显著（$P > 0.05$），随着时间的延长，各组粗蛋白质含量都略有增加。

青贮发酵的第 14 d 和第 56 d，L 组、M 组和 LM 组的粗脂肪含量都极显著高于 CK 组（$P < 0.01$），排序依次为 LM 组 > M 组 > L 组。

青贮发酵的第 14 d，L 组、M 组和 LM 组的可溶性糖含量均极显著高于 CK 组（$P < 0.01$）；青贮发酵的第 56 d，L 组和 M 组可溶性糖含量极显著高于 CK 组（$P < 0.01$），LM 组与 CK 组比较不显著（$P > 0.05$）。

青贮发酵的第 14 d，M 组和 LM 组的中性洗涤纤维含量与 CK 组比较极显著降低（$P < 0.01$），L 组与 CK 组比较不显著（$P > 0.05$）；青贮发酵的第 56 d，各组的中性洗涤纤维含量与 CK 组比较均极显著降低（$P < 0.01$）。青贮发酵的第 14 d，M 组和 LM 组的酸性洗涤纤维含量与 CK 组比较极显著降低（$P < 0.01$），L 组与 CK 组比较不显著（$P > 0.05$）；青贮发酵的第 56 d，各组的酸性洗涤纤维含量与 CK 组比较均极显著降低（$P < 0.01$）。

由表 1–3 可知，在紫花苜蓿青贮发酵的第 14 d 和第 56 d，L 组、M 组和 LM 的 pH 值均极显著低于 CK 组（$P < 0.01$）。

紫花苜蓿青贮发酵的第 14 d 和第 56 d，L 组、M 组和 LM 组的乳酸含量均极显著高于 CK 组（$P < 0.01$），M 组和 LM 组差异不显著（$P > 0.05$）。

紫花苜蓿青贮发酵的第 14 d 和第 56 d，各组间的乙酸含量与 CK 组比较差异均不显著（$P > 0.05$），第 14 d 与第 56 d 比较，乙酸的含量均有所增加。

紫花苜蓿青贮发酵的第 14 d，各组间的丙酸含量与 CK 组比较差异均不显著（$P > 0.05$）；青贮发酵的第 56 d，M 组和 LM 组的丙酸含量与 CK 组比较差异显著（$P < 0.05$），L 组与 CK 组比较差异不显著（$P > 0.05$）。

表 1–3　添加乳酸菌和糖蜜对紫花苜蓿青贮发酵品质的影响

| 测定指标 | 取样时间 | 处理 | | | |
|---|---|---|---|---|---|
| | | CK | L | M | LM |
| pH 值 | 14 d | 6.46±0.13A | 5.50±0.04B | 5.12±0.03C | 4.96±0.02C |
| | 56 d | 5.60±0.05A | 4.37±0.08B | 4.18±0.02C | 4.09±0.01C |
| 乳酸 | 14 d | 7.50±0.56C | 10.76±0.95B | 22.93±1.51A | 21.77±0.22A |
| | 56 d | 9.88±1.13C | 12.94±0.78B | 25.05±0.76A | 23.71±0.93A |
| 乙酸（g/kg） | 14 d | 2.68±0.66a | 3.12±0.65a | 2.81±0.16a | 2.82±0.38a |
| | 56 d | 5.17±2.07a | 5.34±1.55a | 3.72±1.23a | 3.6±0.39a |

| 测定指标 | 取样时间 | 处理 | | | |
|---|---|---|---|---|---|
| | | CK | L | M | LM |
| 丙酸（g/kg） | 14 d | 0.03±0.02a | 0.03±0.01a | 0.01±0.00a | 0.01±0.00a |
| | 56 d | 0.17±0.11a | 0.13±0.03ab | 0.01±0.00b | 0.01±0.00b |

注：表中数据为平均值 ± 标准差；同组数据不同小写字母表示差异显著（$P < 0.05$），大写字母表示差异极显著（$P < 0.01$），相同字母或无字母表示差异不显著（$P > 0.05$）。

青贮前新鲜紫花苜蓿中含有乳酸菌数量为 $3.48×10^5$ CFU/g，酵母菌数量为 $4.11×10^5$ CFU/g，霉菌数量为 $3.78×10^5$ CFU/g（表 1-4）。

表 1-4　青贮前紫花苜蓿中乳酸菌、酵母菌和霉菌的数量

| 项目 | 乳酸菌 | 酵母菌 | 霉菌 |
|---|---|---|---|
| 菌数（CFU/g） | $3.48×10^5$ | $4.11×10^5$ | $3.78×10^5$ |

由表 1-5 可知，添加剂乳酸菌、糖蜜和乳酸菌与糖蜜组合对青贮的品质有显著的影响。在青贮第 14 d 时，酵母菌数量增加，第 56 d 时数量下降，与青贮前相比呈先上升后下降的趋势。青贮中乳酸菌数量总体呈极显著的上升趋势，LM 组的计数一直最高（$P < 0.01$）。各处理组与 CK 组的霉菌数量差异不显著，随着青贮发酵时间的延长霉菌数量逐渐减少，在发酵第 56 d 时，除了 LM 组霉菌数量 $1.49×10^5$ CFU/g，其他各处理组霉菌数量均为零。

由表 1-5 可知，在青贮第 14 d 开封后，CK 组、L 组、M 组和 LM 组有氧稳定时长分别为 47 h、120 h、109 h、115 h；在青贮第 56 d 开封后，CK 组、L 组、M 组和 LM 组有氧稳定时长分别为 75 h、120 h、113 h、117 h。其中 L 组有氧稳定时间最长，LM 组和 M 组次之，均大于 CK 组。

表 1-5　添加剂乳酸菌和糖蜜青贮后对紫花苜蓿细菌数量和有氧稳定性的影响

| 项目 | 取样时间（d） | 处理 | | | | P |
|---|---|---|---|---|---|---|
| | | CK | L | M | LM | |
| 乳酸菌（log10 CFU/g） | 14 | 6.83±0.08[C] | 6.99±0.08[BC] | 7.07±0.07[B] | 7.33±0.04[A] | < 0.01 |
| | 56 | 6.88±0.04[C] | 7.12±0.09[B] | 7.36±0.04[A] | 7.50±0.02[A] | < 0.01 |
| 酵母菌（log10 CFU/g） | 14 | 6.91±0.04[C] | 7.28±0.02[A] | 7.10±0.08[B] | 7.29±0.02[A] | < 0.01 |
| | 56 | 6.18±0.02[A] | 5.62±0.13[B] | 6.45±0.07[A] | 5.70±0.23[B] | < 0.01 |
| 霉菌（log10 CFU/g） | 14 | 1.33±2.31[a] | 1.33±2.31[a] | 3.33±2.89[a] | 1.83±3.16[a] | > 0.05 |
| | 56 | 0 | 0 | 0 | 1.49±2.58[a] | > 0.05 |
| 有氧稳定时长 25℃ | 14 | 47h[C] | 120h[A] | 109h[B] | 115h[B] | < 0.01 |
| | 56 | 75h[C] | 120h[A] | 113h[B] | 117h[B] | < 0.01 |

注：表中数据为平均值 ± 标准差；同组数据不同小写字母表示差异显著（$P < 0.05$），大写字母表示差异极显著（$P < 0.01$），相同字母或无字母表示差异不显著（$P > 0.05$）。

　　不同处理紫花苜蓿青贮样品的多样性指数如图 1-1 所示，共获得 1 019 726 条有效序列，平均每个样本有效序列数为 37 767 条，每条平均序列长度为 427 bp。共获得 8 个门，14 个纲，46 个目，76 个科，124 个属，182 个种，234 个操作分类单元（OTU）。稀释曲线显示趋于平坦，表明样本测序量已经足够反映青贮样本中的绝大部分物种信息，并且满足分析需求。

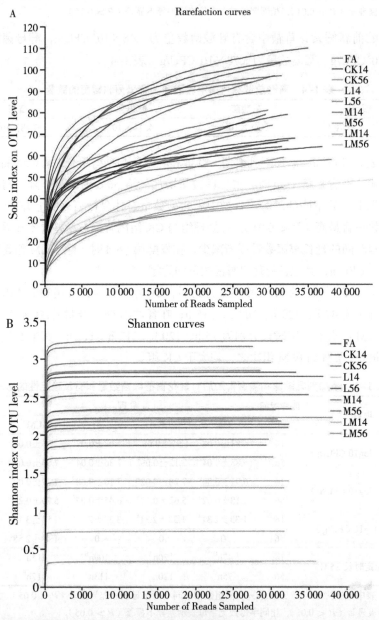

图 1-1　第 14 d 和第 56 d 紫花苜蓿青贮菌群稀释曲线（A）和 Shannon 曲线（B）

PCOA 分析用于揭示组间不同的聚类。青贮第 14 d，CK、L、M、LM 和新鲜苜蓿（FA）明显聚在一起远离彼此（图 1-2A）（Adonis 基于 bray curtis 距离，$R^2$= 0.93，$P$= 0.001），PC1 贡献率为 45.72%，PC2 贡献率为 34.35%。青贮第 56 d，FA、CK、L、M 和 LM 明显聚在一起远离对方，而 L 和 M 聚在一起靠近对方（图 1-2B）（基于 bray curtis 距离的 Adonis，$R^2$= 0.86，$P$= 0.001），PC1 贡献率为 38.33%，PC2 贡献率为 24.23%。总体来看，FA、CK、L、M 和 LM 的青贮样品聚类明显远离，CK 和 M 聚类接近（图 1-2C）（基于 bray curtis 距离的 Adonis，$R^2$= 0.89，$P$= 0.001）PC1 贡献率为 34.41%，PC2 贡献率为 22.23%。

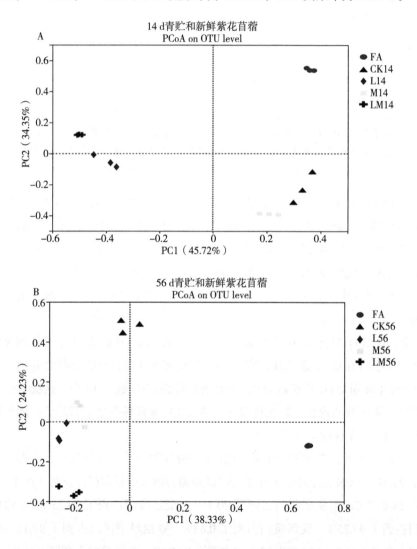

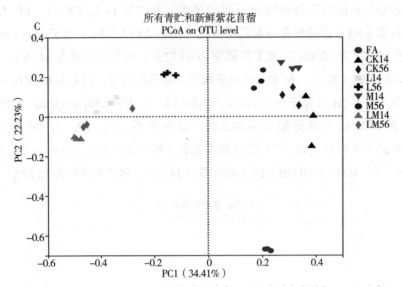

图 1-2　14 d 和 56 d 不同处理新鲜紫花苜蓿青贮的细菌群落多样本 PCOA 分析
A. 青贮 14 d；B. 青贮 56 d；C. 所有样品的青贮。FA，鲜紫花苜蓿；CK，
未经处理的青贮饲料；L，乳酸菌处理的青贮饲料；M，糖蜜处理的青贮
饲料；LM，乳酸菌和糖蜜混合的青贮饲料。

　　由图 1-3 可知，在 OTU 水平上分析了紫花苜蓿青贮 14 d 和 56 d 前后细菌群
落的组成情况，新鲜紫花苜蓿样品细菌微生物由 127 个 OTU 组成，特有的 OTU
数为 38 个。青贮 14 d 后，细菌微生物群的多样性下降，CK 组、L 组、M 组和
LM 组的细菌微生物 OTU 数分别为 86 个、69 个、94 个和 51 个，只有 CK 组有
特有 OTU 数 3 个，其他组别特有数全部为 0。而青贮 56 d 后，细菌微生物群的
多样性增加，CK 组 OTU 数从 86 个增加到 118 个，L 组 OTU 数从 69 个增加到
106 个，M 组 OTU 数从 94 个增加到 115 个，LM 组 OTU 数从 51 个增加到 89 个。
其中 CK 组特有 OTU 数最高，有 19 个，L 组和 M 组的 OTU 特有数分别为 2 个
和 1 个，LM 组 OTU 特有数为 0。所有组共有的 OTU 数为 14 个。这说明随着紫
花苜蓿青贮天数的延长，紫花苜蓿青贮的微生物多样性先呈下降趋势，随着时间
的延长微生物多样性均有所增加。

　　在门水平上，变形菌门在鲜紫花苜蓿的细菌群落中占主导地位，变形菌门占
到了 78.07%。CK、L、M 和 LM 组青贮的细菌群落以厚壁菌门占优势（图 1-4A），
其中 14 d 的 CK 组厚壁菌门占到了 70.71%，变形菌门占到了 29.25%；L 组厚壁
菌门占到了 99.35%，变形菌门占到了 0.63%；M 组厚壁菌门占到了 97.12，变形
菌门占到了 2.80%；LM 组厚壁菌门占到了 99.88%，变形菌门占到了 0.10%。56 d

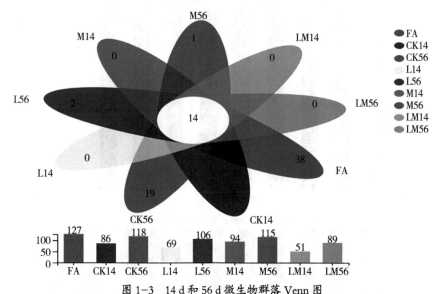

图 1-3 14 d 和 56 d 微生物群落 Venn 图

CK，未经处理的青贮饲料；L，乳酸菌处理的青贮饲料；M，糖蜜处理的青贮饲料；LM，乳酸菌和糖蜜混合的青贮饲料。

的 CK 组厚壁菌门占到了 96.06%，变形菌门占到了 3.42%；L 组厚壁菌门占到了 99.75%，变形菌门占到了 0.17%；M 组厚壁菌门占到了 99.72%，变形菌门占到了 0.24%；LM 组厚壁菌门占到了 99.89%，变形菌门占到了 0.06%。

在属水平上，鲜紫花苜蓿中泛菌（46.91%）占优势，其次为叶绿体（10.81%）、微杆菌（8.27%）、肠杆菌（8.09%）、假单胞菌（8.06%）和黄单胞菌（4.13%）（图 1-4B）。

青贮 14 d 后，CK 组青贮饲料主要含有乳酸杆菌（26.4%）、肠球菌（13.59%）、肠杆菌（9.94%）、哈夫尼亚 - 肥杆菌（9.22%）、未命名肠杆菌（8.44%）、乳球菌（8.37%）、魏斯氏菌（7.42%）和小球菌（6.74%）。而乳酸杆菌以 L 组和 LM 组青贮为主，M 组次之，相对丰度分别为 97.97%、98.43% 和 55.94%，显著高于 CK 组（$P < 0.05$）。M 组中存在魏斯氏菌（20.51%）、小球菌（7.76%）、未分类乳酸菌（5.27%）和乳球菌（4.63%）（图 1-4B）。

青贮 56 d 后，CK 组中乳酸杆菌的相对丰度增加到 39.06%，其次是梭菌 -12（8.95%）、厌氧菌（8.21%）、梭菌（7.23%）和小球菌（6.97%）。乳酸杆菌仍以 L 组（89.93%）和 LM 组（90.11%）青贮为主，M 组（59.05%）次之，且显著高于 CK 组（$P < 0.05$）（表 1-3）。L 组和 LM 组中存在小球菌（8.07%、8.75%），M 组青贮中存在魏斯氏菌（23.75%）和小球菌（11.73%）（图 1-4B）。

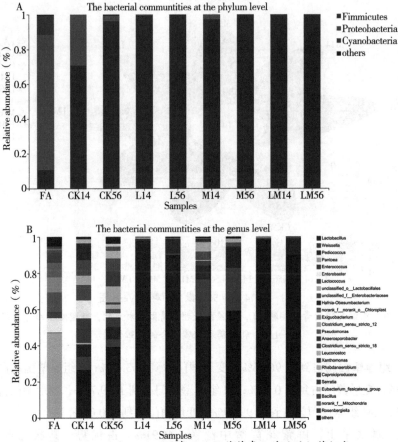

图 1-4　14 d 和 56 d 不同青贮处理苜蓿青贮前后的细菌组成

堆叠的条形图代表丰度百分比。丰度在 0.01 以下的小类群与其他类群合并。FA，鲜紫花苜蓿；CK，未经处理的青贮饲料；L，乳酸菌处理的青贮饲料；M，糖蜜处理的青贮饲料；LM，乳酸菌和糖蜜混合的青贮饲料。从青贮 7 d 到青贮 56 d。细菌群落分布在门水平（A）和属水平（B）。

　　采用多级物种判别分析（LEfSe）法分析紫花苜蓿青贮各组之间细菌群落的物种差异，4 组中共找到 36 个相对差异丰度的物种。LEfSe 法是用于确定紫花苜蓿青贮 14 d 和 56 d 时最能说明不同处理间的物种差异（图 1-5A、B）。由图 1-5A 可知，紫花苜蓿青贮在 14 d 时，变形菌纲在 CK 组中较高；蓝藻菌门在 M 组中含量较高，乳杆菌属在 LM 组中含量较高。由图 1-5B 可知，紫花苜蓿青贮在 56 d 时，乳杆菌科在 CK 组中较高，动球菌科在 L 组中含量较高，魏斯氏菌在 M 组中含量较高，乳杆菌属在 LM 组中含量较高。

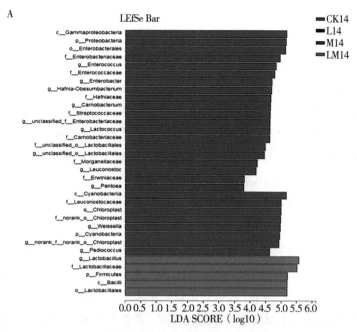

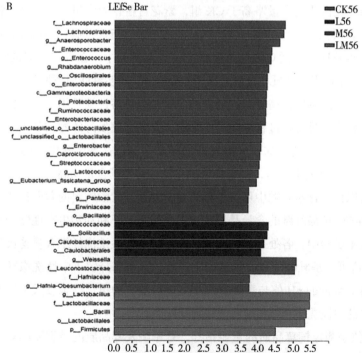

图1-5 14 d和56 d各组之间紫花苜蓿青贮微生物群落的差异物种

CK，未经处理的青贮饲料；L，乳酸菌处理的青贮饲料；M，糖蜜处理的青贮饲料；LM，乳酸菌和糖蜜混合的青贮饲料。

## （三）讨论

青贮饲料的营养价值是青贮研究中的一个重点，青贮饲料的营养价值也直接决定着青贮饲料品质的好坏。青贮饲料的干物质是一个很好的发酵程度指标。研究表明青贮干物质损失主要是由青贮过程中酵母菌、霉菌、布氏乳杆菌等不良微生物的增殖引起的，糖蜜添加剂可减少青贮干物质损失。接种乳酸菌后苜蓿青贮中的营养物质得到了较好的保存，干物质浓度较高。在本试验中，添加乳酸菌、糖蜜和乳酸菌＋糖蜜组合添加剂，干物质含量都保持稳定，甚至都略有增加，证明了青贮过程保存苜蓿营养的有效性。随着时间的延长，干物质含量都有所下降，添加乳酸菌添加剂的下降较明显，这可能是由于乳酸的特点是在乳酸和碳水化合物转化为乙酸和丙酸的过程中产生二氧化碳，它们会降低干物质含量。

粗蛋白质含量是决定青贮饲料品质好坏的重要标志，也是用来判断青贮饲料饲用价值的重要标志。当 pH 值低到足以限制蛋白水解菌的活性时，新鲜原料中的蛋白质被保存。在本试验中，添加乳酸菌、糖蜜和乳酸菌＋糖蜜混合添加剂的各处理组粗蛋白质的含量略高于 CK 组，紫花苜蓿青贮中粗蛋白质含量稳定，证明了降低 pH 值和保存粗蛋白质的有效性。粗脂肪是青贮饲料中重要的能源物质，是用于评价不同饲料适口性的重要标志。在本试验中，在青贮发酵的第 14 d 和第 56 d，各组粗脂肪含量均极显著高于 CK 组，这表明乳酸菌添加剂或者乳酸菌＋糖蜜混合添加剂可以提高青贮饲料中的粗脂肪。可溶性糖是用于评价青贮饲料营养的重要标志，是青贮过程中能量的来源，是乳酸菌发酵的物质基础。很多学者研究发现随着乳酸的增加，可溶性糖的含量会降低，本试验中，随着时间的延长，除了第 56 d 的 LM 组，其余各处理组的可溶性糖含量均高于对照组，这说明添加剂可以保持苜蓿青贮中可溶性糖含量，并保证青贮饲料的营养价值。中性洗涤纤维和酸性洗涤纤维的含量是影响青贮饲料消化率和动物生产性能的重要品质参数。在本试验中，各处理组的中性洗涤纤维和酸性洗涤纤维含量均极显著低于 CK 组，这可能是乳酸菌在发酵过程中产生的纤溶酶降解了中性洗涤纤维和酸性洗涤纤维。较低的 pH 值与青贮过程中更多可消化的植物细胞被酸水解有关，并导致更多的中性洗涤纤维和酸性洗涤纤维减少。

pH 值是测定饲草品质的重要指标，是影响发酵品质的最重要因素，青贮中的 pH 值要足够低，可以抑制腐败微生物的繁殖和蛋白水解活性，从而降低青贮中的干物质损失。研究表明，当 pH 值达到 4.5 或低于 4.5 时青贮发酵品质良好。本试验中，苜蓿青贮后的 pH 值显著降低，添加剂显著提高了 pH 值的降低幅度，苜蓿青贮在发酵的第 56 d，达到了理想 pH 值，低于 4.5。

有机酸的产生是青贮 pH 值降低的主要原因。在这些酸中，乳酸是主要由消耗可溶性糖的乳酸菌生产的青贮饲料中理想的发酵产物，而乙酸、丙酸和丁酸则是不理想的。根据乳酸菌的发酵模式，发酵主要产生乳酸，混合发酵主要产生乙酸。在本试验中，乳酸含量增加，表明可溶性糖使用充分，也是 pH 值降低的主要原因，说明紫花苜蓿青贮发酵已转向优质发酵。丙酸主要由丙酸杆菌、丙酸梭菌和反刍硒单胞菌产生，在低于 4.5 的 pH 值条件下受到抑制。丁酸主要由丁酸梭菌产生，在较低的 pH 值条件下被抑制，是氨基酸发酵的结果，导致营养损失，是保存不良的标志。在本试验中，各处理组随着青贮天数的增加，丙酸的含量略有增加，并保持在一个很低的水平，说明较低的 pH 值对丙酸杆菌有抑制作用，梭状芽孢杆菌的发酵没有发展。同时，各处理组没有检测到丁酸的含量，表明紫花苜蓿青贮的粗蛋白质消耗量较低，贮藏效果较好。

乳酸菌附着于天然牧草和不同发酵阶段的乳酸制备的青贮饲料中，青贮饲料的成熟度和发酵微生物的种类也受到影响微生物发酵的影响及其数量的变化。从代谢上，乳酸菌是厌氧型，酵母菌兼性厌氧型。二者相同的是它们都有相似的细胞结构，酵母菌分解淀粉和糖，乳酸菌分解有机物。酵母菌在发酵的早期阶段占主导地位，并消耗一些营养物质。乳酸菌在有适合生长的条件时，它就会迅速繁殖，分泌的乳酸会抑制酵母菌的生长，最终酵母菌会进入劣势。酵母菌是青贮饲料中常见的微生物，在青贮饲料中酵母菌的存在也是需氧变质的主要因素。在制作青贮饲料时，酵母菌仍然可以从密封青贮饲料中分离出来。因此，好氧微生物并不存在于空气中，而是潜伏在青贮饲料中，这是由于乳酸菌的存在和较低的 pH 值抑制了酵母菌生长。在本试验中，青贮 56 d 后，LM 青贮处理组比 CK、L 和 M 青贮处理组有更高的乳酸含量和更低的 pH 值。LM 组的 pH 值较 CK 组的低，乳酸产量增加。总的来说，尽管这两种添加剂都能改善紫花苜蓿青贮发酵品质，但是乳酸菌和糖蜜的组合更有效，表明添加乳酸菌和糖蜜可以改善紫花苜蓿青贮发酵品质。

以乳酸菌和糖蜜为紫花苜蓿青贮发酵的发酵底物，可溶性糖是紫花苜蓿青贮发酵的基础，乳酸菌能有效提高紫花苜蓿青贮的有氧稳定性。本试验中，在 14 d 和 56 d 开封后，添加乳酸菌的 L 组紫花苜蓿青贮有氧稳定性最高，乳酸菌 + 糖蜜组合的 LM 组次之。

在青贮过程中，乳酸菌和糖蜜在青贮发酵中起着重要作用。在本研究中，新鲜苜蓿具有较低的附生乳酸菌相对丰度。因此，添加乳酸菌和糖蜜是改善紫花苜蓿青贮品质的有效途径。乳酸菌和糖蜜的特性对发酵过程有一定的影响。紫花苜蓿青贮的 pH 值、乳酸等酸与微生物有密切的关系，当青贮的 pH 值为 4.2 或更低时，表明青贮在发酵的过程中保存良好，可以抑制其他微生物的生长。添加乳酸菌和糖蜜可以加速紫花苜蓿青贮的进行，糖蜜中含有少量的氨基酸、蛋白质和矿物质，同时还为乳酸菌发酵提供了额外的营养。附着在新鲜紫花苜蓿上的微生物多为真菌和细菌，如酵母菌、霉菌和大肠菌等，是青贮中的有害菌。随着乳酸菌的繁殖，有害菌逐渐被抑制。其中也有大量的有益菌，首先是乳酸菌，乳酸菌可以分为两类：一类是同型发酵菌，它们几乎完全通过己糖产生乳酸，迅速降低青贮饲料的 pH 值；另一类是异型发酵菌，它们产生乙酸、乙醇、二氧化碳以及乳酸，其中有些能促进青贮发酵，有些细菌也抑制生长。

在低 pH 值条件下，青贮中微生物生长的下降可能有利于不良厌氧生物的生长，进而降低好氧稳定性。在本研究中，添加剂乳酸菌＋糖蜜组合制备的紫花苜蓿青贮饲料的 pH 值始终较低，说明添加剂乳酸菌＋糖蜜组合的青贮饲料具有较高的有氧稳定性。在第 56 d 开封时，LM 组青贮的 pH 值最终小于 4.2，而添加了乳酸菌和糖蜜的紫花苜蓿青贮在第 56 d 的 pH 值达到了 4.37 和 4.18。在第 56 d 开封时 LM 组的乳酸菌计数显著高于 CK 组、L 组和 M 组。同时，LM 组的酵母菌计数显著低于 CK 组和 M 组。酵母菌作为青贮饲料腐败的主要引发剂，吸收乳酸并将其降解为二氧化碳和水，这伴随着青贮饲料营养物质的损失。由于酵母菌消耗乳酸，pH 值增加，使青贮饲料更容易变质。与乳酸相比，酵母菌更易受到乙酸的抑制。研究表明，高浓度的乙酸青贮具有较低的酵母菌、霉菌种群和较高的有氧稳定性。在本试验中，紫花苜蓿青贮各处理组发酵 14 d 时，乙酸含量低，酵母菌数量高，随着时间的延长，第 56 d 时，随着乙酸含量的升高，酵母菌数量降低。L 处理组紫花苜蓿青贮 56 d 时乙酸含量最高，酵母数量最低，其次为 LM 处理组，表明 L 组青贮饲料的有氧稳定性最高，LM 处理组次之。研究表明，糖蜜和乳酸菌处理青贮的乙酸含量最低，酵母种群数量最高，青贮过程中的有氧稳定性最高，本试验结果与 Kim 等（2016）的研究结果相似。

14 d 和 56 d 开封后，L 组和 LM 组紫花苜蓿青贮饲料中细菌的多样性和丰富度低于 CK 组和 M 组青贮饲料，这可能与乳酸菌在青贮饲料中的优势作用有关。这一结果得到了 Kuang 等（2013）之前研究结果的支持，该研究表明，酸性环境中微生物多样性有限是由于 pH 值较低，Méndez 等（2015）也报道了类似的结果。与 CK 组和 M 组紫花苜蓿青贮相比，添加了乳酸菌和乳酸菌＋糖蜜的紫花苜蓿青贮细菌多样性更低。然而，与 CK 组青贮相比，M 组青贮的细菌多样性并没有下降，在本试验中，L组和LM组青贮在14 d和56 d开封后细菌多样性明显下降，这可能是由于一些对青贮条件适应性较好的细菌大量增加所致。与Liu等（2020）的研究结果相似。综上所述，紫花苜蓿青贮饲料中微生物群落丰富度和多样性受到乳酸菌和乳酸菌+糖蜜组合添加剂的影响。

厚壁菌门（Firmicutes）是革兰氏阳性细菌，其基因组中G+C含量较低，可降解大分子化合物，如蛋白质、淀粉和纤维素等。变形菌门是最大的细菌门，除Erwinia、Sphingomonas、Methylobacter、Pseudomonas和农杆菌外，还包括致病菌如大肠杆菌、弧菌和幽门螺杆菌。变形菌门在厌氧消化过程中对有机物降解和碳氮循环起着重要作用。Mc Garvey等（2013）报道称厚壁菌门和变形菌门是苜蓿青贮的优势菌。卢强等（2021）在发酵时间对紫花苜蓿青贮品质的研究中发现，随着时间的延长，厚壁菌门丰度增加，成为主要的优势菌门，30 d时厚壁菌门（Firmicutes）相对丰度已超过70%，变形菌门（Proteobacteria）丰度下降到8%。在本试验中，紫花苜蓿青贮中细菌群落结构随着时间的延长而发生了明显的变化。本研究中，CK组、L组、M组和LM组青贮在14 d和56 d时，变形菌门的丰度显著降低，厚壁菌门的丰度显著增加。在56 d时，L组、M组和LM组青贮的优势菌门均为厚壁菌门，丰度大于99.72%，显著高于没有添加剂的紫花苜蓿青贮。根据罗润博等的研究结果，添加3%糖蜜的紫花苜蓿青贮的优势菌门是厚壁菌门和变形菌门，丰度分别为95.58%和3.76%。王丽学等（2021）研究报道，添加6种不同乳酸菌组合的紫花苜蓿青贮中优势菌门为厚壁菌门，丰度为69.3%～83.1%，其次是蓝细菌门和变形菌门，丰度分别为3.9%～26.4%和0.4%～14.6%。Keshri等（2018）研究发现，青贮期间的低pH值或厌氧条件有利于厚壁菌门的生长，这与本研究相似，即在青贮后60 d厚壁菌门取代变形菌门并普遍存在。

由于乳酸的产生和pH值的降低，乳酸菌防止了需氧腐败。在本研究中，在14 d和56 d的CK组、L组、M组和LM组青贮饲料中乳酸杆菌的丰度均占主导。其中L组和LM组青贮饲料14 d的时候乳酸杆菌丰度在97%以上，56 d的时候丰度在89%以上；M组14 d和56 d乳酸杆菌丰度分别为55.94%和59.05%；CK组由14 d的26.4%增加到39.06%。因此，添加乳酸菌接种剂可以改善高水分易腐烂的紫花苜蓿青贮，可以在一定程度上抑制不良微生物的生长，从而延缓青贮的腐烂过程。Pang等（2011）发现，乳酸杆菌是玉米、高粱、饲用水稻和紫花苜蓿青贮中的主要菌属。糖蜜为乳酸菌提供了额外的可发酵底物，这促进了青贮细菌群落的优势，从而引导代谢到乳酸菌的发酵。Li等（2019）研究发现，乙酸和丙酸可能对细菌生理产生直接影响，对细菌群落结构产生间接影响。在本研究中，L 组和 LM 组的乙酸浓度可能均足够高，从而有效抑制引起腐败的需氧微生物的生长。在紫花苜蓿青贮的过程中，添加剂乳酸菌和乳酸菌＋糖蜜组合，使乳酸菌作为有益菌成为绝对优势菌属，抑制了有害菌的生长。L 组和 LM 组青贮中的细菌多样性较低，56 d 时 Shannon 指数分别为 1.8681 和 0.7352，这是由于 56 d 后，两组青贮的乳酸杆菌丰度较高，达到了 97% 以上，pH 值较低（分别为 4.37 和 4.09）。乳酸菌与乳酸浓度呈正相关，与 pH 值呈负相关，乳酸菌是乳酸的主要生产者，在青贮过程中对降低 pH 值有重要作用。乳酸转化为乙酸会产生高浓度的乙酸，乙酸被认为是酵母和霉菌的抑制剂。在本试验中，第 14 d 和第 56 d，M 组青贮中乳酸浓度高于 CK 组、L 组和 LM 组青贮；L 组青贮中乙酸浓度高于 CK 组、M 和 LM 组青贮。因此，L 组是紫花苜蓿进行青贮的四组中有氧稳定性最好的，LM 组次之。这一结果可能是由于青贮发酵过程中乳酸菌在 pH 值、发酵产物和细菌群落动态方面发挥了重要作用。

（四）结论

（1）乳酸菌、糖蜜和乳酸菌＋糖蜜组与对照组比较，可不同程度地改善紫花苜蓿青贮的品质和营养价值，减少了干物质的损失，pH 值达到了 4.5 以下，乳酸含量增加。

（2）乳酸菌、糖蜜和乳酸菌＋糖蜜组与对照组比较，降低了酵母菌和霉菌数量，增加了乳酸菌数量，并提高了紫花苜蓿青贮的有氧稳定性。

（3）乳酸菌、糖蜜和乳酸菌＋糖蜜组与对照组比较，从 14 d 到 56 d，随着时间的延长，细菌微生物菌群的多样性呈先下降后增加的趋势，丰富了紫花苜蓿青贮细菌菌群的多样性，总体来说，乳酸菌（*Lactobacillus*）的丰度最高，而小球菌（*Pediococcus*）、哈夫尼亚肥杆菌（*Hafnia-Obesumbacterium*）、明串珠菌科（*Leuconostocaceae*）、梭状芽孢杆菌 –18（*Clostridium-sensu-stricto-* 18）的丰度最低。

## 二、植物乳杆菌对柠条青贮发酵品质和微生物多样性的影响

饲草料资源不足，尤其是优质饲草料资源的匮乏及季节供应不平衡等问题，是限制畜牧业快速稳定发展的瓶颈因素。为此，科学合理地开发非常规饲草是解决该问题的重要措施。柠条，又名锦鸡儿、大白柠条、毛条等，属于豆科锦鸡儿属多年生落叶灌木，根系较发达、生长快、覆盖率高、固氮能力强。柠条枝繁叶

茂，富含赖氨酸、异亮氨酸、蛋氨酸等多种必需氨基酸，还含有黄酮类、二苯乙烯类、苯丙烷类、萜类和生物碱等功能性物质，具有抗肿瘤、抗炎、抗病毒和抗氧化等作用，饲喂价值较高。近年来，我国北方荒漠化地区柠条人工种植面积持续增长，在 2004 年，内蒙古西部地区柠条种植面积已达 150 万 $hm^2$，按 4 年平茬一次，每年可产枝条 412.5 万 t，为柠条的饲料开发提供了充足的资源。

柠条纤维含量高、适口性差，动物食用后不易消化。青贮是提高饲料质量的常用手段。然而，与其他优质的粗饲料相比，柠条含有较高的蛋白质和缓冲能值以及较低的水溶性碳水化合物，且附生的乳酸菌少，单独青贮容易失败。研究发现，生物添加剂能提高青贮饲料的发酵质量。乳酸菌是一种能够将青贮饲料中的可溶性糖类物质转化为有机酸（以乳酸为主）的有益微生物，可降低青贮饲料的pH 值、改变微生物群落结构、抑制有害细菌的生长、延长饲料的储藏期。李胜楠等（2022）研究发现，添加复合菌剂可使柠条锦鸡儿青贮的 pH 值、中性洗涤纤维和酸性洗涤纤维含量均显著下降，有利于提高其有氧稳定性。Zhao 等（2021）研究发现，添加乳酸菌混合青贮发酵大豆渣和玉米秸秆时，其乳酸含量明显增加，氨态氮含量明显下降。Oskoueian 等（2021）研究发现，添加乳酸菌可使水稻秸秆青贮的粗蛋白质含量显著增加。然而，当前主要研究了复合添加剂和副产物对柠条青贮发酵品质的影响，很少有人研究单一菌剂对柠条青贮发酵品质和细菌菌群结构的影响。因此，本研究以柠条为原料，调查微生物群落的结构是否可以解释青贮发酵品质的变化，旨在为柠条的饲料化应用提供理论依据。

（一）材料与方法

试验地在内蒙古自治区通辽市科尔沁区（N 122°27′，E 43°62′24″），地处内蒙古农牧交错带东北部，属于典型的大陆性季风气候，日照条件充足，年平均温度为 6.1℃，年平均无霜期为 150 d，年平均降水量为 385.1 mm。柠条手工切割，粉碎至 2～3 cm，茎和叶充分混匀后备用（营养成分见表 1-6）。植物乳杆菌（BNCC192567）购自某生物技术有限公司。

以柠条新鲜重量为基础，L 组添加植物乳杆菌 $1×10^6$ CFU/g（L 组），对照组（CK 组）添加与 L 组相同体积的无菌水。各组混合均匀后，取约 300 g 样品装入聚乙烯塑料袋（尺寸：25 cm×30 cm）中，每个处理 3 个重复，用真空机抽真空密封，在室温环境下（21～25℃）发酵 14 d、56 d 后开袋取样，用于青贮发酵指标的测定和微生物多样性分析。

表1-6　柠条原料营养成分（干物质基础）

| 项目 | 含量（%） |
|---|---|
| 干物质 | 41.30 |
| 粗蛋白质 | 14.99 |
| 中性洗涤纤维 | 49.79 |
| 酸性洗涤纤维 | 44.64 |
| 水溶性碳水化合物 | 4.67 |

（二）结果

由表1-7可知，青贮14 d后，两组DM、CP、ADF含量无显著性差异（$P >$ 0.05）。L组与CK组相比，NDF含量显著下降（$P < 0.05$），WSC含量显著提高（$P < 0.05$）。青贮56 d后，L组与CK组相比，NDF、ADF、DM含量显著降低（$P < 0.05$），WSC含量显著提高（$P < 0.05$），CP含量差异不显著（$P > 0.05$），但L组CP含量有增加的趋势。

表1-7　植物乳杆菌对柠条青贮营养成分的影响（干物质基础）　　　　（%）

| 时间（d） | 项目 | 组别 | | 标准误 | P值 |
|---|---|---|---|---|---|
| | | CK | L | | |
| 14 | 干物质 | 41.00 | 39.97 | 0.419 | 0.1554 |
| | 粗蛋白质 | 15.96 | 15.78 | 0.049 | 0.0600 |
| | 中性洗涤纤维 | 44.29$^A$ | 42.08$^B$ | 0.521 | 0.0401 |
| | 酸性洗涤纤维 | 41.23 | 39.53 | 0.470 | 0.0628 |
| | 水溶性碳水化合物 | 1.48$^B$ | 2.98$^A$ | 0.036 | < 0.0001 |
| 56 | 干物质 | 40.82$^A$ | 38.96$^B$ | 0.396 | 0.0289 |
| | 粗蛋白质 | 15.87 | 16.23 | 0.145 | 0.1549 |
| | 中性洗涤纤维 | 42.13$^A$ | 39.78$^B$ | 0.516 | 0.0317 |
| | 酸性洗涤纤维 | 39.57$^A$ | 37.12$^B$ | 0.587 | 0.0419 |
| | 水溶性碳水化合物 | 0.37$^B$ | 0.52$^A$ | 0.008 | 0.0002 |

注：同行数据肩标不同大写字母表示差异显著（$P < 0.05$），相同或无字母表示差异不显著（$P > 0.05$）。下表同。

由表1-8可知，青贮14 d后，L组与CK组相比，LA、AA含量、LA/AA显著提高（$P < 0.05$），pH值、$NH_3$-N含量显著降低（$P < 0.05$）。青贮56 d后，L组与CK组相比，LA含量、LA/AA显著增加（$P < 0.05$），pH值、$NH_3$-N含

量显著降低（$P < 0.05$），AA 含量无显著性差异（$P > 0.05$）。

表 1-8　植物乳杆菌对柠条青贮发酵品质的影响（干物质基础）

| 时间（d） | 项目 | 组别 | | 标准误 | P 值 |
| --- | --- | --- | --- | --- | --- |
| | | CK | L | | |
| 14 | pH 值 | 5.79[A] | 4.99[B] | 0.022 | < 0.0001 |
| | 氨态氮 NH$_3$-N（g/kg） | 2.21[A] | 1.86[B] | 0.058 | 0.0130 |
| | 乳酸 LA（g/kg） | 11.86[B] | 45.76[A] | 1.083 | < 0.0001 |
| | 乙酸 AA（g/kg） | 3.70[B] | 5.53[A] | 0.144 | 0.0008 |
| | 乳酸 / 乙酸 | 3.21[B] | 8.30[A] | 0.376 | 0.0007 |
| 56 | pH 值 | 5.16[A] | 4.56[B] | 0.014 | < 0.0001 |
| | 氨态氮 NH$_3$-N（g/kg） | 2.75[A] | 2.06[B] | 0.140 | 0.0255 |
| | 乳酸 LA（g/kg） | 18.68[B] | 41.46[A] | 1.356 | 0.0003 |
| | 乙酸 AA（g/kg） | 6.34 | 5.56 | 0.508 | 0.3372 |
| | 乳酸 / 乙酸 | 2.30[B] | 7.59[A] | 0.624 | 0.0065 |

对 6 个样本进行 16 S rRNA 基因 V3 和 V4 区域的高通量序列分析发现，总共生成 320 770 个有效序列。共获得 9 个门、14 个纲、46 个目、73 个科、101 个属、150 个种、161 个 OTU。根据图 1-6 显示，L 组和 CK 组 OTU 数目分别为 104 个和 111 个。其中，2 组共有的核心 OTU 数量为 54 个，L 组和 CK 组特有的 OTU 数量为 50 个和 57 个。

由表 1-9 可知，所有检测样本的覆盖率均大于 0.99，表明测序结果可以准确地反映细菌微生物群落的特征。L 组与 CK 组相比，Chao1 指数和 ACE 指数无显著性差异（$P > 0.05$），Shannon 指数显著下降（$P < 0.05$），Simpson 指数显著升高（$P < 0.05$）。

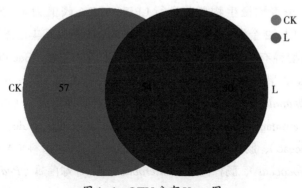

图 1-6　OTU 分布 Venn 图

表 1-9　柠条青贮微生物 Alpha 多样性指数

| 项目 | 组别 | | 标准误 | P 值 |
|---|---|---|---|---|
| | CK | L | | |
| Shannon 指数 | 2.10$^A$ | 0.92$^B$ | 0.047 | < 0.0001 |
| Simpson 指数 | 0.15$^B$ | 0.50$^A$ | 0.010 | < 0.0001 |
| Chao1 指数 | 95.48 | 89.71 | 11.378 | 0.7381 |
| ACE 指数 | 109.51 | 104.46 | 16.898 | 0.8430 |
| 覆盖率 | 0.99 | 0.99 | 0.000 | 0.9725 |

如图 1-7、图 1-8 所示，柠条青贮的优势菌门为厚壁菌门（Firmicutes），其次为变形菌门（Proteobacteria）。L 组厚壁菌门相对丰度（98.39%）较 CK 组（75.20%）显著升高（$P < 0.05$）；变形菌门相对丰度（1.50%）较 CK 组（24.69%）显著下降（$P < 0.05$）。

如图 1-8、图 1-9 所示，柠条青贮的优势菌属为乳杆菌属（*Lactobacillus*）。L 组乳杆菌属相对丰度（98.10%）显著高于 CK 组（40.75%）（$P < 0.05$）。L 组肠杆菌属（*Enterobacter*）、肠球菌属（*Enterococcus*）、魏斯氏菌属（*Weissella*）相对丰度较 CK 组显著降低（$P < 0.05$）；片球菌属（*Pediococcus*）相对丰度显著低于 CK 组（$P < 0.05$）。

通过对柠条青贮微生物群落（属水平）与青贮发酵品质的 Pearson 相关热图分析（图 1-10），乳杆菌属与 pH 值、NDF、ADF、$NH_3$-N 含量呈显著负相关（$P < 0.05$），与 LA 含量呈显著正相关（$P < 0.05$）；片球菌属、肠球菌属与 NDF、ADF、pH 值、$NH_3$-N 含量呈显著正相关（$P < 0.05$），与 LA 含量呈显著负相关（$P < 0.05$）；肠杆菌属与 pH 值、$NH_3$-N 含量呈显著正相关（$P < 0.05$），与 LA 含量呈显著负相关（$P < 0.05$）。

通过对柠条青贮微生物群落进行 LEfSe（LDA 阈值为 4）分析发现（图 1-11），有 2 个门、2 个纲、2 个目、4 个科和 7 个属在组间丰度差异显著。L 组中显著富集的物种有变形菌门（Firmicutes）、芽孢杆菌纲（Bacilli）、乳杆菌目（Lactobacillales）、乳杆菌科（Lactobacillaceae）乳杆菌属（*Lactobacillus*）、弗莱德门菌（*Friedmanniella*）；CK 组中显著富集的物种有厚壁菌门（Proteobacteria）、变形菌纲（Gammaproteobacteria）、肠杆菌目（Enterobacterales）、肠杆菌科（Enterobacteriaceae）、肠球菌科（Enterococcaceae）、气球菌科（Aerococcaceae）、气球菌属（*Aerococcus*）、肠杆菌属（*Enterobacter*）、片球菌属（*Pediococcus*）、魏斯氏菌属（*Weissella*）。

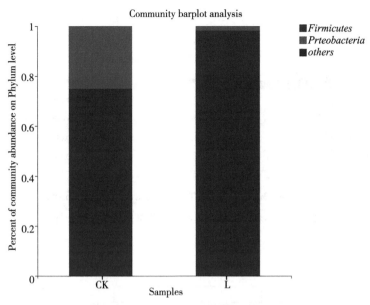

图 1-7　门水平上柠条青贮微生物群落组成

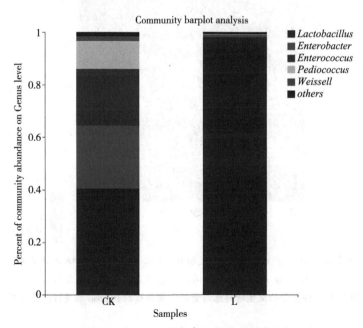

图 1-8　属水平上柠条青贮微生物群落组成

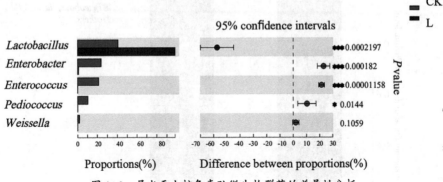

图 1-9 属水平上柠条青贮微生物群落的差异性分析

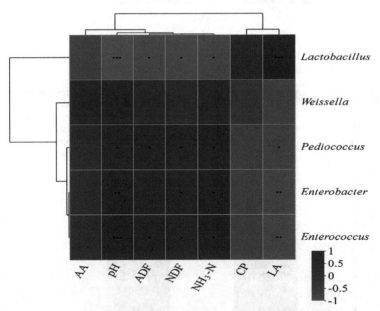

★表示 $0.01 < P \leqslant 0.05$，★★表示 $0.001 < P \leqslant 0.01$，★★★表示 $P \leqslant$ 0.001；右下侧图例是不同的颜色代表不同的相关系数。

图 1-10 柠条青贮微生物群落与青贮发酵品质的 Pearson 相关性热图分析

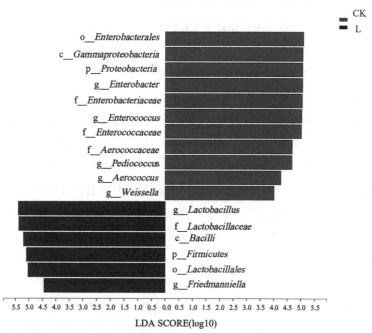

图 1-11　青贮柠条的 LEfSe 差异判别分析

## （三）讨论

柠条青贮后 DM 含量下降，主要是由于青贮前期植物细胞耗氧，微生物将可溶性糖发酵成乳酸，增加了干物质损失。本试验中，L 组 NDF 和 ADF 含量较 CK 组显著下降，与张欢等（2022）、李胜楠等（2022）研究结果一致，主要是由于青贮发酵过程中乳酸菌分泌特殊的包外酶降解植物细胞壁中的纤维素、半纤维素、木质素。研究发现，在青贮发酵过程中，有机酸水解结构性碳水化合物常伴随着 WSC 的产生，它是乳酸菌和其他微生物繁殖的能量来源。孙娟娟等（2021）研究发现，添加乳酸菌可降低苜蓿青贮 WSC 含量，增加有机酸浓度，降低 pH 值，抑制不良微生物生长。本研究中，L 组在青贮 14 d 和 56 d 后 WSC 含量较 CK 组显著增加，这与上述结果不一致，可能是由于 L 组有机酸含量较高，降解纤维素产生过量的 WSC 未被微生物完全利用或无法被微生物利用。

pH 值、有机酸是评判青贮发酵品质的重要指标，其 LA 含量越高，pH 值越低（<4.2），青贮发酵品质越好。本试验中，柠条青贮 14 d 和 56 d 后 CK 组 pH 值均在 5.0 以上，可能是由于柠条自身附着乳酸菌含量较少，LA 发酵不足，pH 值降低缓慢；但 L 组 pH 值较 CK 组显著下降，且 LA 含量在青贮 14 d 和 56 d 均显著高于 CK 组，

可能是由于接种植物乳杆菌的青贮饲料由同型乳酸菌组成，产生大量的 LA，pH 值迅速下降。因此，L 组的 LA 含量高于 CK 组。青贮饲料中 $NH_3-N$ 主要是由梭状芽孢杆菌、肠杆菌等不良微生物水解植物蛋白酶和微生物蛋白产生，反映了青贮中蛋白质分解程度，其值越高，青贮饲料品质越差。CK 组未检测出梭状芽孢杆菌，其 $NH_3-N$ 含量高可能与肠杆菌属（*Enterobacter*）丰度较高有关，肠杆菌属不仅可以通过氨基酸的脱氨基和脱羧基作用产生大量的含氮物质，还可以利用糖类物质产生乙酸、2，3- 丁二醇等有害发酵物，从而影响青贮柠条的发酵质量。L 组 $NH_3-N$ 含量显著下降，主要是由于低 pH 值对肠杆菌属等有害微生物的生长有一定的抑制作用。综上所述，添加植物乳杆菌对青贮柠条的发酵质量有明显的改善作用。

青贮是由多种微生物共同参与的群落演替过程，因此研究青贮饲料的微生物群落结构具有十分重要的意义。一般认为饲料青贮发酵后微生物多样性显著下降，乳酸菌占主导地位。然而，Fan 等（2021）和 Li 等（2022）研究发现，苜蓿青贮和构树青贮发酵后微生物群落多样性显著增加。Chen 等（2021）研究发现，青贮 30 d 后，皇竹草青贮微生物群落多样性显著增加，青贮 60 d 后显著下降；Jiang 等（2020）研究发现，全株玉米青贮 45 d 后，微生物群落多样性显著增加，青贮 90 d 后显著下降。因此，青贮微生物的多样性变化不仅与原料有关，还与发酵时间有关。本研究中，与 CK 组相比，L 组青贮微生物多样性显著下降，表明添加植物乳杆菌加速了柠条青贮发酵。此外，Jiang 等（2020）还发现青贮微生物多样性与 OTUs 具有相同的变化趋势，即青贮微生物多样性下降，OTUs 降低，与本试验结果相同。

在门水平上，青贮饲料的微生物群落结构差异较小，主要以厚壁菌门和变形菌门为主。厚壁菌门是革兰氏阳性菌，分泌各种脂肪酶、纤维素酶和蛋白酶，参与生物大分子（纤维素、淀粉、蛋白质）的降解。变形菌门是含有多种致病性的革兰氏阴性菌，如大肠杆菌、沙门氏菌、幽门螺杆菌等，主要与乳酸菌竞争利用碳水化合物，导致 CP 含量下降，$NH_3-N$ 含量增加。绝大多数乳酸菌属于厚壁菌门，L 组厚壁菌门相对丰度高达 98.39%，这可能是导致 L 组 NDF、ADF、$NH_3-N$ 含量下降，LA 含量增加的原因。此外，张欢等（2022）研究发现，柠条原料的优势菌门是变形菌门，青贮后柠条的优势菌门为厚壁菌门，这进一步说明柠条青贮后增加了有益菌相对丰度，从而抑制腐败菌增殖，提高青贮饲料的品质。

在属水平上，不同青贮饲料的微生物群落结构存在明显差异。玉米、高粱和水稻以魏斯氏菌属和乳杆菌属为主，紫花苜蓿以明串珠菌属为主。本研究中，CK 组以乳杆菌属（40.75%）、肠球菌属（21.51%）、肠杆菌属（23.87%）和片球菌属

（10.44%）为主，L 组以乳杆菌属（98.10%）为主。乳杆菌属是厚壁菌门的一种，在青贮发酵中占主导地位，主要促进乳酸发酵，快速降低 pH 值，抑制有害菌的繁殖，减少 CP、WSC 的降解。L 组乳杆菌属丰度高达 98.10%，表明植物乳杆菌作为发酵促进剂加快了柠条青贮发酵进程，同时降低了肠杆菌属的丰度。本试验中，L 组乳酸含量显著增加，pH 值显著下降，肠杆菌属相对丰度极显著降低，说明添加植物乳杆菌发酵柠条青贮产生的酸性环境能有效抑制不良微生物肠杆菌属的生长，有助于提高青贮饲料品质。

通过 Pearson 相关性分析发现，肠球菌属相对丰度与 NDF、ADF、pH 值、$NH_3$–N 含量呈正相关，这表明肠球菌属抑制了柠条青贮发酵。Cai 等（1999）采用 5 株肠球菌作为接种剂处理青贮饲料，发现肠球菌不会改善青贮饲料的发酵品质。乳杆菌属相对丰度与 pH 值呈显著负相关，这与 Guo（2021）等研究结果一致。L 组乳杆菌属（98.10%）占绝对主导地位，LA 含量较高，pH 值较低，因而发酵品质较好。肠杆菌属相对丰度与 $NH_3$–N 浓度和 pH 值呈正相关。研究发现，肠杆菌利用青贮饲料中的碳水化合物和乳酸，产生丁酸、氨态氮等不良发酵产物，阻止乳酸菌生长，破坏青贮饲料的品质。此外，片球菌属与肠球菌属相对丰度和 LA 含量呈负相关，这与 Dong（2019）等研究结果不一致，其作用还有待进一步研究。

### （四）结论

（1）添加植物乳杆菌显著降低了柠条青贮 NDF、ADF、$NH_3$–N 含量，提高了 LA、WSC 含量。

（2）添加植物乳杆菌可使柠条青贮的细菌群落结构发生变化，乳杆菌属丰度增加，肠杆菌属、肠球菌属、片球菌属和魏斯氏菌属丰度下降。

## 主要参考文献

卢强，孙林，任志花，等，2021. 发酵时间对苜蓿青贮品质和微生物群落的影响 ［J］. 中国草地学报，43（1）：111–117.

孙娟娟，赵金梅，薛艳林，等，2021. 土壤污染及乳酸菌添加对紫花苜蓿青贮品质的影响 ［J］. 中国草地学报，43（8）：114–120.

王丽学，韩静，陈龙宾，等，2021. 不同乳酸菌组合对苜蓿青贮细菌群落结构的影响 ［J］. 草地学报，29（2）：388–395.

张欢，朱鸿福，闫艳红，等，2022. 米糠和乳酸菌制剂对柠条锦鸡儿青贮发酵品质及微生物多样性的影响［J］. 动物营养学报, 34（3）: 1800–1808.

AHAUER K P, WEMHEUER B, DANIEL R, et al., 2015. Tax4Fun: predicting functional profiles from metagenomic 16S rRNA data［J］. Bioinformatics, 31（17）: 2882–2884.

ARYANA K J, MCGREW P, 2007. Quality attributes of yogurt with *Lactobacillus casei* and various prebiotics［J］. LWT– Food Science and Technology, 40（10）, 1808–1814.

BAI B, QIU R, WANG Z, et al., 2023.Effects of cellulase and lactic acid bacteria on ensiling performance and bacterial community of *Caragana korshinskii* silage［J］. Microorganisms, 11（2）: 337.

CAI Y, 1999. Identification and characterization of Enterococcus species isolated from forage crops and their influence on silage fermentation［J］. Journal of Dairy Science, 1999, 82（11）: 2466–2471.

CHEN J, HUANG G, XIONG H, et al. , 2021. Effects of mixing garlic skin on fermentation quality, microbial community of high–moisture *Pennisetum hydridum* Silage［J］. Frontiers in microbiology, 12: 770591.

COBAN H B, 2020. Organic acids as antimicrobial food agents: applications and microbial productions［J］. Bioprocess and Biosystems Engineering, 43（4）, 569–591.

DONG Z, LI J, CHEN L, et al. , 2019. Comparison of nitrogen transformation dynamics in non–irradiated and irradiated alfalfa and red clover during ensiling［J］. Asian–Australasian Journal of Animal Sciences, 32（10）: 1521–1527.

DUAN W, GUAN Q, ZHANG H L, et al., 2023. Improving flavor, bioactivity, and changing metabolic profiles of goji juice by selected lactic acid bacteria fermentation ［J］. Food Chemistry, 408: 135155.

FAN X, ZHAO S, YANG F, et al. , 2021. Effects of lactic acid bacterial inoculants on fermentation quality, bacterial community, and mycotoxins of alfalfa silage under vacuum or nonvacuum treatment［J］. Microorganisms, 9（12）: 2614.

FAOUR–KLINGBEIL D, TODD E C D, 2018. The inhibitory effect of traditional pomegranate molasses on S. typhimurium growth on parsley leaves and in mixed salad vegetables［J］. Journal of Food Safety, 38（4）, 12469.

HE L, WANG C, XING Y, et al., 2020.Ensiling characteristics, proteolysis and bacterial community of high-moisture corn stalk and stylo silage prepared with *Bauhinia variegate* flower〔J〕. Bioresource Technology, 296: 122336.

HE L, ZHOU W, XING Y, et al. , 2020.Improving the quality of rice straw silage with Moringa oleifera leaves and propionic acid: Fermentation, nutrition, aerobic stability and microbial communities〔J〕. Bioresource Technology, 299: 122579.

HU Y, ZHANG L, WEN R, et al., 2022. Role of lactic acid bacteria in flavor development in traditional Chinese fermented foods: A review〔J〕. Critical Reviews in Food Science and Nutrition, 62（10）: 2741-2755.

JIANG F, CHENG H, LIU D, et al. , 2020.Treatment of whole-plant corn silage with lactic acid bacteria and organic acid enhances quality by elevating acid content, reducing pH, and inhibiting undesirable microorganisms〔J〕. Frontiers in Microbiology, 11: 3104.

KE W, WANG Y, RINNE M, et al., 2023. Effects of lactic acid bacteria and molasses on the fermentation quality, in vitro dry matter digestibility, and microbial community of *Korshinsk peashrub*（*Caragana korshinskii* Kom.）silages harvested at two growth stages〔J〕. Grass and Forage Science, 7: 1-13.

KESHRI, JITENDRA, CHEN, et al. , 2018. Microbiome dynamics during ensiling of corn with and without Lactobacillus plantarum inoculant〔J〕. Applied Microbiology & Biotechnology, 102（9）: 4025-4037.

KIM J S, LEE, et al. , 2016.Effect of microbial inoculant or molasses on fermentative quality and aerobic stability of sawdust-based spent mushroom substrate〔J〕. Bioresource Technology, 216: 188-195.

KUANG J L, HUANG L N, CHEN L X, et al. , 2013.Contemporary environmental variation de termines microbial diversity patterns in acid mine drainage〔J〕. Isme Journal, 7（5）: 1038-1050.

LI P, ZHANG Y, GOU W, et al. , 2019. Silage fermentation and bacterial community of bur clover, annual ryegrass and their mixtures prepared with microbial inoculant and chemical additive〔J〕. Animal Feed Science and Technology, 247: 285-293.

LI X, CHEN F, XU J, et al. , 2022. Exploring the addition of herbal residues on fermentation quality, bacterial communities and ruminal greenhouse gas emissions of paper mulberry silage〔J〕. Frontiers in Microbiology, 2022: 4379.

LI C, LI C, ZHAO L, et al., 2022. Soil dissolved carbon and nitrogen dynamics along a revegetation chronosequence of *Caragana korshinskii* plantations in the Loess hilly region of China [ J ] . Catena, 216: 106405.

LI D, DUAN F, TIAN Q, et al., 2021. Physiochemical, microbiological and flavor characteristics of traditional Chinese fermented food Kaili Red Sour Soup [ J ] . LWT– Food Science and Technology, 142: 110933.

LI J, MA D, TIAN J, et al., 2023. The responses of organic acid production and microbial community to different carbon source additions during the anaerobic fermentation of Chinese cabbage waste [ J ] . Bioresource Technology, 371: 128624.

LIU B, YANG Z, HUAN H, et al. , 2020. Impact of molasses and microbial inoculantson fer mentation quality, aerobic stability, and bacterial and fungal microbiomes of barley silage [ J ] . Scientific Reports, 10 ( 1 ): 5342.

LIU Z, LI J, WEI B, et al., 2019. Bacterial community and composition in Jiang-shui and Suan-cai revealed by high–throughput sequencing of 16S rRNA [ J ] . International Journal of Food Microbiology, 306: 108271.

MCGARVEY J A, FRANCO R B , PALUMBO J D, et al. , 2013. Bacterial population dynamics during the ensiling of *Medicago sativa* ( alfalfa ) and subsequent exposure to air [ J ] . Journal of Applied Microbiology, 114 ( 6 ): 1661–1670.

MUCK R E, 2010. Silage microbiology and its control through additives [ J ] . Revista Brasileira de Zootecnia, 39: 183–191.

OSKOUEIAN E, JAHROMI M F, JAFARI S, et al. , 2021. Manipulation of rice straw silage fermentation with different types of lactic acid bacteria inoculant affects rumen microbial fermentation characteristics and methane production [ J ] . Veterinary Sciences, 8 ( 6 ): 100.

PANG H, QIN G, TAN Z, et al. , 2011. Natural populations of lactic acid bacteria associated with silage fermentation as determined by phenotype, 16S ribosomal RNA and recA gene analysis [ J ] . Systematic & Applied Microbiology, 34 ( 3 ): 235–241.

VAN SOEST P J, ROBERTSON J B, LEWIS B A , 1991. Methods for dietary fiber, neutral detergent fiber, and nonstarch polysaccharides in relation to animal nutrition [ J ] . Journal of Dairy Science, 74 ( 10 ): 3583–3597.

（吴白乙拉）

# 第五节 粗饲料资源开发与利用关键技术

## 一、玉米秸秆和全株青贮玉米饲用生物学产量和营养价值比较研究

玉米资源饲用化是玉米收获的主要利用方式，其中最主要的收获方式是籽粒收获，作为能量饲料，还有全株玉米青贮收获，应用于反刍动物。而内蒙古从东北至西南贯穿玉米黄金种植带，具有独特的区域位置和天然条件，适宜玉米的种植，是我国玉米主产区之一。而通辽地区地处我国"镰刀弯"北方农牧交错区和东北地区农牧交错带西侧的玉米黄金带，是内蒙古的粮仓和玉米产业基地，有丰富的玉米资源，为通辽肉牛产业的发展提供了最为重要的物质保障。据统计，近几年通辽地区玉米种植面积大约 1 800 万亩，尽管随着国家"粮改饲"政策的逐步推进和通辽肉牛存栏量 330 万头饲草所需，但全株玉米种植面积不足 450 万亩，对肉牛饲用青贮玉米认知差、利用程度低。目前，在肉牛日粮中，还是以常规收获的玉米籽粒和玉米秸秆作为肉牛的主要原料，饲料转化利用率低，严重制约和降低了肉牛的生产性能和效益，达不到"种养结合"降本增效养殖效果，其原因主要是缺乏不同收获时期单位玉米种植面积生物输出的营养总量及瘤胃可降解营养物质转化效率的数据和报道。本研究旨在分析比较常规玉米收获、活秆收获和全株玉米青贮收获玉米生物学产量、营养成分、单位面积营养总量及 48 h 瘤胃体外营养物质降解效果，为玉米种植 – 肉牛养殖深度结合和"粮改饲"单位土地产出生物资源营养量高效转化畜牧生产提供科学依据。

### （一）材料与方法

根据内蒙古通辽地区玉米籽粒和青贮玉米实际生产情况，种植玉米品种为京科 968，密度均为 75 000 株 /hm²。试验采用随机区组，设 3 个不同的收获期（每个区 1 hm²，共 3 hm²）：常规收获（2020 年 10 月 9 日收玉米穗，11 月 16 日秸秆揉丝打捆）、活秆收获（9 月 29 日完熟期，同时收玉米穗和秸秆）、全株玉米青贮（9 月 19 日收获）。每个收获期（区）设 3 个重复小区，小区长 10 m，宽 2 m，收

获整株玉米，留茬高度 15 ～ 20 cm。每小区随机选取中间两行长势均匀的 10 株
具有代表性的玉米，用于测定玉米秸秆、籽粒、玉米芯和全株玉米鲜重，再测定
营养成分和瘤胃体外消化率。

生物学产量是指作物整个生育期间通过光合作用生产和积累的有机物干物质
总量。每小区随机选取 10 株具有代表性的玉米，测定玉米秸秆、籽粒、玉米芯
和全株玉米的鲜重，按平均出苗率 95%，计算总鲜产量，再分别粉碎过筛 1 mm，
105℃ 烘干测定干物质（DM）含量，测定方法见张丽英（2016），并计算生物学
产量和生物量损失率。

总鲜产量（t/hm$^2$）= 每株玉米重（kg/株）×75 000（株 /hm$^2$）×95% ÷ 1 000

生物学产量（t/hm$^2$）= 总鲜物质产量（t/hm$^2$）× 玉米干物质含量（%）

生物量损失率（%）=（青贮玉米生物学产量 – 常规或活秆生物学产量）÷
青贮玉米生物学产量

## （二）结果

由表 1–10 可知，在全株玉米青贮干物质为 33.76% 收获时，生物学产量最
大，为 21.78 t/hm$^2$，显著高于常规收获和活秆收获的生物学产量（19.22 t/hm$^2$ 和
20.13 t/hm$^2$）。相比全株玉米青贮收获，常规收获、活秆收获生物学产量分别损失
了 11.75% 和 7.58%。

表 1–10　不同收获时期玉米生物学产量

| 收获时期 | 部位 | 干物质（%DM） | 鲜重（kg/hm$^2$） | 干重（kg/hm$^2$） | 生物学产量（t/hm$^2$） | 生物量损失率（%） |
|---|---|---|---|---|---|---|
| 常规收获 | 秸秆 | 46.24±1.15$^c$ | 13 472.69±145.25$^c$ | 6 229.77±55.68$^c$ | | |
| | 玉米芯 | 62.55±0.96$^b$ | 3 727.75±22.95$^d$ | 2 331.71±12.82$^d$ | 19.22±0.13$^c$ | 11.75±0.84% |
| | 籽粒 | 76.36±0.45$^a$ | 13 962.86±85.27$^c$ | 10 662.04±75.36$^b$ | | |
| 活秆收获 | 活秆 | 34.65±1.76$^d$ | 21 256.82±127.08$^b$ | 7 365.49±42.15$^c$ | | |
| | 玉米芯 | 60.66±1.07$^b$ | 3 921.61±30.20$^d$ | 2 378.85±16.55$^d$ | 20.13±0.24$^b$ | 7.57±0.50% |
| | 籽粒 | 72.29±0.99$^a$ | 14 368.27±105.36$^c$ | 10 386.82±86.28$^b$ | | |
| 全株玉米青贮收获 | | 33.76±1.10$^d$ | 64 502.94±240.65$^a$ | 21 776.19±210.43$^a$ | 21.78±0.21$^a$ | |

由表 1–11 可知，常规收获玉米籽粒的粗蛋白质含量最高，与活秆收获玉米

籽粒和全株玉米无显著性差异（$P > 0.05$），但显著高于玉米秸秆和玉米芯（$P < 0.05$），且活秆收获秸秆粗蛋白质显著高于常规收获（$P < 0.05$）。2 种收获的玉米籽粒粗脂肪含量显著高于其他各部位（$P < 0.05$），玉米芯含量最低。粗灰分含量玉米秸秆和活秆收获显著高于其他（$P < 0.05$），玉米籽粒含量最低。常规收获的玉米秸秆、玉米芯粗纤维和 NDF 含量最高，玉米籽粒最低。NFE 含量玉米籽粒最高，显著高于其他（$P < 0.05$），玉米芯含量显著高于秸秆（$P < 0.05$），活秆收获秸秆显著高于常规收获（$P < 0.05$）。

表 1-11　不同收获时期饲用玉米营养成分（干物质为基础，%DM）

| 收获时期 | 部位 | 粗蛋白质 | 粗脂肪 | 灰分 | 粗纤维 | NFE | NDF |
|---|---|---|---|---|---|---|---|
| 常规收获 | 秸秆 | $5.05\pm0.16^c$ | $1.05\pm0.05^c$ | $8.36\pm0.11^a$ | $37.94\pm1.35^a$ | $25.75\pm3.21^c$ | $78.59\pm3.61^b$ |
| | 玉米芯 | $2.64\pm0.08^d$ | $0.95\pm0.02^c$ | $2.36\pm0.36^c$ | $35.88\pm1.65^a$ | $46.28\pm5.34^b$ | $78.39\pm3.64^a$ |
| | 籽粒 | $8.30\pm0.35^a$ | $4.83\pm0.43^a$ | $1.47\pm0.09^d$ | $1.65\pm0.06^c$ | $71.36\pm2.97^a$ | $4.10\pm0.05^d$ |
| 活秆收获 | 活秆 | $6.38\pm0.14^b$ | $1.37\pm0.17^b$ | $7.64\pm0.84^a$ | $28.94\pm1.54^b$ | $38.67\pm5.33^c$ | $62.15\pm1.33^c$ |
| | 玉米芯 | $2.87\pm0.20^d$ | $0.90\pm0.06^c$ | $2.43\pm0.05^c$ | $35.21\pm2.68^a$ | $50.27\pm2.64^b$ | $75.39\pm5.64^a$ |
| | 籽粒 | $8.27\pm0.24^a$ | $4.25\pm0.17^a$ | $1.68\pm0.01^{cd}$ | $1.66\pm0.04^c$ | $73.68\pm3.07^a$ | $3.29\pm0.17^d$ |
| 全株玉米青贮收获 | | $7.79\pm0.22^a$ | $2.65\pm0.31^b$ | $5.61\pm0.35^b$ | $24.31\pm1.10^b$ | $55.06\pm3.08^b$ | $45.85\pm2.42^c$ |

注：同列不同小写字母表示差异显著（$P < 0.05$），相同字母表示差异不显著（$P > 0.05$）。

由表 1-12 可知，全株玉米收获期粗蛋白质产量显著高于常规和活秆收获期全株（$P < 0.05$），而后两者无显著性差异（$P > 0.05$）。3 个收获时期全株粗脂肪产量无显著性差异（$P > 0.05$），但籽粒粗脂肪显著高于秸秆（$P < 0.05$）。全株玉米收获粗纤维产量显著高于常规和活秆收获（$P < 0.05$），常规和活秆收获期，秸秆粗纤维产量显著高于玉米芯、籽粒（$P < 0.05$）。3 个收获时期的全株 NFE 产量无显著差异（$P > 0.05$），但籽粒 NFE 产量显著高于秸秆、玉米芯（$P < 0.05$）。单位面积全株玉米收获总能显著高于常规和活秆收获期全株（$P < 0.05$），常规和活秆收获时期，籽粒收获总能显著高于秸秆、玉米芯（$P < 0.05$）。

表1-12 不同收获时期单位面积饲用玉米营养收获量

（t/hm²）

| 收获时期 | 部位 | 粗蛋白质 | 粗脂肪 | 灰分 | 粗纤维 | NDF | NFE | 总能 |
|---|---|---|---|---|---|---|---|---|
| 常规收获 | 秸秆 | 0.31±0.01c | 0.07±0.01c | 0.52±0.06b | 2.36±0.35c | 4.83±0.16b | 1.60±0.06de | 84.55±3.14d |
|  | 玉米芯 | 0.07±0.00c | 0.02±0.00c | 0.06±0.01d | 0.90±0.03d | 1.96±0.06c | 1.16±0.10e | 40.01±1.55e |
|  | 籽粒 | 0.95±0.03c | 0.51±0.02b | 0.16±0.02c | 0.18±0.01e | 0.44±0.02d | 7.59±0.12c | 174.63±6.90c |
|  | 全株 | 1.33±0.02b | 0.60±0.00a | 0.74±0.03a | 3.44±0.11b | 7.23±0.35a | 10.35±0.70a | 299.18±10.05b |
| 活秆收获 | 秸秆 | 0.47±0.04d | 0.08±0.02c | 0.56±0.04b | 2.13±0.34c | 4.58±0.21b | 2.85±0.30d | 108.11±5.10d |
|  | 玉米芯 | 0.07±0.01c | 0.02±0.00c | 0.06±0.01d | 0.88±0.03d | 1.88±0.06c | 1.25±0.04e | 41.28±1.94c |
|  | 籽粒 | 0.91±0.04c | 0.47±0.03d | 0.17±0.01c | 0.17±0.04e | 0.34±0.05d | 7.56±0.17c | 169.99±5.66c |
|  | 全株 | 1.45±0.05b | 0.61±0.03a | 0.80±0.02a | 3.18±0.07b | 7.18±0.54a | 11.66±1.00a | 319.18±9.43b |
| 全株玉米青贮收获 |  | 1.85±0.22a | 0.58±0.31a | 0.82±0.35a | 5.29±1.10a | 7.81±2.42a | 11.99±3.08a | 375.50±7.29a |

注：同列不同小写字母表示差异显著（$P<0.05$），相同字母表示差异不显著（$P>0.05$）。

由表 1-13 可知，粗蛋白质、粗纤维、NDF、NFE 和总能产量均有不同程度的损失，但粗脂肪产量没有损失。常规收获粗蛋白质产量、总能产量损失显著高于活秆收获（$P < 0.05$），其他营养量损失差异不显著（$P > 0.05$）。

**表 1-13 不同收获时期饲用全株玉米营养损失率** （％）

| 收获时期 | 粗蛋白质 | 粗脂肪 | 粗纤维 | NDF | NFE | 总能 |
|---|---|---|---|---|---|---|
| 常规收获 | 25.86±1.12[a] | -4.38±0.23 | 36.25±1.11 | 28.93±0.35 | 14.20±0.70[a] | 20.60±1.48[a] |
| 活秆收获 | 17.62±2.05[b] | -3.96±0.28 | 40.63±2.07 | 32.74±0.54 | 2.42±.10[b] | 14.42±0.57[b] |

注：同列不同小写字母表示差异显著（$P < 0.05$），相同字母表示差异不显著（$P > 0.05$）。

由表 1-14 可知，全株玉米青贮收获干物质（IVDMD）和粗蛋白质（IVCPD）体外降解率显著高于常规和活秆收获（$P < 0.05$）。全株玉米青贮收获中性洗涤纤维（IVNDFD）体外降解率显著高于常规活秆收获（$P < 0.05$），但与活秆收获无显著性差异（$P > 0.05$）。

**表 1-14 不同收获时期饲用玉米瘤胃体外消化率** （％）

| 收获时期 | 干物质体外降解率 | 粗蛋白质体外降解率 | NDF 体外降解率 |
|---|---|---|---|
| 常规收获 | 57.98±1.08[b] | 63.08±1.28[b] | 48.79±1.35[b] |
| 活秆收获 | 58.65±1.29[b] | 63.22±1.45[b] | 53.23±1.54[ab] |
| 全株玉米青贮收获 | 63.50±1.22[a] | 68.77±1.50[a] | 59.24±1.95[a] |

注：同列不同小写字母表示差异显著（$P < 0.05$），相同字母表示差异不显著（$P > 0.05$）。

由表 1-15 可知，全株玉米青贮收获单位面积瘤胃体外 48 h 可降解 DM 和 NDF 总量显著高于常规和活秆收获（$P < 0.05$），但可降解 CP 总量无显著性差异（$P > 0.05$）。

**表 1-15 单位面积体外可消化营养总量**

| 收获时期 | 干物质 | 粗蛋白质 | NDF |
|---|---|---|---|
| 常规收获 | 11.23±1.06[b] | 0.73±0.22[a] | 3.46±0.51[b] |
| 活秆收获 | 11.81±0.95[b] | 0.82±0.20[a] | 3.58±0.29[b] |
| 全株玉米青贮收获 | 13.83±0.33[a] | 1.08±0.06[a] | 5.92±0.34[a] |

注：同列不同小写字母表示差异显著（$P < 0.05$），相同字母表示差异不显著（$P > 0.05$）。

（三）讨论

青贮玉米是单位面积产量最为高效的绿色农作物之一。国内外青贮玉米在种植和反刍动物饲料应用方面已做了大量的研究。研究表明不同品种、不同收获期对玉米生物学产量和营养价值有一定的影响。本研究根据通辽玉米实际生产收获情况，设置了 3 种收获时期，常规收获是包叶变黄后 10 d 先机收玉米穗，剩余秸秆折断留田中风干晾晒，30 d 后再揉丝打捆存储为草料，是通辽地区玉米主要收获方式；活秆收获是包叶变黄时玉米穗和玉米秸秆同时收获，收获后的玉米秸秆制备黄贮作为饲草，是传统种养结合的主要方式；全株玉米青贮收获是干物质在 28% ～ 35% 时收割切碎（2 ～ 4 cm），调制青贮饲料作为饲草，是"粮改饲"玉米种植 – 反刍动物养殖节本增效的主要方式。本研究表明，2020 年 9 月 19 日全株玉米干物质为 33.76% 时，收获生物学产量最大，为 21.78 t/hm²，高于 9 月 29 日活秆收获（20.13 t/hm²）和常规收获（19.22 t/hm²）的生物学产量，与苏日娜等（2022）研究结果吉东 81 干物质在 31.95% 时整株玉米鲜重和干物质重最高相符。整株玉米营养成分也随着收获期的变化而变化。在"粮改饲"和种养结合背景下，既要种植玉米生物学产量，又要营养收获量和转化效率。本研究表明，除粗脂肪外，全株玉米青贮收获营养收获量均高于活秆和常规收获，在干物质30% ～ 35% 时，能收获粗蛋白质 1.70 t/hm²、粗纤维 5.29 t/hm²、NFE 11.99 t/hm²、NDF 9.99 t/hm² 和总能 371.85 t/hm²。因此，反刍动物饲用玉米收获应考虑在干物质为 30% ～ 35%，但延长收获时间的活秆或常规收获都有不同程度的生物学产量和营养收获量损失。但本研究与左强（2020）研究所得在我国西北地区一年一熟种植区域，黄贮是玉米作物饲料化利用的最佳利用方式结果有些不一致，其原因可能是种植区域不同、收获期精细度及玉米品种等有关。再者，黄贮（活秆）收获玉米籽粒和玉米秸秆不仅增加了收获工作量，也不利于机械化生产与操作，在高效精细养殖中，不推荐玉米秸秆黄贮和籽粒饲用方式。

国内外研究表明，全株玉米青贮是反刍动物饲料转化效率最佳的一种方式。本研究表明全株玉米青贮收获时，肉牛瘤胃 48 h 体外干物质、粗蛋白质和 NDF 消化率最高，且收获可消化营养量也是最高。延长玉米籽粒和秸秆收获时间会严重影响其营养成分和可消化性，与高俊雷（2020）研究不同新鲜度玉米秸秆的营养价值不同结果一致。本研究表明，单位面积全株玉米青贮收获可消化干物质量达到了 13.83 t/hm²，分别比常规收获和活秆收获提高了 18.80% 和 14.61%，单位面积全株玉米青贮收获可消化 NDF 量达到了 5.92 t/hm²，分别比常规收获和活秆收获提高了 41.55% 和 39.53%。研究表明，粗饲料是反刍动物饲料不可或缺的重要组分，而饲粮 NDF 影响反刍动物瘤胃的正常发酵和胃肠道的健康，不仅为反刍动物提供能量还具有营养调控的作用。因此肉牛、奶牛在利用玉米资源作为饲用原料时，全株玉米青贮收获是反刍动物可消化营养量最高的收获方式，为单位面积土地资源转化畜牧生产提供了可视化的数据参考。

（四）结论

收获期对玉米饲用生物学产量、营养成分和可消化营养产量影响显著，而全株玉米青贮收获是反刍动物饲粮的最佳收获方式，可获得最佳的单位面积土地生物可消化营养转化效率，延长籽粒收获期会降低生物学产量和可消化营养产量。

## 二、基于二代测序检测玉米秸秆青贮发酵和暴露空气微生物多样性

青贮饲料是反刍动物营养和饲料十分重要的来源之一，尤其对冬季较长地区的反刍动物更为重要。而玉米秸秆青贮是反刍动物最重要的青贮饲料之一，在欧、美等发达地区早已广泛应用。随着我国农业结构战略性调整和畜牧业的快速发展，大力推进青贮玉米秸秆的种植和利用微生物发酵技术青贮饲料，提高青贮饲料品质、增加畜牧生产性能、改善畜牧产品质量是非常重要的。因此，在青贮过程中微生物菌落的组成、变化及其对青贮饲料发酵品质的重要影响更是研究者关注的焦点。

多年来，青贮中微生物多样性及群落变化的研究，常用的传统培养法由于培养条件的局限性，存在费时、费力、片面的缺陷，无法真正完全解析微生物的组成、丰度及其变化情况，低估了微生物的多样性。近 10 多年来，随着分子生物学技术的不断发展，基于聚合酶链式反应（PCR）技术出现了许多非培养的方法，如 16SrRNA 克隆建库、限制性片段长度多态性（RFLP）、变性梯度凝胶电泳 PCR（DGGE-PCR）等方法被广泛应用于环境、发酵食品、青贮饲料及其他微生态环境中微生物多样性的研究。基于微生物宏基因组学 - 高通量焦磷酸测序技术具有高通量、快速、省力等优点，已逐渐被广泛应用于土壤、肠道、水体、发酵食品等各微生态环境中微生物多样性的检测和研究。然而，在青贮发酵饲料的研究方面报道较少，Li 等（2015）利用高通量测序技术在青贮过程中检测到 30 多个菌属群落结构的变化情况。刘晶晶（2015）应用 Miseq 高通量测序技术在柳枝稷青贮 60 d 检测微生物多样性。陶莲和刁其玉（2016）通过实验室检测手段和 Miseq 高通量测序技术相结合，分析了青贮品质和青贮前后整个菌落构成及丰度变化的信息，进而为发酵过程中认清微生物菌群组成提供依据。Bao 等（2016）利用第三代单分子测序技术（SMRT），检测苜蓿青贮前后微生物的变化及菌落对苜蓿品质的影响，表明 SMRT 测序平台可用于评估青贮饲料微生物变化和质量。

然而，采用高通量测序技术检测和分析玉米秸秆青贮过程中微生物多样性及变化还未有报道。因此，本研究利用宏基因组学技术，研究和分析玉米秸秆青贮发酵过程和发酵后暴露空气菌群构成及其演替规律，为全面了解自然青贮发酵玉米秸秆中微生物组成及变化、发掘玉米秸秆附生有益微生物种类和提高青贮饲料营养价值及品质提供理论基础和新方法。

## （一）材料与方法

玉米秸秆来源于内蒙古通辽市查金台第一农场，取自机械化收割后的样品（1～2 cm）。青贮试验于2016年9月在内蒙古民族大学动物科学技术学院实验室进行。将样品装入双层聚乙烯袋（45 cm×30 cm）中，排空气、压实、封口，每袋约3.0 kg，压实密度约550 kg/m³，分别在青贮第5 d、第40 d和青贮40 d开袋暴露后第3 d进行3次取样（F3、F40和A3），每次取3袋作为重复，共9袋，并将青贮发酵袋装于塑料贮存箱内室温发酵。取样时打开袋，上层弃用，取袋中间位置的样品，一部分装入无菌50 mL冻存离心管中，于−80℃超低温冰箱保存。将全部9个样品以温箱干冰冷冻方式寄送公司，另一部分装入封口袋中约60 g，保存于−20℃冰箱，用于青贮发酵品质和营养成分的测定。

## （二）结果

由表1–16结果表明，玉米秸秆青贮第40 d和青贮40 d后开袋第3 d，相比青贮第5 d，氨态氮/总氮比值、乳酸和乙酸含量均有显著增加（$P < 0.05$），但青贮玉米pH值有相反趋势，且F40组和A3组之间差异不显著（$P > 0.05$）。从玉米秸秆青贮前、发酵第5 d和发酵第40 d、青贮40 d后开袋第3 d营养成分变化表明，随着青贮发酵时间的延长，DM、CP、NDF、ADF和WSC均有减少的趋势。WSC含量下降显著（$P < 0.05$），F5组、F40组、A3组比青贮前分别下降了38.60%、68.17%和65.86%。

表1–16 玉米秸秆青贮过程发酵品质及其营养成分

| 项目 | 青贮前 | 青贮第5d, F5 | 青贮第40d, F40 | 青贮40d后开袋第3d, A3 |
|---|---|---|---|---|
| 发酵品质 | | | | |
| 氨态氮/总氮（%） | — | $4.33\pm1.05^b$ | $7.95\pm0.47^a$ | $8.05\pm1.21^a$ |
| pH值 | — | $4.08\pm0.32^a$ | $3.83\pm0.08^b$ | $3.91\pm0.10^b$ |
| 乳酸（%DM） | — | $4.83\pm0.21^b$ | $9.69\pm0.26^a$ | $9.16\pm0.44^a$ |
| 乙酸（%DM） | — | $0.48\pm0.02^c$ | $1.53\pm0.43^b$ | $2.48\pm0.61^a$ |

续表

| 项目 | 青贮前 | 青贮第5d, F5 | 青贮第40d, F40 | 青贮40d后开袋第3d, A3 |
|---|---|---|---|---|
| 营养成分 | | | | |
| 干物质（%DM） | 32.89±0.65[a] | 32.11±1.04[a] | 30.59±0.46[b] | 31.37±1.27[ab] |
| 粗蛋白质（%DM） | 8.95±0.63[a] | 8.52±0.16[a] | 7.22±0.74[b] | 7.26±0.55[b] |
| 中性洗涤纤维（%DM） | 58.14±2.05[a] | 53.71±2.12[b] | 49.66±1.16[c] | 49.43±2.20[c] |
| 酸性洗涤纤维（%DM） | 45.47±1.89[a] | 41.22±1.47[b] | 32.75±1.10[c] | 33.20±1.32[c] |
| 水溶性碳水化合物（%DM） | 17.72±1.08[a] | 10.88±1.23[b] | 5.64±0.24[c] | 6.05±0.16[c] |

注：同一行不同字母表示差异显著（$P < 0.05$）。

通过序列过滤、抽取及双端拼接，获得了122371条有效序列，总碱基数54 758 721个，平均长度447 bp，经过对有效序列的优化处理，得到共110 173条优化序列用于OTU聚类及分类学分析，有效优化序列数目达90.03%（表1-17）。

表1-17　样本序列信息统计

| 组别 | 有效序列（条） | 优质序列（条） | 优化比例 | 序列长度（bp） | OUT（个） | >1% OUTs（个） | 覆盖度 |
|---|---|---|---|---|---|---|---|
| F5 | 34 175 | 29 975 | 87.71% | 446 | 187 | 12 | 0.9992 |
| F40 | 43 901 | 38455 | 87.59% | 448 | 211 | 8 | 0.9994 |
| A3 | 44 295 | 41743 | 94.24% | 447 | 220 | 10 | 0.9997 |

经过序列相似性大于97%水平上的OTU聚类，共得到的OTU数目为239，单个样本中序列丰度大于1%的OTU却很少，分别是12（F5）、8（F40）和10（A3）。Coverage值均达到了0.99以上，稀释曲线图及Shannon曲线图均显示曲线已经趋于平坦，表明样本测序量已经饱和，足够反映样本中绝大部分菌群物种的信息（图1-12）。有效序列及优化序列数随发酵时间延长而升高，同时OTU数目也在增加，说明发酵及开袋期菌群持续增殖，多样性也在增加。但样本中OTU丰度大于1%的数目不仅减少，还出现发酵后期比发酵前期的低，说明发酵对于主体菌群来说多样性是降低的。

玉米秸秆青贮和曝气过程中细菌群落主成分分析如下。

由图1-13 PCA分析可知，A3、F40和F5三者彼此距离互不接近，形成了一个三角形，表明三者在微生物组成上有很大的差别，三者分别代表了不同的发酵时期，即发酵初期（F5）、发酵后期（F40）及开袋（开窖）曝气期（A3）。F40分别与A3及F5距离较近，说明三者相比，发酵后期分别与发酵初期及开袋曝气期群落构成相似性较大，也表明发酵初期、发酵后期和开袋曝气期三者之间的承继关系。

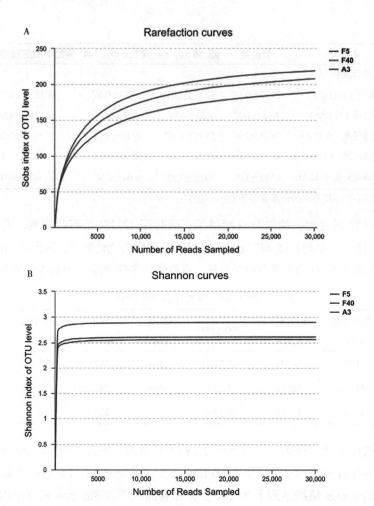

图 1-12 玉米秸秆青贮和曝气样本稀释曲线（A）及 shannon 曲线（B）分析

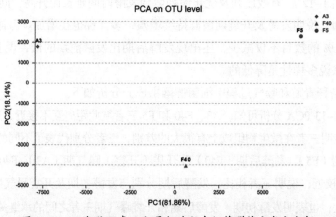

图 1-13 玉米秸秆青贮和曝气过程中细菌群落主成分分析

共获得了 239 个 OTU，分属 163 个属，93 个科，54 个目，26 个纲，16 个门。所有样品的细菌群落可分为 16 个门，如图 1-14 所示丰度大于 1% 的门有 5 个，依次为厚壁菌门（Firmicutes）、变形菌门（Proteobacteria）、拟杆菌门（Bacteroidetes）、蓝细菌门（Cyanobacteria）、放线菌门（Actinobacteria）等，它们占了极大的比例。发酵初期（F5）中主要优势菌群为厚壁菌门和变形菌门，分别占到 57.57%、27.54%，其次是蓝细菌门（7.05%）、拟杆菌门（6.49%）和放线菌门，它们占样本总丰度的 99.73%（图 1-14）。发酵后期（F40）中主要有 3 个门类丰度在 1% 以上，即厚壁菌门、变形菌门和拟杆菌门，分别占比 74.65%、20.36%、3.10%，这 3 个门类的菌群占总丰度的 98.10%（图 1-12）。开袋期（A3）中主要优势菌群为厚壁菌门和变形菌门，丰度分别为 78.82% 和 17.02%；拟杆菌门和放线菌门丰度较低，分别是 2.17% 和 1.20%，这 4 种菌落总丰度达到 99.21%（图 1-14）。

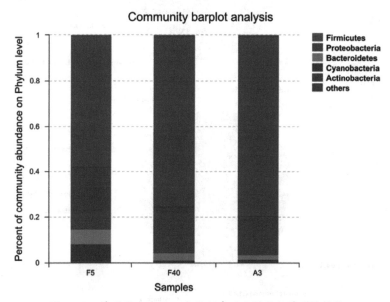

图 1-14　基于门水平的玉米秸秆青贮和曝气细菌群落结构

比较 3 个样本可见，随着发酵的进行及后续开袋期，厚壁菌门获得了持续增长，变形菌门和拟杆菌门的比例持续降低，蓝细菌门只在 F5 中出现，放线菌门只在发酵初期和开袋期丰度高于 1%。

图 1-15 显示了属水平上玉米秸秆青贮期间及暴露空气细菌群落的结构变化（丰度 > 1%）。3 个样本共鉴定出 163 个属。发酵初期（F5）鉴定出 133 个属，其中丰度 > 1% 的菌属有 11 个（含蓝细菌门），丰度总和占到 86.33%。乳杆菌属（Lactobacillus）占优势地位，丰度达 49.78%。其他依次为克雷伯氏菌属

（*Klebsiella*）9.08%，蓝细菌门7.05%，拉恩菌属（*Rahnella*）3.45%，金黄杆菌属
（*Chryseobacterium*）3.14%，片球菌属（*Pediococcus*）3.18%，乳球菌属（*Lactococcus*）
2.67%，肠杆菌属（*Enterobacter*）2.52%，鞘氨醇单胞菌属（*Sphingomonas*）2.34%，
泛菌属（*Pantoea*）1.78%，鞘氨醇杆菌属（*Sphingobacterium*）1.33%等，可见其他
的菌属虽然丰度不大，但具有一定的数量。

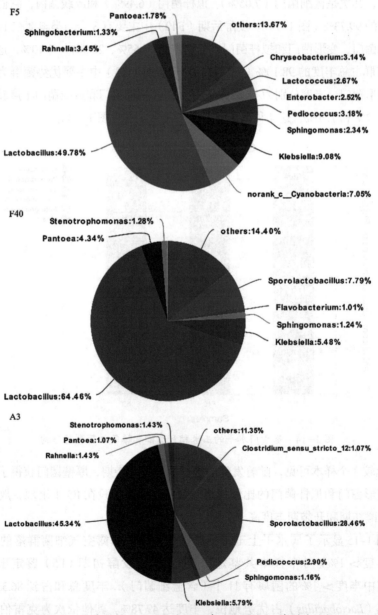

图1-15　基于属水平的玉米秸秆青贮和曝气细菌群落结构

发酵后期（F40）鉴定出 146 个属，丰度＞1% 的菌属有 7 个，丰度总和占到 85.60%。乳杆菌属占优势地位，丰度达 64.46%。其他依次为芽孢乳杆菌属（Sporolactobacillus）7.79%，克雷伯氏菌属 5.48%，泛菌属 4.34%，寡养单胞菌属（Stenotrophomonas）1.28%，鞘氨醇单胞菌属 1.24%，黄杆菌属（Flavobacterium）1.01% 等。

曝气期（A3）鉴定出 153 个属。丰度＞1% 的属数目为 9 个，丰度总和占到 88.65%。主要种类有乳杆菌属 45.34%，芽孢乳杆菌属 28.46%，克雷伯氏菌属 5.79%，片球菌属 2.90%，寡养单胞菌属 1.43%，拉恩氏菌属（Rahnella）1.43%，鞘氨醇单胞菌属 1.16%，泛菌属 1.07%，梭菌属（Clostridium）1.07%。

F5、F40、A3 阶段乳杆菌属的丰度分别是 49.78%、64.46%、45.34%，占绝对优势，在发酵期间丰度呈增长趋势，在发酵 40 d 已到峰值，在曝气后丰度下降，而芽孢乳杆菌属，由发酵初期未出现，到发酵后期数量 7.79%，再到曝气 3 d 增长到 28.46%，说明曝气有利于其生长。其他一些菌属则相对稳定而又连续存在，其中克雷伯氏菌属丰度相对较大，F5、F40、A3 丰度分别是 9.08%、5.48%、5.79%，梭菌属在发酵期间检测不到而在曝气后增长到 1.07% 的水平。丰度相对较小的菌属，还包括泛菌属、鞘氨醇单胞菌属等。因此，发酵产生的优势菌群是乳杆菌属，有利于饲料品质的提升，而曝气则改变了菌群的菌属结构，滋生了有害菌群。

表 1-18 为全株发酵玉米饲料 Alpha 多样性指数表。Alpha 多样性用来表示样本内群落多样性，其中 Chao、Ace 是计算菌群丰度的指数，数值越大，表示菌群丰度越高；而 Simpson 和 Shannon 用来计算菌群多样性的指数，Shannon 值越大，群落多样性越低，Simpson 值越大，群落多样性越高。

表 1-18  生物多样性指数

| 组别 | Chao | Ace | Shannon | Simpson |
| --- | --- | --- | --- | --- |
| F5 | 210.2 | 203.24 | 2.896 | 0.1240 |
| F40 | 225.7 | 223.79 | 2.611 | 0.1513 |
| A3 | 225.7 | 226.45 | 2.562 | 0.1738 |

菌群多样性分析表明，随着发酵的进行，菌群数量及组成呈现一定的变化。总体来说，3 个时期的样本序列数量较多，OTU、Chao、Ace 等指标上均处在较高的水平，说明样本菌群数量较大，多样性水平也相对较高。相比发酵前期（F5）、发酵后期（F40）及开袋期（A3）序列数量、OTU、Chao、Ace 等指标均

有增长，而 Shannon 指数有所降低，说明发酵促进了细菌群落的繁殖生长，并且是很多菌群物种得到了发展，因此细菌多样性得到了提高，群落丰度也相应提高。

对于短期开袋曝气而言，其相对于发酵后期的序列数量、OTU、Chao、Ace 等指标的增幅均很小，Shannon 指数降低的也很小。表明开袋暴露空气后，在新的气体及温度环境下，菌群生长及物种多样性并没有产生太大变化。

由图 1-16 可见，239 个 OTU 中，有 173 个核心序列，占比为 73.49%（173/239），说明发酵和开袋期间核心序列占比很大。F5 和 F40 发酵期比较，180 个核心物种，全部 OTU 为 223 个，占比 80.72%，占比有所增加。F40 和 A3 比较，核心物种为 198 个，全部 OTU 为 239 个，占比 82.85%。发酵后期与开袋期共有物种数稍大些，说明其物种组成也略近些。F5、F40 和 A3 的独有物种均很少，分别为 1、9 和 16。F5 与 F40、A3 共有物种较少，其值分别为 7 和 8；而 F40 与 A3 共有物种较多，为 25，表明这两个时期在物种组成上更为接近（图 1-16A）。总之，Venn 图分析显示 F40 与 A3 在群落组成上更为接近，这说明开袋曝气 3 d 虽然改变了菌群组成，但仍然与发酵后期保持了较大的相似性，在一定程度上保证了青贮饲料的发酵品质。

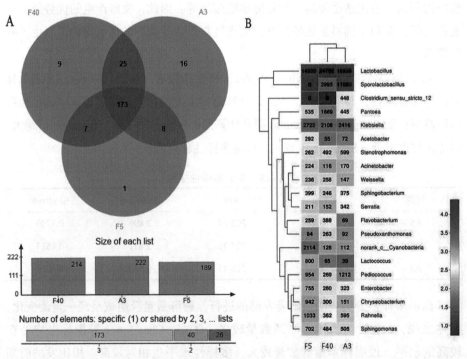

图 1-16　玉米秸秆青贮和曝气过程中细菌群落的 Venn 图（A）和 Heatmap 图（B）分析

Heatmap 图显示在属水平上排名前 20 的物种丰度，图 1-16B 中不同色块的颜色代表了一个样品中对应一个菌属的丰度，色块内的数值为相应菌属含有的序列数。乳杆菌属在 3 个青贮时期内均保持了很深的色块深度，即丰度值均很大。另外，克雷白氏杆菌属也保持了较好的连续性和较高的丰度，而芽孢乳杆菌属在 F40 和 A3 时期色块颜色加深，尤其是 A3。梭菌属在开袋期突然出现，含量也较高。由热图还可以看出，大部分菌属在 3 个样本均具有较好的连续性，仅少数菌属出现了中断（色块显示为绿色），表明发酵过程是菌落随着发酵条件和时间而发生，此消彼长的持续过程。

## （三）讨论

玉米秸秆青贮营养价值高、适口性好、消化率高、能值高，可长期保存和四季均衡供应，是解决牛、羊等反刍动物所需青粗饲料的最有效途径。本研究从每次取样时的观察发现，玉米秸秆青贮发酵第 5 d、第 40 d 和青贮发酵 40 d 后开袋第 3 d 呈黄绿色、黄褐色和黄褐色，无霉变和粘手现象，有酒酸香味和无臭味。从本研究玉米秸秆青贮发酵品质结果表明，青贮发酵 40 d 后和青贮发酵 40 d 后短期开袋 AN/TN 均低于 9%，pH 值均低于 4.00，LA 高于 9.0%，AA 低于 3%，与 Zhou 等（2016）报道在 20℃和 25℃青贮发酵条件下玉米秸秆青贮的品质相似。综合考虑这些发酵指标，玉米秸秆青贮具有较好的青贮发酵品质。青贮发酵作用能够使玉米秸秆 NDF 和 ADF 含量有下降趋势，但也由于乳酸菌占主导的优势菌消耗了大量的可溶性糖类，WSC 含量降低显著，因此为进一步降低青贮玉米秸秆中 NDF 和 ADF 的含量，减少 WSC 消耗量，一些研究采取了在青贮饲料中添加糖类、纤维素酶或青贮添加剂等措施，改善青贮饲料的营养价值。

许多欧美国家已将玉米秸秆青贮作为奶牛和肉牛的全日粮饲料配方中不可或缺的一种粗饲料，玉米秸秆青贮发酵过程和发酵完成后，微生物菌落组成及其丰度变化都很大，影响着青贮饲料的营养价值和品质。Dolci 等（2011）研究表明，青贮饲料发酵质量的好坏很大程度上取决于发酵初期的优良发酵菌种的数量和该菌在整体菌群中占的比例。本研究采用 MiSeq 高通量测序技术发现，玉米秸秆青贮自然发酵第 5 d，乳杆菌属迅速发展成为优势菌群，占比达到 49.78%，从而确立菌群发展的走势，其他菌株的繁殖受到抑制，随着发酵时间的深入，乳杆菌属进一步扩大其优势地位，在发酵后期，即 40 d 的成熟期，其丰度达到了 64.46% 的绝对优势地位。这也为青贮饲料品质的提升提供了菌群保障，乳杆菌属作为一种产乳酸菌（LAB），能够产生乳酸，降低饲料 pH 值，抑制霉菌及其他有害杂菌的繁殖，增加饲料的风味。本研究中玉米秸秆青贮发酵期间，乳杆菌属丰度远大于陶莲等（2016）报道的玉米秸秆青贮中乳杆菌属的丰度（9.73%），由于青贮过程中氧气的耗尽，假单胞菌属（*Pseudomonas*）及霉菌等有害的需氧菌受到抑制，其需氧菌属的丰度始终低于1%的水平。在本试验中，除丰度最高的乳杆菌属外，还存在数量较低的其他青贮饲料中常见的典型LAB菌种，如乳球菌属、片球菌属、肠球菌属（*Enterococcus*）和魏斯氏菌属（*Weissella*）等，但均未能成为优势菌群。

本研究表明，开袋暴露空气对青贮菌落组成影响较大，开袋3 d后，乳杆菌属丰度下降严重，由发酵后期的64.46%降为45.34%，这是由于开袋后氧气含量的增加，抑制了乳酸菌的繁殖生长，而一些好氧菌或兼性好氧菌得到了发展，如芽孢乳杆菌属，由青贮发酵后期7.79%上升到了28.46%的水平，有关芽孢乳杆菌属在青贮饲料中的报道较少。Smoker（1999）在实验室自然青贮窖中芽孢乳杆菌属可利用不同碳水化合物发酵产生乳酸，可作为青贮发酵剂。Kharazian等（2017）研究在玉米秸秆青贮中添加土芽孢乳杆菌（*Sporolactobacillus terrae*）抑制一些植物致病真菌具有一定的作用。刘磊等（2011）在肉仔鸡日粮中添加100 mg/kg的芽孢乳杆菌能促进肠道发育，提高消化吸收功能，抑制其空肠内的大肠杆菌繁殖。但芽孢乳杆菌作为青贮微生物发酵剂，对青贮饲料发酵微生物菌群、品质和反刍动物健康的作用机制还有待进一步研究。

玉米秸秆青贮发酵过程对隔绝空气的要求较为严格，如果空气泄漏，霉菌滋生，会造成青贮饲料的霉变，降解饲料中养分，产生有害霉菌毒素，危及牲畜安全。Vissers等（2007）报道，革兰氏阳性芽孢杆菌属（*Bacillus*），是青贮饲料中主要的腐败菌，主要降解蛋白质和氨基酸，在好氧条件下对青贮变质起重要作用，也是青贮开窖后短期内迅速发展起来的有害微生物，但在本研究中不论是青贮期间还是开袋后3 d均未出现芽孢杆菌属。但值得关注的是，梭菌属的有害菌开袋后其丰度达到1.07%的水平，可能对青贮品质产生不利影响。McDonald等（1991）在发酵品质较差的青贮饲料中发现有梭菌属，在厌氧或微需氧能分解糖、有机酸和蛋白质，是青贮有害微生物，这与本研究开袋暴露空气后出现梭菌属结果一致。

本研究结果表明，克雷伯氏菌属在3个采样期内都保持了较高的比例，对玉米秸秆青贮可能具有重要的作用，但目前有关这方面的报道较少，其具体作用机制及产生的作用还需要进一步研究。泛菌属、鞘氨醇单胞菌属等菌属丰度虽低，但也在3个采样期中均存在，也表明了它们在玉米青贮过程中持续起作用。肠杆菌属只在发酵初期出现，而寡养单胞菌属在发酵后期及曝气期出现，拉恩菌属在发酵前期及曝气期出现，说明发酵及开袋曝气影响了某些菌群的发生。陶莲等（2016）和 Dunière（2013）均报道了青贮玉米中寡养单胞菌及鞘氨醇单胞菌属的存在，同本研究结果一致，说明这两种菌属在青贮玉米中是普遍存在的。

### （四）结论

（1）玉米秸秆经过青贮发酵 40 d 和发酵 40 d 后短时间开袋，可使青贮饲料 pH 值、NDF 和 ADF 显著下降，乳酸含量显著升高，具有良好的发酵品质和营养价值。

（2）首次采用 Miseq 高通量测序技术分析了玉米秸秆青贮发酵和暴露空气过程中的微生物变化规律及菌落结构的变化，PCA 分析表明，3 个发酵时期的菌群多样性差异很大，分属 3 个不同的群体，表明玉米秸秆青贮在发酵前期、发酵后期及开袋期菌群组成变化明显。

（3）在 3 个不同青贮时期的样品中，共鉴定出 16 个门、163 个属的细菌。基于门的水平，厚壁菌门和变形菌门始终占优势地位。基于属的水平，青贮发酵前期菌群主要是乳杆菌属、克雷伯氏菌属和蓝细菌属，后期优势菌群为乳杆菌属、芽孢乳杆菌属和克雷伯氏菌属，短期暴露空气优势菌群为乳杆菌属、芽孢乳杆菌属和克雷伯氏菌属。

## 主要参考文献

成广雷，邱军，王晓光，等，2022. 我国青贮玉米组合（品种）的农艺性状、生物产量和品质变化［J］. 中国农业科技导报，24（4）：30-37.

高俊雷，2020. 玉米秸秆新鲜度对其发酵饲料品质和肉牛生长效果的影响［D］. 长春：吉林大学.

霍路曼，李艺，董李学，等，2022. 三种处理方法的青贮玉米饲喂肉牛效果研究［J］. 中国牛业科学，48（3）：14-16.

李德勇，孟庆翔，崔振亮，等，2014. 产气量法研究不同植物提取物对瘤胃体外发酵的影响［J］. 中国农业大学学报，19（2）：143-149.

刘晶晶，2015. 生物添加剂对柳枝稷青贮的作用及机理研究［D］. 北京：中国农业大学博士学位论文.

苏日娜，吐日根白乙拉，2022. 不同收获期青贮玉米品种农艺性状和生物学产量的研究［J］．畜牧与饲料科学，43（1）：23-30．

陶莲，刁其玉，2016．青贮发酵对玉米秸秆品质及菌群构成的影响［J］．动物营养学报，28（1）：198-207．

杨红建，2003．肉牛和肉用羊饲养标准起草与制定研究［D］．北京：中国农业科学院．

张丽英，2016．饲料分析及饲料质量检测技术［M］．4版．北京：中国农业大学出版社．

左强，2020．利用方式对玉米作物生物学产量和营养价值的影响研究［D］．杨陵：西北农林科技大学．

FERRARETTO L F, SHAVER R D, LUCK B D, 2018.Silage review：Recent advances and future technologies for whole-plant and fractionated corn silage harvesting［J］. Journal of Dairy Science, 101（5）: 3937-3951.

JOHNSON L, HARRISON J H, HUNT C, et al. , 1999. Nutritive value of corn silage as affected by maturity and mechanical processing：a contemporary review［J］. Journal of Dairy Science, 82（12）: 2813-2825.

（吴白乙拉）

# 第二章 肉牛营养代谢与瘤胃微生物功能

## 第一节 我国肉牛养殖现状及发展趋势

### 一、我国肉牛产业发展概况

肉牛产业是我国畜牧业的重要组成部分，我国肉牛存栏数、牛肉产量和消费量均居世界前三，是世界肉牛业大国，但肉牛产业还不是强国。当前我国肉牛业正经历低谷期，如何走出困局，使肉牛业可持续、高质量发展是当前亟待解决的问题。尽管面临一些困难和挑战，但肉牛养殖现状及发展趋势呈现出积极的变化。

首先，从肉牛养殖的现状来看，肉牛行业作为畜牧业的重要组成部分，其市场需求持续增长，主要得益于全球肉类消费结构的变化和消费者健康意识的提升。在我国，随着经济的快速发展和居民生活水平的提高，牛肉需求量逐年增加，推动了肉牛养殖行业的快速发展，但 2019 年以来增量迅速，养殖规模仍偏中小型为主，养殖成本居高不下、养殖利润较低。2023 年全国牛肉产能持续稳步增长，年进口总量进一步扩大，但活牛交易价格跌幅显著、进口牛肉价格走低、国产牛肉价格回落至 2019 年前的价位水平。市场疲软传导养殖行业经济效益严重下滑，对养殖从业群体构成较大压力与负面影响。面对这些不利形势，我国不同地区应秉持肉牛高质量发展理念，通过政策性扶持带动、龙头企业示范引领、种养结合深度融合、积极培育肉牛产业新质生产力，赋能现代化肉牛产业体系，为将来我国肉牛行业抵御市场风险、提高我国肉牛产业全球的竞争力，实现向好发展积累实践经验，提供参考依据。

近年来，国家高度重视肉牛供给保障工作，2021 年和 2022 年中央一号文件都对加快肉牛产业发展提出了明确要求，肉牛产业发展已上升为国家战略。2021 年农业农村部印发了《推进肉牛肉羊产业发展五年行动方案》，提出了"到 2025 年全国牛肉自给率保持在 85% 左右"的行动目标。现在我国各个地方发展肉牛产业的势头强劲而迅速，内蒙古自治区实施了"十四五"畜牧业高质量发展规划，到 2025 年全区肉牛存栏量达到 1 000 万头、牛肉产量达到 130 万 t、肉牛全产业链产值达到 1 000 亿元以上，吉林省实施了"秸秆变肉"暨千万头肉牛工程，其他各省区也逐步加快发展肉牛产业。但是 2023 年以来，我国活牛和牛肉价格持续走低，肉牛养殖业正式步入"微利"时代，养殖场户普遍亏损，生产经营压力加大。

目前，我国进口牛肉约占总供给的 30%，进口量持续增长，主要进口来源国为巴西、澳大利亚、新西兰、乌拉圭、阿根廷等国家。对于进口牛肉与我国肉牛产业的关系，应辩证看待牛肉进口，其积极方面主要体现为平抑物价、满足消费者肉牛需求、促进肉牛产业效率提升和养殖企业优胜劣汰等，但同时也会对国内肉牛产业造成冲击，影响肉牛生产者的积极性。因此国内牛肉供应和国外牛肉进口协调平衡，防止短期过度集中进口，以免供大于求、肉牛行业陷阶段性困境，通过配额或者关税等措施为国内产业的调整赢得时间，积极迎接肉牛养殖产业全球市场竞争力。

## 二、我国肉牛产业发展需要提质增效

我国肉牛产业面对国内外市场的冲击，更应该推动肉牛产业提质增效，提升自身市场竞争力。根据我国猪产业、肉鸡等产业发展轨迹，并借鉴国内外提质增效的措施，高质量发展我国肉牛产业。

我国肉牛产业存在的问题：一是我国的肉牛养殖产能和进口牛肉明显供大于求。纵观全球，越是发达国家越是以牛肉为骨干肉食品，欧美发达国家牛肉年人均消费量都在近 50 kg，世界中等国家平均水平约 20 kg，而我国人均仅为 6.6 kg。目前国产牛肉的自给率仅为 75%，另有 233 万 t 是依靠进口。预计到 2035 年，我国牛肉消费总量将达到 1 400 万 t，缺口也将达到 300 万 t 以上。二是我国尚未建立规模化、标准化肉牛产业发展机制。肉牛产业前期投资大、周期长、经济效益低，想要做大做强做优，绝大多数企业都受到资金和技术的制约。缺少知名的优质肉牛品牌。目前，我国肉牛现代化饲养条件比较薄弱，饲养和管理水平比较低，国产牛肉中大部分是普通牛肉，专门化的肉牛品种及优质和高档牛肉比较少。

针对我国肉牛产业存在问题的解决措施：支持肉牛产业优势发展省份重点集群化政策。比如，对肉牛企业精深加工税收政策；对肉牛养殖企业从国外引进符合农业农村部标准的基础母牛，开通绿色通道和资金支持。依托行业龙头企业打造全球化国家级肉牛创新中心。肉牛产业高质量发展同样需要技术创新平台做支撑，加强与世界各国美食文化和养殖加工技术的交流合作，用全球化视野吸纳国内外先进技术，打造集品种、养殖、加工于一体的技术交流平台，用工业化大数据思维谋划现代肉牛产业规模化、标准化发展。现代养殖已经不再是技术低下、产业落后的代名词，而逐渐成为深挖数据价值的高科技行业。提升肉牛质量、实施品牌效应，提高我国牛肉的国际市场竞争力。比如说，农业农村部要加快国产高端牛肉新品种认定工作；中间环节向集群化精深加工转变，打造国家级肉牛精深加工专业园区，发展高成长性、高附加值和带动性强的项目；市场端培育全国性的肉牛品牌，提升国产牛肉销量占比和国际知名度，为我国肉牛产业国际化提供助力。

## 三、我国肉牛产业发展需要创新

一是引进良种繁育体系，改良优质肉牛品种。目前我国常见肉牛品种是中国西门塔尔牛、中国地方黄牛、安格斯牛、华西牛等（见附录彩图）。建议把优化肉牛品种纳入与世界上肉牛产业发达国家的文化交流当中，通过国际文化交流与合作，相互交流信息，利用现代基因技术做好生物技术育种工作，最终将肉牛"种源芯片"牢牢掌握在国人手里，彻底改变中国肉牛种质和高档牛肉依靠国外进口的局面。

二是降本增效，要做好肉牛精准营养与精细化养殖。要做好肉牛营养调控与精细化饲养管理、高品质牛肉生产技术、秸秆饲料综合高效利用技术。因地制宜、物尽其用，加大力度开发利用粗饲料资源。通过精细化的饲养管理技术有效降低生产成本，提高生产效率，实现降本增效将是产业发展的必然趋势。

三是学习借鉴先进技术，提高肉牛养殖效益。如何学习借鉴国外先进的养殖技术和国际文化的交流与合作至关重要。建议在与世界各国的友好交往中，以文化交流为桥梁，举办肉牛产业研讨会和养殖技术研讨会，组织国内优秀的肉牛养殖企业和技术人员到肉牛养殖强国参观学习，借鉴他们的先进技术，研究符合我国基本国情的肉牛养殖技术，实现我国肉牛养殖效益的提升。

四是打造知名肉牛品牌。在推广和打造中国品牌等方面同样具有不可忽略的优势。大力实施中国肉牛品牌打造工程，积极举办国际农产品推介会、国际美食节、中国肉牛产品巡展等活动，积极开拓国际肉牛产业市场；在国内肉牛产业大省，打造旅游形式的肉牛养殖农场和肉牛加工工厂，加大宣传力度，进一步增进世界各国人民对中国牛肉的认同感，培育一批在世界知名的肉牛企业品牌和牛肉产品品牌。

## 主要参考文献

曹兵海，李俊雅，王之盛，等，2023. 2023 年肉牛牦牛产业发展趋势与政策建议［J］. 中国畜牧杂志，59（3）：323-329.

昝林森，2022. 牛生产学［M］. 3 版. 北京：中国农业出版社.

赵航，程玛丽，2024. 2023 年我国肉牛产业发展回顾与 2024 年展望［J］. 畜牧产业，4：32-39.

赵玉民，方文文，曹阳，等，2024. 我国肉牛种业的发展现状与创新构想［J］. 中国牛业科学，50（1）：1-4.

（陆拾捌）

# 第二节　肉牛瘤胃微生物功能代谢与碳水化合物利用机制

## 一、肉牛瘤胃微生物功能代谢

瘤胃微生物对反刍动物的生产效率和健康状况以及温室气体的排放起着至关重要的作用，而采用不同的研究方法和手段揭示瘤胃生态系统中微生物群落的结构组成和代谢功能是该研究领域的热点和重点。本节综述了采用多组学（宏基因组学、转录组学、蛋白质组学和代谢组学）技术，结合不断发展的仪器分析和生物信息技术，研究反刍动物瘤胃微生物组成、基因组功能及代谢方面的最新进展，旨在为进一步调控瘤胃微生物以及提高反刍动物生产和减轻环境污染提供新的技术手段和理论基础。

### （一）瘤胃微生物组成与功能代谢

在全球范围内，反刍动物是人类食物的重要来源，随着世界人口的不断增长，将来对动物性食品特别是牛奶和牛肉的需求也随之增加，尤其是新兴发展中国家。瘤胃微生物对反刍动物的生产效率和健康状况以及温室气体的排放起着至关重要的作用，而瘤胃生态系统中微生物群落的结构和功能特性主要受动物基因型、日粮和养殖环境的影响。在高效反刍动物养殖生产中优化养殖环境、饲喂策略和营养调控，需要更好地了解以上因素对反刍动物瘤胃微生物复杂的影响，研究瘤胃微生物已采用从传统经典的培养方法到一般分子检测，但一般来说，仅限于以上研究方法，揭示其功能及代谢规律是非常有限的。因此，采用多组学（宏基因组、转录组、蛋白质组和代谢组）技术手段和生物信息学分析，探索日粮、养殖环境、饲喂策略等对瘤胃微生物、消化代谢和饲料利用效率的影响及其机制是不可或缺的检测手段之一。因此，本部分内容综述了近年来反刍动物瘤胃微生物研究方法的最新进展，旨在为调控瘤胃微生物以提高反刍动物生产和减轻环境污染提供技术手段和理论基础。

经典的传统纯培养方法在微生物分离、纯化、筛选和培养方面发挥了重要的作用，将微生物单一个体进行形态学、生理学、遗传学等生物学研究和认知，进而实现多种行业微生物的开发和利用。1966 年 Robert Hungate 在瘤胃微生物进行开创性工作以来，得到迅速发展。2011 年新西兰 AgResearch 研究机构在此基础上成立了全球瘤胃微生物"Hungate1000 项目"，将对 1 000 个培养的瘤胃微生物基因组进行测序，增加对瘤胃微生物的认知，最近完成了对 420 个瘤胃微生物（主要是细菌）代表的测序，但是培养瘤胃微生物在瘤胃微生态环境中所占比例也只有 3.6%。然而，研究表明，根据现有的培养方法和技术，不同生境微生物可培养率所占比例极低，严重限制了人们对微生物资源的认识和开发。

近年来，随着基因组学、现代分子技术结合现代仪器及生物信息学分析在各个领域的应用，微生物多组学（宏基因组学、转录组学、蛋白组学、代谢组学、多组学）（图 2-1）也应运而生，逐渐得到快速发展，以上各种组学的具体测定方法有大量报道，在此不再赘述。当然，近年来多组学技术在反刍动物瘤胃微生物方面的研究也逐年增多。

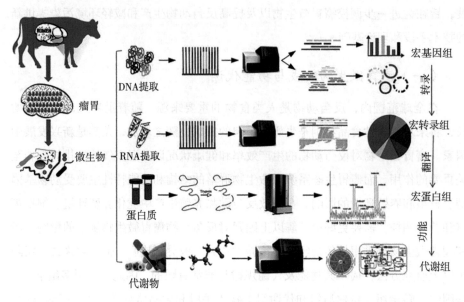

图 2-1 组学技术研究微生物群落的结构与功能

瘤胃微生物生存于特殊的生境条件下，对反刍动物的生产效率和健康状况以及环境的污染起着至关重要的作用。其采用宏基因组学的优势在于低成本的条件下，能够将每个样品获得数百万个读数序列来表征微生物群落信息，但其功能特征和代谢机制尚未得到很好的诠释。另一个局限性是宏基因组只产生相对丰度，这阻碍了定量研究的发展，削弱了我们对微生物生态学的理解。因此，未来将各组学数据整合到数学模型中可以揭示微生物与瘤胃生态环境特征之间的联系，再利用各组学与生物信息学，与微生物纯培养技术相结合，可具体探究瘤胃环境中某一种类或一属类微生物的代谢与作用机制。此外，利用多组学技术加深研究和探索瘤胃微生物、反刍动物瘤胃下游的消化道部分——其他胃和肠道微生物及相互作用的了解，对阐明和开发改善畜牧反刍动物的生产和减少环境污染的新方法至关重要。因此，可以使用以上日益成熟的组学方法结合不断发展的仪器分析和生物信息技术，利用数学模型来进一步揭示反刍动物"瘤胃黑箱"微生物组－宿主深层的关联机制。

## （二）不同品种肉牛瘤胃微生物组成

### 1. 中国西门塔尔牛

利用 16S rRNA 高通量测序技术检测分析中国西门塔尔牛瘤胃液样本菌群结构并进行 PICRUSt 功能预测。

（1）基于门水平的微生物群落结构分析

从图 2-2 可以得知，基于门水平的西门塔尔牛瘤胃微生物群落主要由厚壁菌门（Firmicutes）、拟杆菌门（Bacteroidetes）、蓝藻门（Cyanobacteria）等组成。除此之外西门塔尔牛瘤胃内还含有变形菌门（Proteobacteria）、迷踪菌门（Elusimicrobia）、疣微菌门（Verrucomicrobia）、其他（Others）和螺旋体菌门（Saccharibacteria）。其中厚壁菌门（Firmicutes）所占比例最大，为 62.46%，疣微菌门（Verrucomicrobia）所占比例最小，为 1.49%。

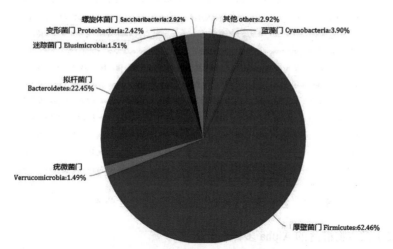

图 2-2　基于门水平的西门塔尔牛瘤胃微生物群落结构

（2）基于属水平的微生物群落结构分析

基于属水平（丰度＞1%）菌落结构见图 2-3，依次为粪杆菌真核菌群（［Eubacterium］_coprostanoligenes_group）：9.16%、瘤胃球菌属 _2（Ruminococcus_2）：7.90%、未知属 f 型拟杆菌目 _RF16 菌群（norank_f__Bacteroidales_RF16_group）：6.23%、未知属 f 型瘤胃菌科（norank_f__Ruminococcaceae）：4.79%、理研菌科 _RC9 菌群（Rikenellaceae_RC9_gut_group）：4.72%、瘤胃球菌属 _1（Ruminococcus_1）：4.43%、普雷沃菌属 _1（Prevotella_1）：3.73% 等组成。

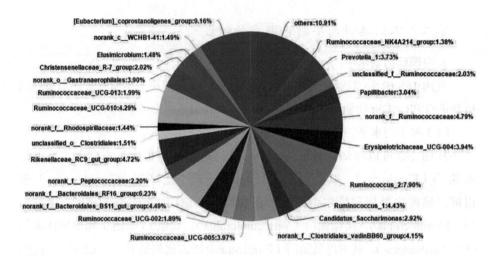

注：[Eubacterium]_coprostanoligenes_group：粪杆菌真核菌群；norank_c__WCHB1-41 未知属；Elusimicrobium：

未知属；Christensenellaceae_R-7_group：未知属 R-7 菌群；norank_O__Gastranaerophilales：未知属 O 型嗜酸

杆菌；Ruminococcaceae_UCG-013：瘤胃菌科 UCG-013；Ruminococcaceae_UCG-010：瘤胃菌科 UCG-010；

norank_f__Rhodospirillaceae：未知属 f 型红螺菌科；unclassified_O__Clostridiales：未分类 O 型梭菌目；

Rikenellaceae_RC9_gut_group：理研菌科_RC9 菌群；norank_f__Peptococcaceae：未知属f型消化球菌科；

norank_f__Bacteroidales_RF16_group：未 知 属 f 型 拟 杆 菌 目 RF16 菌 群；

norank_f__Bacteroidales_BS11_gut_group：未知属 f 型拟杆菌目 BS11 菌群；Ruminococcaceae_UCG-002：瘤胃

菌科 UCG-002；Ruminococcaceae_UCG-005：瘤胃菌科 UCG-005；Ruminococcaceae_NK4A214_group：瘤胃菌

科 NK4A214 菌群；Prevotella_1：普雷沃菌属_1；unclassified_f__Ruminococcaceae：未分类 f 型疣微菌科；

Papillibacter：帕匹杆菌属；norank_f__Ruminococcaceae：未知属f型瘤胃菌科；Erysipelotrichaceae_UCG-004：

韦荣球菌科 UCG-004；Ruminococcus_2：瘤胃球菌属_2；Ruminococcus_1：瘤胃球菌属_1；

Candidatus_Saccharimonas：伯克氏菌属 Saccharimonas；norank_f__Clostridiales_vadinBB60_group：未分类

vadinBB60 梭菌群；others：其他

图 2-3 基于属水平的西门塔尔牛瘤胃微生物群落结构

（3）微生物群落的 Alpha 多样性分析

表 2-1 为西门塔尔牛瘤胃内微生物的 Alpha 多样性指数。Alpha 多样性用来表示样本内微生物群落的多样性，其中 Chao、Ace 指数反映菌群丰富度，数值越大，表示菌群丰富度越高；而 Simpson 指数和 Shannon 指数反映菌群多样性，Shannon 指数越大，群落多样性越高，Simpson 指数越大，群落多样性越低。Alpha 多样性分析表明，2 个样本序列数量较大，Chao 指数、Ace 指数等指标上均处在较高的水平，但是 XN2 的指标大于 XN1，说明 XN2 样本菌群数量较大，多样性水平也相对较高。

表 2-1　不同样本的 Alpha 多样性指数

| 组别 | Chao | Ace | Shannon | Simpson | Coverage |
|------|------|-----|---------|---------|----------|
| XN1 | 1 003.414 | 1 006.592 | 5.119 633 | 0.017 171 | 0.9945 |
| XN2 | 1 019.667 | 1 015.649 | 5.302 111 | 0.010 836 | 0.9960 |

（4）COG 数据库对比

16S 功能预测是通过 PICRUSt 对 OTU 丰度进行标准化，对应 Greengene id 获得 OTU 对应的 COG 家族信息和 KO 信息及其丰度，并预测基因进行 COG 功能分类预测，详见图 2-4。发现功能集中在碳水化合物转运及代谢的基因是最多的，由此可见该宏基因组内可能含有大量的木质纤维素降解酶基因。

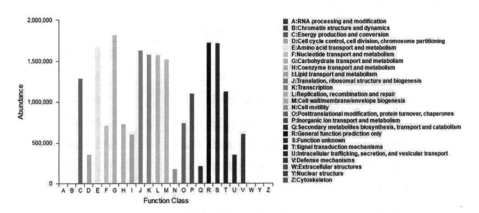

注：Function Class 是 eggNOG 数据库的功能代码，Number of Sequences 是样本在这个功能上的丰度值
A: RNA 加工和修改 RNA processing and modification; B: 染色质结构与动力学 Chromatin structure and dynamics; C: 能量产生和转换 Energy production and conversion; D: 细胞周期控制、细胞分裂、染色体分区 Cell cycle control, cell division, chromosome partitioning; E: 氨基酸运输和代谢 Amino acid transport and metabolism; F: 核苷酸运输和代谢 Nucleotide transport and metabolism; G: 碳水化合物的运输和代谢 Carbohydrate transport and metabolism; H: 辅酶运输和代谢 Coenzyme transport and metabolism; I: 脂质运输和代谢 Lipid transport and metabolism; J: 翻译、核糖体结构和生物转化 Translation, ribosomal structure and biogenesis; K: 转录 Transcription; L: 复制、重组和修复 Replication, recombination and repair; M: 细胞壁/膜/包膜生物合成 Cell wall/membrane/envelope biogenesis; N: 细胞活性 Cellmotility; O: 蛋白质转译后的修改、蛋白质转化、分子伴侣 Post translational modification, protein turn over, chaperones; P: 无机离子运输和代谢 Inorganicion transport and metabolism; Q: 次生代谢产物生物合成、运输和分解代谢 Secondary metabolites biosynthesis, transport and catabolism; 2R: 通用功能预测 General function prediction; S: 未知功能 Function unknown; T: 信号转导机制 Signal transduction mechanisms; U: 胞内运输、分泌和膜泡运输 Intracellular trafficking, secretion, andvesicular transport; V: 防御机制 Defense mechanisms; W: 细胞外结构 Extracellular structures; X: 移动基因组(噬菌体原、转座子)Mobilome (prophages, transposons) ; Y: 核结构 Nuclear structure; Z: 细胞骨架 Cytoskeleton

图 2-4　COG 分类

（5）KEGG 分析结果

13 309 235 个基因被富集到 207 条 KEGG 通路中，表 2-2 为富集量最大的前 10 条 KEGG 通路。大部分基因被富集在碳水化合物代谢中，如糖酵解和糖质新生、柠檬酸循环、磷酸戊糖途径、戊糖、葡萄糖醛酸转换、果糖和甘露糖代谢、半乳糖代谢等。此外，还有 196 718 个基因富集在脂质代谢中。图 2-5 KEGG 一级和二级代谢通路显示，基因依次富集在新陈代谢 48.42%、遗传信息处理 21.49%、环境信息处理 12.25%、细胞过程 2.76%，还有未分类功能基因占 13.52%。二级代谢通路表明，基因主要富集在新陈代谢中碳水化合物代谢 11.10% 和氨基酸代谢 10.10%，还有遗传信息处理中的复制与修复 9.80%、环境信息处理中膜运输 10.72%。

表 2-2　富集最明显的 10 条 KEGG 通路

| 通路 | 描述 | 基因数量（个） |
| --- | --- | --- |
| ko00010 | 糖酵解和糖质新生 | 287 906 |
| ko00020 | 柠檬酸循环 | 163 805 |
| ko00030 | 磷酸戊糖途径 | 211 407 |
| ko00040 | 戊糖、葡萄糖醛酸转换 | 118 288 |
| ko00051 | 果糖和甘露糖代谢 | 213 899 |
| ko00052 | 半乳糖代谢 | 150 563 |
| ko00053 | 抗坏血酸盐和新陈代谢 | 24 646 |
| ko00061 | 脂肪酸合成 | 131 046 |
| ko00071 | 脂肪酸代谢 | 60 174 |
| ko00072 | 酮体的合成和降解 | 5 498 |

通过高通量测序技术对西门塔尔牛瘤胃液菌群结构及组成检测，并基于原核 16S rDNA 高通量测序结果对菌群功能预测。由 Shannon 指数与 Sobs 指数可看出，两个西门塔尔牛的瘤胃菌群多样性指数均超过 5，实际 OTU 数目均大于 750 个，说明西门塔尔牛瘤胃内微生物数量和种类均较多。西门塔尔牛瘤胃菌群基于门水平，优势菌群主要包括厚壁菌门（Firmicutes）62.46% 和拟杆菌门（Bacteroidetes）22.45%，这与诸多研究反刍动物瘤胃中优势菌群为厚壁菌门和拟杆菌门的结果类似，但优势菌群组成比例稍有差异，虽然优势菌群均是厚壁菌门和拟杆菌门，但是所占比例差异较大，其原因是主要受到遗传种类、日粮和环境等方面的影响。根据属水平分类，西门塔尔牛瘤胃中隶属于厚壁菌门的瘤胃球菌

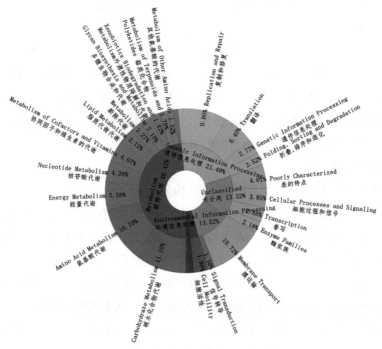

图 2-5　KEGG 一级和二级代谢通路

属 12.33%（*Ruminococcus*_2：7.90% 和 *Ruminococcus*_1：4.43%）和粪杆菌真核菌群（［*Eubacterium*］_*coprostanoligenes*_group）：9.16% 占优势地位，未分类到属水平的瘤胃菌科（norank_f__*Ruminococcacea*）：4.79% 所占比例也很大。诸多研究表明以上菌群被认为是瘤胃中降解木质纤维素的主要微生物，可产出大量的纤维素酶，Paillard 等认为以上菌群在降解非纤维素植物多糖如木聚糖、果胶及蛋白质的降解等方面发挥着重要的作用。

　　瘤胃微生物菌群是一种微生物共生联合体，它既是反刍动物中重要的蛋白质来源，也是反刍动物通过纤维发酵产生挥发性脂肪酸的主要能量来源，因此瘤胃细菌是庞大的生物资源库，积极挖掘一些与重要营养生理功能密切相关的瘤胃菌群功能基因是非常重要的，如碳水化合物转运及代谢、氨基酸运输和代谢、VFA的生成等。本研究将西门塔尔牛瘤胃细菌测序数据与 COG 数据库进行比对表明，预测功能集中在碳水化合物运输及新陈代谢的基因是最多的，除此之外，富集在氨基酸运输及代谢、细胞壁及细胞膜生物合成基因也较多，这与海子水牛、印度水牛的报道相似。从 KEGG 一级代谢通路分析显示，基因最主要富集在新陈代谢，二级代谢通路表明，基因主要富集在新陈代谢中碳水化合物代谢和氨基酸代谢，这与本研究 COG 数据库所预测的氨基酸运输及代谢和碳水化合物转运及代谢功能一致。

通过高通量测序发现中国西门塔尔牛瘤胃内可能含有丰富的降解木质纤维素的微生物，由此可知，中国西门塔尔牛对粗纤维等含量高的饲料消化利用率较高。通过与 COG 数据库的对比和 KEGG 分析发现，在西门塔尔牛瘤胃中集中在碳水化合物转运及代谢的基因是最多的，分析其可能含有大量的木质纤维素降解酶基因，说明中国西门塔尔牛有着耐粗饲的优点。

**2. 安格斯牛**

（1）基于门和属水平的微生物群落结构分析

经过序列相似性大于 97% 水平上的 OTU 聚类，共获得了 346 个 OTU，隶属于 13 个门，21 个纲，24 个目，40 个科，123 个属。由图 2-6A 所示，丰度大于 1% 的门由拟杆菌门（Bacteroidetes）：43.16%、厚壁菌门（Firmicutes）：36.29%、变形菌门（Proteobacteria）：14.50%、纤维杆菌门（Fibrobacteres）：1.53%、互养菌门（Synergistetes）：1.26% 和其他 1.86% 组成，前 3 者所占比例极大。

在属水平上，丰度大于 1% 的菌属有 16 个，依次为普雷沃氏菌属 _7（*Prevotella_7*）：29.28%、琥珀酸弧菌科 _UCG–001（*Succinivibrionaceae_UCG–001*）：11.30%、琥珀酸菌属（*Succiniclasticum*）：11.10%、普雷沃氏菌属 _1（*Prevotella_1*）：6.65%、瘤胃球菌属 _1（*Ruminococcus_1*）：5.17%、琥珀酸弧菌属（*Succinivibrio*）：2.75%、普雷沃氏菌科 _UCG–001（*Prevotellaceae_UCG–001*）：2.45%、罗氏菌属（*Roseburia*）：2.34% 等组成。

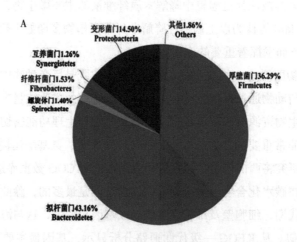

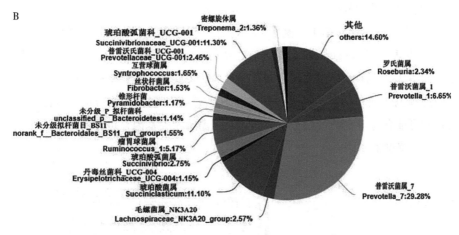

图2-6 基于门水平（A）和属水平（B）瘤胃细菌多样性

由图2-7可以看出，拟杆菌门由进化相近的普雷沃氏菌科等6种组成。相反，厚壁菌门所包含的科比较分散，由氨基酸球菌科、瘤胃球菌科、毛螺菌科、丹毒丝菌科、韦荣氏菌科等7种组成。变形菌门由2个进化相对较远的琥珀酸菌科和红椿菌科组成，其中前者丰度占绝对优势。纤维杆菌门由2个进化较远的纤维杆菌科和未分级组成。

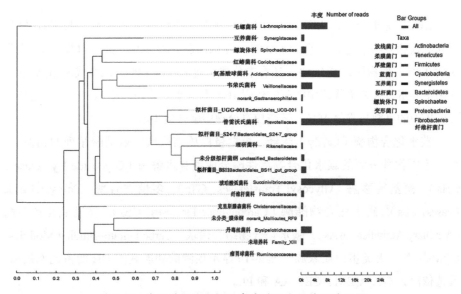

图2-7 基于科水平安格斯牛瘤胃微生物系统进化树

（2）功能预测分析

COG 数据库比对结果，基于 PICRUSt 分析平台的 16S 功能预测是将获得的 OTU 丰度表与 Greengene 数据库比对，获得相应的 COG 及 KO 功能信息及其丰度。如图 2-8 所示，分析发现牛瘤胃菌群功能主要集中于氨基酸运输和代谢、通用功能预测、碳水化合物转运及代谢和细胞壁 / 膜 / 包膜生物合成等方面，由此可预测可能含有丰富的蛋白分解、转运及代谢酶相关基因，也含有大量的纤维素和木质素降解酶基因。

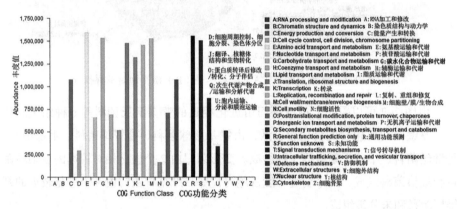

图 2-8　COG 分类

KEGG 分析结果，从图 2-9 KEGG 一级和二级代谢通路显示，基因依次富集在新陈代谢 49%、遗传信息处理 22%、环境信息处理 12%、细胞过程 3%、人类疾病 0.8%、生物体系统 0.7%，还有未分类功能基因占 14%。二级代谢通路表明，基因主要富集在新陈代谢中氨基酸代谢 10% 和碳水化合物代谢 10%，还有遗传信息处理中的复制与修复 10%、环境信息处理中膜转运 10%。

碳水化合物酶（CAZy）注释，根据蛋白质结构域中氨基酸序列的相似性，可将不同物种来源的碳水化合物活性酶分成糖苷水解酶（Glycoside Hydrolases, GHs）、糖基转移酶（Glycosyl Transferases, GTs）、多糖裂合酶（Polysaccharide Lyases, PLs）、碳水化合物酯酶（Carbohydrate Esterases, CEs）、辅助氧化还原酶（Auxiliary Activities, AAs）、碳水化合物结合模块（Carbohydrate-Binding Modules, CBMs）等六大类蛋白质家族。图 2-10 显示预测的功能基因 GH 所占比例最高，其他依次为 GT、CBM、CE、AA 和 PL。

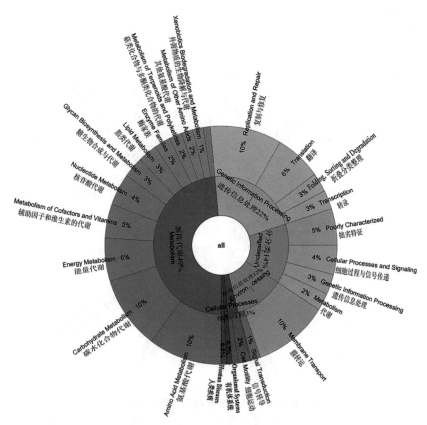

图 2-9　KEGG 一级和二级代谢通路

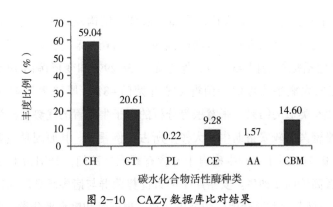

图 2-10　CAZy 数据库比对结果

短链脂肪酸（SCFA）生成酶，参与牛瘤胃甲酸、乙酸、丙酸和丁酸短链脂肪酸生产的细菌酶 COG 编号和基因丰度由图 2-11 可知，产乙酸相关酶基因丰度最高，为 33%（3 种），其他依次为丁酸 32%（4 种）、丙酸 23%（3 种）和甲酸

12%（1种）。

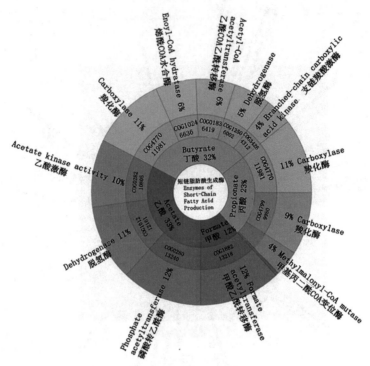

图 2-11　短链脂肪酸生成酶 COG

注：图由内向外依次为第一环至第四环，第三环表示 COG 编号和基因丰度，
第四环表示 SCFA 生成的相关酶类。

通过高通量测序技术对安格斯牛瘤胃液菌群结构及组成检测，并基于原核
16S rDNA 高通量测序结果对菌群功能预测。安格斯牛瘤胃菌群基于门水平，优
势菌群主要包括拟杆菌门 43.16%、厚壁菌门 36.29% 和变形菌门 14.50%，与周
熊艳等研究的大额牛瘤胃优势菌群（拟杆菌门 48%、厚壁菌门 42% 和变形菌
门 3%）组成有类似的结果。张慧敏等分析的海子牛瘤胃的优势菌群为拟杆菌门
55.3%，但厚壁菌门较安格斯牛和大额牛所占比例要少。其原因是主要受到遗传
种类方面的影响。以上 3 种牛瘤胃中都含有纤维杆菌门，分别为 1.53%、1% 和
3.23%，后者高于前 2 种牛。安格斯牛瘤胃优势菌群与诸多研究反刍动物瘤胃中
优势细菌为拟杆菌门和厚壁菌门的结果一致。根据科和属水平分类，安格斯牛瘤
胃中隶属于拟杆菌门的普雷沃氏菌属（35.93%）占绝对优势，还含有 2.45% 普雷
沃氏菌科 _UCG-001（未分到属水平），可降解非纤维素植物多糖如木聚糖、果胶
的利用和蛋白质的降解等方面发挥着重要的作用。隶属于厚壁菌门、氨基酸球菌

科的琥珀酸菌属 11.10% 和毛螺菌科的瘤胃球菌属占 5.17%，研究表明以上菌群被认为是瘤胃中降解木质纤维素的主要微生物，可产出大量的纤维素酶。隶属于变形菌门的琥珀酸弧菌科 _UCG-001 占有 11.30% 和琥珀酸弧菌属 2.75%。安格斯牛瘤胃细菌中最大的门为拟杆菌门、最大的科为普雷沃氏菌科、最大的属为普雷沃氏菌属。

瘤胃微生物菌群是一种微生物共生联合体，它既是反刍动物中重要的蛋白质来源，也是反刍动物通过纤维发酵产生挥发性脂肪酸的主要能量来源，因此瘤胃细菌是庞大的生物资源库，积极挖掘一些与重要营养生理功能密切相关的瘤胃菌群功能基因是非常重要的，如碳水化合物转运及代谢、氨基酸运输和代谢、VFA的生成等。将安格斯牛瘤胃细菌测序数据与 COG 数据库进行比对表明，预测功能集中在氨基酸运输及代谢、通用功能预测、碳水化合物转运及代谢、细胞壁/膜/包膜生物合成等基因，这与 Chen 的报道和中国西门塔尔牛有些差异，后者瘤胃菌群功能集中在碳水化合物转运及代谢的基因最多，而本研究安格斯牛瘤胃菌群功能集中在氨基酸运输及代谢的基因最多，造成此差异的原因可能是宿主、日粮、养殖环境等多方面的因素。Pitta 等利用基于 16S rRNA 测序技术，报道了为肉牛投喂低蛋白质高纤维的牧草转换高蛋白质高可溶性营养物的冬小麦时，普雷沃氏菌的比例由 28% 上升到 56%，是瘤胃中比例最高的菌属，其与蛋白降解有关，与本研究结果类似，因此所预测功能也集中在与高蛋白日粮有关的氨基酸运输及代谢上。从 KEGG 一级代谢通路分析显示，基因最主要富集在新陈代谢，二级代谢通路表明，基因主要富集在新陈代谢中氨基酸代谢和碳水化合物代谢，这与本研究 COG 数据库所预测的氨基酸运输及代谢和碳水化合物转运及代谢功能一致。

经过 KEGG 代谢酶与 CAZy 数据库比对发现，本研究 GH 基因数量最多，GT次之，与海子水牛、泽西奶牛利用宏基因组预测的 CAZy 一致。因此，瘤胃细菌可分泌半纤维素酶、淀粉酶、木聚糖酶、内切葡聚糖酶、葡糖苷酶和木聚糖乙酰酯酶等，构成复杂的瘤胃内纤维降解体系，能高效降解植物细胞壁中的纤维素和半纤维素，产生的乙酸、丙酸和丁酸等可为反刍动物机体提供能量。反刍动物短链脂肪酸（SCFA），也称挥发性脂肪酸（VFA），把碳原子数为 1～6 的有机脂肪酸称为 SCFA，主要由瘤胃菌群所产生的 SCFA 生成酶发酵碳水化合物的最终产物，包括乙酸、丙酸、丁酸、戊酸、己酸，其中乙酸、丙酸和丁酸含量最高，是瘤胃内最重要的挥发性脂肪酸，占 SCFA 的 90% 以上，为机体提供所需能量的 60%～80%。本研究发现，安格斯牛在精养工厂化舍饲精饲料育肥条件下，产乙酸相关酶基因丰度最高，依次为丁酸、丙酸。Deusch 等研究表明，分泌产 SCFA 生成酶的瘤胃菌群分别是：丁酸主要为厚壁菌门中毛螺菌科、瘤胃球菌科、韦荣氏菌科等，丙酸主要为拟杆菌门中普雷沃氏菌科 _15 和厚壁菌门中韦荣氏菌科，乙酸主要为拟杆菌门中普雷沃氏菌科 _9，甲酸主要为厚壁菌门中毛螺菌科和变形菌门中琥珀酸弧菌科，与本研究检测到的菌群种类和丰度类似。瘤胃菌群、内容物组成（摄食日粮组成）与瘤胃 SCFA 的生成有着非常密切的关系，因此，通过调控瘤胃菌群和摄食日粮组成是反刍动物合理和高效利用 SCFA 的重要途径之一。

通过高通量测序发现安格斯牛体内拟杆菌门和厚壁菌门为优势菌群。基于属的组成，依次为普雷沃氏菌属 _7、琥珀酸弧菌科 _UCG-001、琥珀酸菌属、普雷沃氏菌属 _1、瘤胃球菌属 _1、琥珀酸弧菌属等，说明安格斯牛瘤胃内微生物可能在降解非纤维素植物多糖如木聚糖、果胶的利用和蛋白质的降解等方面发挥着重要的作用。16S 功能预测和 COG、KEGG 代谢通路、CAZymes 注释数据库对比发现，安格斯牛瘤胃菌群功能集中在氨基酸运输和代谢、碳水化合物转运及代谢的相关基因上，分析其体内可能含有丰富的蛋白分解、转运及代谢酶相关基因和大量的纤维素、木质素降解酶基因；产乙酸相关酶基因表达量最高。综上所述，安格斯牛对粗纤维等含量高的粗饲料及蛋白质饲料的消化利用能力较强，说明安格斯牛较耐粗饲，适应性强。

**3. 蒙古牛**

为系统解析地域特色的蒙古牛瘤胃微生物结构（附录彩图 8：MAG 分析图）、功能及其耐粗饲生物特性。选取冬季放牧的 3 ～ 4 龄蒙古牛 6 头，经口采集瘤胃液样品，利用 Nova-seq 宏基因组测序技术分析蒙古牛瘤胃微生物群落结构及功能基因组成。结果显示：共获得 52 5067 826 条有效序列，构建非冗余基因集后共获得 8 022 168 个基因；物种注释结果表明细菌占比丰度为 95.25%，其余属于古菌、真菌，纤毛虫和病毒。蒙古牛瘤胃优势菌群依次为拟杆菌门（Bacteroidota）、厚壁菌门（Firmicutes）和广古菌门（Euryarchaeota）；在属水平上相对丰度依次为拟杆菌属（*Bacteroides*）、普雷沃氏菌属（*Prevotella*）、梭菌属（*Clostridium*）等；在碳水化合物活性酶（CAZy）水平功能分析中，蒙古牛瘤胃微生物基因主要集中在糖苷水解酶中，其中 GH2、GH3、GH31、GH51、GH97 家族的基因丰度占比较高，且寡糖降解酶的基因数量最多；蒙古牛瘤胃微生物种与 CAZy 关联分析显示，GH 家族是纤维素降解酶的主要来源，所注释的微生物主要有普雷沃氏菌（29.39%）、拟杆菌（26.69%）、梭菌（7.65%）和颤螺菌（2.21%）等；在 KEGG 分析中，碳水化合物代谢和氨基酸代谢通路的丰度最高。综上所述，蒙古牛瘤胃富含纤维素降解菌、相关酶类功能基因及代谢通路的研究，可为发掘蒙古牛瘤胃微生物种质资源、促进粗饲料的高效利用和提升草原放牧草畜转化效率提供理论依据和应用价值。

（1）宏基因组测序数据信息

6个宏基因组样本共获得535 634 086条原始序列，共约72 Gbp碱基。质控后共获得525 067 826条有效序列，平均每头牛1 478 884条。去冗余前共有基因数21 496 774个，去冗余后，完整的基因数为8 022 168个，所占比例为37.31%。有263 385个基因比对到CAZy数据库，351 181个基因比对到KEGG数据库。

（2）蒙古牛瘤胃微生物组分类概况

利用非冗余基因集比对NR数据库进行物种注释，筛选到了细菌、古菌、病毒、真菌和纤毛虫这5大类物种。其中，细菌丰度占比最高，为95.25 %（图2-12），其余属于古菌、真菌、病毒和纤毛虫。

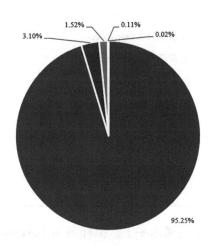

■细菌Bacteria　■古菌Archaea　■病毒Viruses　■真菌Fungi　■纤毛虫Ciliophora

图2-12　蒙古牛瘤胃微生物丰度占比

由表2-3可知，在细菌门水平上，拟杆菌门（Bacteroidota）的相对丰度最高（62.11%），其次为厚壁菌门（Firmicutes, 29.69%）、放线菌门（Actinobacteria, 1.89%）；在古菌门水平上，广古菌门（Euryarchaeota）的相对丰度最高（58.52%），其次为Thermoplasmatota（34.44%）、Unclassified_d_Archaea（2.95%）；在真菌门水平上，子囊菌门（Ascomycota）的相对丰度最高（47.78%），其次为毛霉门（Mucoromycota, 24.42%）、壶菌门（Chytridiomycota, 20.05%）；在病毒

门水平上，Uroviricota 的相对丰度最高（90.14%），其次为 Unclassified_d_Viruses（9.48%）、Phixviricota（0.17%）。

表 2-3　蒙古牛瘤胃微生物门水平相对丰度占比

| 分类 | 项目 | 平均丰度（%） |
|---|---|---|
| 细菌 | 拟杆菌门 Bacteroidota | 62.11 |
| | 厚壁菌门 Firmicutes | 29.69 |
| | 放线菌门 Actinobacteria | 1.89 |
| | 变形菌门 Proteobacteria | 0.76 |
| | 螺旋菌门 Spirochaetes | 0.65 |
| | 软壁菌门 Tenericutes | 0.51 |
| 古菌 | 广古菌门 Euryarchaeota | 58.52 |
| | Thermoplasmatota | 34.44 |
| | Unclassified_d_Archaea | 2.95 |
| 真菌 | 子囊菌门 Ascomycota | 47.78 |
| | 毛霉门 Mucoromycota | 24.42 |
| | 壶菌门 Chytridiomycota | 20.05 |
| | 担子菌门 Basidiomyco | 6.59 |
| | Zoopagomycota | 0.56 |
| 病毒 | Uroviricota | 90.14 |
| | Unclassified_d_Viruses | 9.48 |
| | Phixviricota | 0.17 |

由表 2-4 可知，在细菌属水平上，拟杆菌属（*Bacteroides*）的相对丰度最高（24.71%），其次为普雷沃氏菌属（*Prevotella*，24.33%）、梭菌属（*Clostridium*，8.87%）；在古菌属水平上，甲烷短杆菌属（*Methanobrevibacter*）的相对丰度最高（58.52%），其次为 *unclassified-d-Archaea*（21.62%）、甲烷螺菌属（*Methanosphaera*，11.76%）；在真菌属水平上，根霉属（*Rhizopus*）的相对丰度最高（14.34%），其次为镰刀菌属（*Fusarium*，11.67%）、新美鞭菌属（*Neocallimastix*，9.06%）；在病毒属水平上，乳酸菌噬菌体（*Siphoviridae*）的相对丰度最高（44.55%），其次为肌病毒科（*Myoviridae*，22.93%）、短尾病毒科（*Podoviridae*，8.45%）；在纤毛虫属水平上，草履虫（*Paramecium*）的相对丰度最高（24.95%），其次为棘尾虫（*Stylonychia*，13.59%）、内毛虫（*Entodinium*，13.68%）。

表 2-4　蒙古牛瘤胃微生物属水平相对丰度占比

| 分类 | 项目 | 平均丰度（%） |
|---|---|---|
| 细菌 | 拟杆菌属 Bacteroides | 24.71 |
| | 普雷沃氏菌属 Prevotella | 24.33 |
| | 梭菌属 Clostridium | 8.87 |
| | Bacteroidaceae | 8.25 |
| | 颤螺菌属 Oscillospiraceae | 4.53 |
| | 毛螺菌属 Lachnospira | 3.78 |
| | 芽孢杆菌属 Bacillus | 3.05 |
| | Paludibacteraceae | 2.81 |
| | 真杆菌属 Eubacteriales | 2.33 |
| | Kiritimatiellae | 1.31 |
| 古菌 | 甲烷短杆菌属 Methanobrevibacter | 58.52 |
| | unclassified-d-Archaea | 21.62 |
| | 甲烷螺菌属 Methanosphaera | 11.76 |
| | Woesearchaeota | 2.95 |
| | Crenarchaeota | 1.64 |
| 真菌 | 根霉属 Rhizopus | 14.34 |
| | 镰刀菌属 Fusarium | 11.67 |
| | 新美鞭菌属 Neocallimastix | 9.06 |
| | 复杂斋藤氏酵母 Saitoella | 9.21 |
| | 瘤胃壶菌属 Piromyces | 5.85 |
| 病毒 | 乳酸菌噬菌体 Siphoviridae | 44.55 |
| | 肌病毒科 Myoviridae | 22.93 |
| | 短尾病毒科 Podoviridae | 8.45 |
| 纤毛虫 | 草履虫 Paramecium | 24.95 |
| | 棘尾虫 Stylonychia | 13.59 |
| | 内毛虫 Entodinium | 13.68 |
| | 喇叭虫属 Stentor | 9.54 |
| | 四膜虫属 Tetrahymena | 6.83 |
| | 原生生物属 Halteria | 7.72 |

蒙古牛是中国北方黄牛具有耐粗饲、耐寒等特性的地方特色品种，分

布于北方草原，研究其纤维素降解机制并挖掘其瘤胃微生物关键基因至关重要。因此，本研究结果显示，细菌占比最高，其次为古菌、病毒、真菌和纤毛虫。与 Stepanchenko 等使用宏基因组技术分析荷斯坦奶牛瘤胃微生物组成（细菌 93.57%、古菌 1.95%、真菌 0.14%、病菌 0.07%）的结果相一致。在细菌门水平上，拟杆菌门和厚壁菌门是蒙古牛瘤胃微生物群落中优势菌门，与海子水牛、印度杂交牛和湘西黄牛研究结果类似。据报道，在整个牛瘤胃生态系统中约 40%CAZy 来自拟杆菌门，30% 来自厚壁菌门，上述 2 个门中的微生物能分泌纤维降解酶来降解纤维、果胶和木聚糖等。在属水平上，蒙古牛瘤胃中的优势菌属为拟杆菌属和普雷沃氏菌属，且通过物种与功能贡献度分析表明普雷沃氏菌的相对丰度在 CAZy 各个家族中均占绝对优势。普雷沃氏菌属具有多种酶的基因编码簇，特别是木聚糖酶 GH10、β–木糖苷酶 GH43、水解木聚糖和果胶，因此普雷沃氏菌属在降解木聚糖和果胶方面发挥着重要的作用。Dao 等发现普雷沃氏菌含有许多编码半纤维素消化关键酶的基因，以及大量编码与纤维素、淀粉、多糖消化和木质纤维素预处理的相关多种酶的基因。另外，在 CAZy 各个家族中均注释到了栖瘤胃普雷沃氏菌，其不仅是蛋白质降解菌，还具有纤维素酶基因。与其他品种牛有所不同的是，蒙古牛瘤胃中普雷沃氏菌属的含量极其丰富，因此我们推测普雷沃氏菌属可能是蒙古牛高效降解纤维素的关键菌属。对纤维素降解起主要作用的不只有细菌，真菌和纤毛虫对纤维素也有吞噬和降解作用，且微生物之间的协同作用可更高效降解纤维素。在蒙古牛注释到的真菌中，主要是新美鞭菌属和瘤胃壶菌属，在降解纤维素方面发挥着重要作用。Haitjema 等研究发现，它们在降解木质纤维素的过程中效率较高，因为它们可以产生类似纤维小体的复合物，降解高强度结晶状纤维素。

（3）瘤胃微生物宏基因组功能注释分析

瘤胃微生物宏基因组测序 KEGG 分析，基于 KEGG 数据库的功能基因注释结果（图 2-13），在 1 级水平（level1）上，新陈代谢（Metabolism）通路的相对丰度最高，最低的是生物体系统。在 2 级水平（level2）上，60% 来自 6 大通路中的代谢通路，相对丰度由高到低依次为碳水化合物代谢（Carbohydrate metabolism，26.65%）、氨基酸代谢（Amino acid metabolism，10.25%）、能量代谢（Energy metabolism，6.36%）、辅助因子和维生素的代谢（Metabolism of cofactors and vitamins，4.57%）、翻译（Translation，4.54%）、膜运输（Membrane transport，4.39%）、聚糖生物合成和代谢（Glycan biosynthesis and metabolism，4.34%）以及核苷酸代谢（Nucleotide metabolism，4.23%）等。

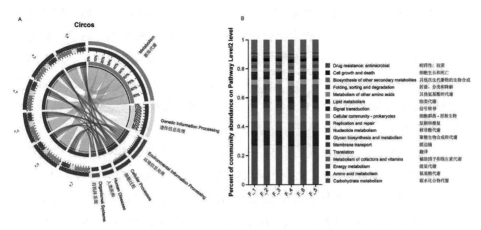

图 2-13　功能注释在 1 级水平（A）和 2 级水平（B）上的相对丰度图

在淀粉和糖代谢通路（Starch and sucrose metabolism，ko00500，图 2-14）中挖掘出了降解纤维素的代谢途径，其中包含纤维素到纤维糊精再到纤维二糖的关键水解酶类。3.2.1.21 酶类（β-葡萄糖苷酶）的相对丰度在 ko00500 中最高，其次是 3.2.1.4 酶类（内切葡聚糖酶），这两类酶都在降解纤维素的过程中发挥着重要的作用。

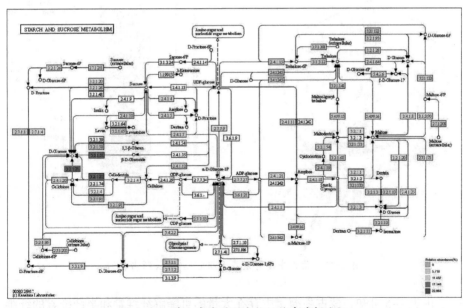

图 2-14　蒙古牛瘤胃微生物纤维素降解途径

CAZy 水平功能分析经 CAZy 注释，结果表明共有 263 385 个基因比对到

CAZy 数据库中，其中糖苷水解酶家族（GHs）基因 144 098 个，糖基转移酶家族（GTs）基因 57 259 个，碳水化合物酯酶家族（CEs）基因 31 346 个，碳水化合物结合模块家族（CBMs）基因 18 256 个，多糖裂解酶家族（PLs）基因 7 932 个，辅助氧化还原酶家族（AA）基因 4 494 个。共注释为 618 个 CAZy，GHs 家族 273 个，GTs 家族 97 个，CBMs 家族 76 个，PLs 家族 82 个，CEs 家族 16 个，AAs 家族 20 个。

在 class 水平，GHs 家族约占 55.17%；GTs 家族约占 20.04%；CEs 家族约占 13.62%；CBMs 家族约占 6.12%；PLs 家族约占 2.63%；AAs 家族约占 2.41%。在 family 水平上，丰度前十分别是 GH2（6.18%）、GT2（5.94%）、CE1（4.09%）、CE10（3.59%）、GT4（3.23%）、GT41（3.03%）、GH3（2.77%）、GH97（2.08%）、GH31（1.62%）和 AA6（1.58%），见图 2-15。

基于 GHs 家族（丰度＞0.01%）组成，依次为 GH2（11.20%）、GH3（5.03%）、GH97（3.77%）、GH31（2.94%）、GH51（2.69%）、GH78（2.46%）、GH115（2.20%）、GH10（2.20%）、GH95（2.17%）和 GH106（2.08%）等。

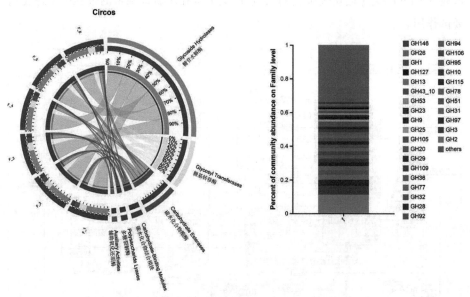

图 2-15　蒙古牛瘤胃宏基因组 CAZymes 所占比例

由表 2-5 可知，蒙古牛瘤胃中存在大量的可降解纤维素和半纤维素的纤维降解酶，根据水解底物类型不同，可以将蒙古牛瘤胃纤维降解酶分类为纤维素酶、半纤维素酶以及寡糖降解酶，GH9、GH10 和 GH2 分别是 3 类酶中丰度最高的家族。

表 2-5　不同品种牛瘤胃微生物宏基因组中 GH 基因的分布

| 项目 | 蒙古牛瘤胃 | 海子水牛瘤胃 | 印度水牛瘤胃 |
| --- | --- | --- | --- |
| 纤维素酶 | | | |
| 糖苷水解酶 5 GH5 | 0.20 | 2.88 | 1.50 |
| 糖苷水解酶 9 GH9 | 1.30 | 1.89 | 0.26 |
| 糖苷水解酶 44 GH44 | 0.01 | 0.16 | 0.00 |
| 糖苷水解酶 45 GH45 | 0.01 | 0.29 | 0.05 |
| 半纤维素酶 | | | |
| 糖苷水解酶 8 GH8 | 0.38 | 0.73 | 0.00 |
| 糖苷水解酶 10 GH10 | 2.20 | 2.01 | 2.64 |
| 糖苷水解酶 11 GH11 | 0.09 | 0.31 | 0.15 |
| 糖苷水解酶 26 GH26 | 1.02 | 0.91 | 1.03 |
| 糖苷水解酶 28 GH28 | 1.93 | 1.69 | 0.21 |
| 寡糖降解酶 | | | |
| 糖苷水解酶 1 GH1 | 1.05 | 0.17 | 0.05 |
| 糖苷水解酶 2 GH2 | 11.20 | 9.69 | 9.85 |
| 糖苷水解酶 3 GH3 | 5.03 | 4.81 | 18.30 |
| 糖苷水解酶 29 GH29 | 1.70 | 2.06 | 2.28 |
| 糖苷水解酶 35 GH35 | 0.67 | 0.49 | 0.78 |
| 糖苷水解酶 38 GH38 | 0.17 | 0.26 | 0.26 |
| 糖苷水解酶 39 GH39 | 0.43 | 0.51 | 0.00 |
| 糖苷水解酶 42 GH42 | 0.18 | 0.27 | 0.10 |

在种水平上，进一步分析了蒙古牛瘤胃微生物与碳水化合物活性酶的关联性，如图 2-16 所示，选取了丰度前 20 的物种，普雷沃氏菌在 6 个家族中占据着绝对的优势，在 GHs 家族、GTs 家族、CEs 家族、CBMs 家族、PLs 家族和 AAs 家族中分别占比 29.39%、25.47%、25.59%、23.80%、44.49% 和 23.98%。其中，GH 家族是纤维素降解酶的主要来源，注释到该家族的微生物主要有普雷沃氏菌（29.39%）、拟杆菌（26.69%）、梭菌（7.65%）和颤螺菌（2.21%）等。

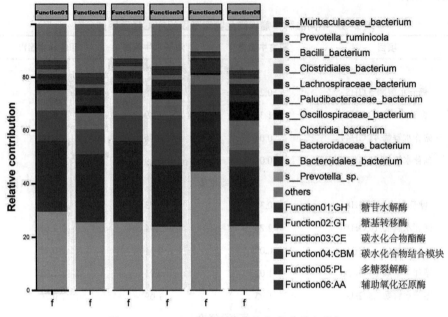

图 2-16 CAZy 家族物种贡献分布（种水平）

KEGG 富集分析表明，新陈代谢是蒙古牛瘤胃宏基因组测序中丰度最高的功能组别，其中碳水化合物代谢是代谢组中相对丰度最高的功能类群。这可能表明蒙古牛在进食饲草时，瘤胃内的微生物主要发挥着协助消化碳水化合物的作用，为宿主提供代谢和能量转换底物。KEGG 通路不仅提供生化物质相互转化所有可能的代谢途径，还包含对催化各步反应的酶的全面注解，因此通过代谢通路分析，在降解纤维素的代谢通路 ko00500（淀粉和糖代谢）中，β－葡萄糖苷酶（EC3.2.1.21）相对丰度最高，其次是内切葡聚糖酶（EC3.2.1.4）。目前对于纤维素降解的普遍观点认为：首先内切葡聚糖酶切割纤维素，释放自由链末端，然后这些末端会被外切葡聚糖酶降解释放纤维二糖，最后 β－葡萄糖苷酶会将纤维二糖水解成葡萄糖，表明 β－葡萄糖苷酶是降解纤维素的关键一环。

CAZy 参与许多生物过程，如碳水化合物代谢，植物生物质合成和降解以及蛋白质糖基化等。蒙古牛瘤胃微生物中发现大量的 GH 家族，表明蒙古牛瘤胃微生物具有很强的纤维降解功能，这与李娟等对于麦洼牦牛的研究结果一致。降解纤维素需要纤维素酶、半纤维素酶以及寡糖降解酶的协同作用。这 3 类酶基因均存在于蒙古牛瘤胃当中，其中 GH5、GH9、GH44 和 GH45 为降解纤维素的优势酶类。根据纤维素酶的作用机理，可以将其分为 3 类，分别是内切葡聚糖酶、外切葡聚糖酶、β-葡萄糖苷酶，在 GH5 和 GH9 家族中均有发现这 3 类酶。GH8、GH10、GH11、GH26 和 GH28 对于半纤维素的降解起重要作用，木聚糖是构成半纤维素的主要成分，GH10 和 GH11 属于木聚糖酶。而对于寡糖降解起重要作用的有 GH1、GH2、GH3 和 GH29 等，其中以 GH2 家族的酶数量最多，基因丰度最高，主要包括 β-D-甘露糖苷酶及 β-D-半乳糖苷酶。这些结果表明 GH 酶对蒙古牛瘤胃植物细胞壁碳水化合物成分的降解具有重要意义。此外，在蒙古牛瘤胃当中发现了一部分碳水化合物结合模块（CBMs），CBMs 来源于细菌、真核生物、古菌和病毒等微生物，是纤维素酶的重要组成部分，还可以吸附淀粉和木聚糖等多糖类物质。

将蒙古牛瘤胃宏基因组与以往研究的海子水牛和印度水牛宏基因组数据中的 GH 基因进行分类比对，结果表明无论在哪种牛的瘤胃宏基因组中，寡糖降解酶比例均为最高。但与其他两种牛相比，蒙古牛瘤胃当中的纤维素酶数量最少；半纤维素酶数量却高于其他两种牛；而寡糖降解酶的数量仅次于印度水牛。由此可见，蒙古牛降解纤维素的能力稍差，而降解半纤维素和寡糖的能力较强，也表明蒙古牛适应内蒙古乌拉盖的自然状况，在冬季自然条件较差的情况下仍然能够消化干牧草和较好地生长，可见蒙古牛具有耐粗饲的生物特性。

蒙古牛瘤胃中参与纤维素降解的微生物主要来自拟杆菌属、普雷沃氏菌属、新美鞭菌属和瘤胃壶菌属等，GH 家族是最主要参与纤维素降解的 CAZy 家族，其中 GH2、GH3、GH31、GH51 和 GH97 基因丰度较高，并筛选出了部分 CBMs 作为纤维素酶的重要组成部分。与其他品种相比，蒙古牛表现出较强的半纤维素降解能力。同时，在蒙古牛瘤胃中碳水化合物代谢通路丰度最高。由此可见，蒙古牛瘤胃富含具有木质纤维素降解能力的微生物及其相关酶系。纤毛虫在纤维素降解中扮演着重要角色，不仅能够进行物理性降解，还能分泌纤维素降解酶，然而，在本研究中对于纤毛虫的关注较少，因此未来的研究将关注其在瘤胃纤维素降解中的作用。

## 二、肉牛碳水化合物利用机制

碳水化合物是反刍动物的主要能量来源，在维持动物生长发育、机体代谢和生产性能等方面发挥关键作用。碳水化合物占反刍动物饲粮干物质的 60%～80%，主要包括中性洗剂纤维（NDF）和非纤维性碳水化合物（NFC）两部分，降解生成的瘤胃挥发性脂肪酸和小肠葡萄糖，是瘤胃微生物和机体代谢的主要能量来源。因此，了解反刍动物碳水化合物高效利用的综合调控技术，可为提高反刍动物碳水化合物利用效率、改善动物健康和促进畜牧业高效发展提供理论依据。

## （一）瘤胃对碳水化合物的高效利用

瘤胃是反刍动物特有的消化器官，其中瘤胃微生物可降解日粮碳水化合物产生挥发性脂肪酸（VFA），是反刍动物最基本和最主要的能量来源。通常饲料中的NDF存在于细胞壁，而NFC主要存在于细胞内容物中，二者在反刍动物体内的降解特性差异很大。NDF在瘤胃中的降解量占其总降解量的90%以上，过瘤胃NDF的小肠消化率则很低，而不同饲料种类的NFC在瘤胃中的降解量占其总降解量的60%～80%。NDF在瘤胃中降解速度较慢，可有效刺激反刍和咀嚼，增加唾液分泌，NFC的瘤胃降解速度较快，产酸力更强。日粮配制中合理平衡NDF和NFC的水平，对改善反刍动物健康和生产性能具有重要意义。

## （二）小肠碳水化合物的高效利用

仅有数量有限的淀粉和其他糖类不被瘤胃消化而进入小肠。淀粉是反刍动物的重要能量来源，过瘤胃淀粉在胰腺 α-淀粉酶的作用下生成葡萄糖，是反刍动物外源葡萄糖的最主要来源，对于反刍动物体内某些组织和器官具有十分重要的营养作用。淀粉在小肠的供能效率比瘤胃高42%，但过多的过瘤胃淀粉供应会降低淀粉的小肠消化率，造成能量损失，降低动物生产性能。胰腺 α-淀粉酶分泌不足是限制过瘤胃淀粉小肠消化率的最关键因素。

淀粉是玉米、大麦、小米等能量饲料的最主要能量成分，因而淀粉成为育肥反刍动物的最主要营养成分。大量的淀粉在瘤胃发酵，一方面产生发酵热造成能量的损失；另一方面由VFA异生葡萄糖也会造成大量的能耗，导致反刍动物能量利用率低下，如牛常规日粮的 $K_f$（代谢能转化为增重净能的效率）一般很难超过50%。而反刍动物小肠对淀粉的消化与单胃动物一样能直接吸收葡萄糖。

已经表明淀粉在小肠中被利用的效率要高于其在瘤胃中发酵后被利用，但实际情况是反刍动物小肠能利用的淀粉量是有限的。造成反刍动物小肠淀粉消化率水平较低的原因有：小肠中淀粉未能与降解酶充分接触、小肠中 α-淀粉酶及麦芽糖酶不足、酶活性不高、淀粉在小肠中停留时间过短、小肠葡萄糖吸收受限等。通过物理加工、小肠消化酶和葡萄糖转运的调控等方法，可解决上述限制因素，是进一步提高反刍动物小肠淀粉利用率的关键。

# 主要参考文献

李经法，2022. 水牛瘤胃木质素降解细菌组成、漆酶基因筛选及其酶学性质的研究［D］. 武汉：华中农业大学.

李娟，王利，罗晓林，等，2020. 舍饲养殖对麦洼牦牛瘤胃微生物宏基因组的影响［J］. 动物营养学报，32（9）：4185-4193.

苗艳，朱庆贺，陈亮，等，2023. 宏基因组学在牛生产中的应用研究进展［J］. 中国畜牧杂志，59（5）：11-16.

牛化欣，常杰，胡宗福，等，2019. 基于组学技术研究反刍动物瘤胃微生物及其代谢功能的进展［J］. 畜牧兽医学报，50（6）：1113-1122.

王佳堃，和文凤，2018. 多组学技术揭秘草食动物消化道真菌组成和功能［J］. 浙江大学学报（农业与生命科学版），44：131-139.

於江坤，2021. 宏基因组学解析瘤胃微生物组成和功能特性及外源添加剂调控瘤胃微生物发酵的研究［D］. 武汉：华中农业大学.

张慧敏，夏海磊，黄强，等，2017. 海子水牛瘤胃微生物的宏基因组学分析［J］. 动物营养学报，29（11）：4151-4161.

郑娟善，丁考仁青，李新圃，等，2021. 瘤胃微生物在木质纤维素价值化利用的研究进展［J］. 草业学报，30（9）：182-192.

郑娟善，张剑博，梁泽毅，等，2020. 瘤胃微生物对木质纤维素降解的研究进展［J］. 动物营养学报，32（5）：2010-2019.

AMETAJ B N, ZEBELI Q, SALEEM F, et al., 2010.Metabolomics reveals unhealthy alterations in rumen metabolism with increased proportion of cereal grain in the diet of dairy cows［J］. Metabolism, 6（4）：583-594.

ANGLY F E, WILLNER D, ROHWER F, et al., 2012. Grinder：a versatile amplicon and shotgun sequence simulator［J］. Nucleic Acids Res, 40（12）：e94.

ARICHA H, SIMUJIDE H, WANG C, et al., 2021. Comparative analysis of fecal microbiota of grazing Mongolian cattle from different regions in inner Mongolia, China［J］. Animals（Basel），11（7）：1938.

ARTEGOITIA V M, FOOTE A P, LEWIS R M, et al., 2017. Rumen fluid metabolomics analysis associated with feed efficiency on crossbred steers［J］. Sci Rep, 7：2864.

BETANCUR-MURILLO C L, AGUILAR-MARÍN S B, JOVEL J, 2022. *Prevotella*：

A key player in ruminal metabolism［J］. Microorganisms，11（1）：1.

BRULC J M, ANTONOPOULOS D A, MILLER M E B, et al. , 2009. Gene-centric metagenomics of the fiber adherent bovine rumen microbiome reveals forage specific glycoside hydrolases［J］. PNAS, 106：1948-1953.

CARBERRY C A, KENNY D A, HAN S, et al. , 2012. Effect of phenotypic residual feed intake and dietary forage content on the rumen microbial community of beef cattle［J］. Appl Environ Microb, 78（14）：4949-4958.

CARBERRY C A, WATERS S M, WATERS S M, et al. , 2014. Rumen methanogenic genotypes differ in abundance according to host residual feed intake phenotype and diet type［J］. Appl Environ Microb, 80：586-594.

CHENG Y F, WANG Y, Li Y F, et al. , 2017. Progressive colonization of bacteria and degradation of rice straw in the rumen by Illumina sequencing［J］. Front Microbiol, 8：2165.

CLEMMONS B A, VOY B H, MYER P R, 2019. Altering the gut microbiome of cattle：considerations of host-microbiome interactions for persistent microbiome manipulation［J］. Microbial Ecol, 77：523-536.

DAI X, TIAN Y, LI J T, et al. , 2015.Metatranscriptomic：analyses of plant cell wall polysaccharide degradation by microorganisms in the cow rumen［J］. Appl Environ Microb, 81（4）：1375-1386.

DELGADO B, BACH A, GUASCH I, et al. , 2019.Whole rumen metagenome sequencing allows classifying and predicting feed efficiency and intake levels in cattle ［J］. Sci Rep, 9：11.

DEUSCH S, SEIFERT J, 2015. Catching the tip of the iceberg-evaluation of sample preparation protocols for metaproteomic studies of the rumen microbiota［J］. Proteomics, 15：3590-3595.

DU Y, GE Y, REN Y, et al. , 2018. A global strategy to mitigate the environmental impact of China's ruminant consumption boom ［J］. Nat Commun, 9（1）：4133.

（牛化欣、梁丽丽）

# 第三章　肉用母牛－犊牛青粗饲料高效利用技术

## 第一节　肉用母牛－犊牛生产系统与青粗饲料高效利用技术

### 一、肉用母牛－犊牛生产系统

我国肉用母牛养殖模式一般包括全放牧、半放牧半舍饲和全舍饲三种养殖模式。肉用繁殖母牛的盈利决定因素主要有：母牛繁殖期饲养成本、母牛繁殖效率、犊牛培育成本。国内外生产实践表明，规模化养殖肉用繁殖母牛很难盈利，因为全世界都是有资源禀赋的地区才养母牛，如加拿大的西北部地区、美国的西部地区，还有我国的内蒙古地区、东北地区、西北地区养母牛的特别多。草原放牧地区有饲草资源优势的，肉用母牛、犊牛饲养成本肯定能得到控制，规模化舍饲养殖模式很难盈利，所以必须要做好精准营养与节本增效饲养措施。

#### （一）肉用母牛－犊牛放牧生产系统

内蒙古自治区草原面积居全国五大草原之首，天然牧场宽广辽阔，牧草营养价值高且最为丰富，牛、羊承载量最大，不仅是我国重要的畜牧业生产基地，也是我国北方草原极为重要的生态屏障。在大力倡导草畜平衡生态畜牧业发展的背景下，充分发掘天然牧场和牧草、饲料资源潜能，将牧场空间和饲草营养高效转化牛、羊生产是"科技兴蒙"和"科技强牧"的重要途径。内蒙古天然草原总面积达 8 666.7 万 $hm^2$，其中可利用草场面积达 6 800 万 $hm^2$，占全国草场总面积的 1/4，呼伦贝尔、锡林郭勒东部、科尔沁、乌兰布统等草原牧草丰富、饲用价值高、适口性强，尤其是羊草、针茅、冰草、披碱草、野燕麦等禾本和豆科牧草非常适于放牧家畜。从类型上看，内蒙古东部地区（蒙东：通辽市、赤峰市、呼伦贝尔市、兴安盟和锡林浩特东部）的草甸草原土质肥沃，降水充裕，牧草种类繁多，具有优质高产的特点，适宜饲养大畜，特别是养牛，因此蒙东 4 大草原孕育着三河牛、中国西门塔尔牛（草原类群，科尔沁牛）、蒙古牛、草原红牛、华西牛等优良肉牛品种。内蒙古东部地区拥有丰富的天然牧场和牧草资源，该资源是反刍动物生产所需的营养物质的源泉，为系统发展肉用母牛、犊牛、育肥牛提供了丰富的物质基础。随着我国和内蒙古自治区肉牛产业的转型与发展，由农牧小规模粗放养殖向肉牛规模化养殖逐渐成为产业发展的主要方向和趋势。不过，随着肉用母牛规模化繁殖群体的扩大，一些影响繁殖的因素也逐渐凸显，严重影响我国和我区肉牛存栏量、出栏量及养殖效益的发挥。肉用母牛生产是肉牛养殖的核心和基础，其生产水平直接决定犊牛和育肥牛的生产效益。然而，肉用母牛体况参差不齐、日粮配制不合理、母牛不能及时配种、屡配不孕、难产等繁殖率低，犊牛成活率不高、断奶体重低，天然草原牧草时空营养成分变化大，饲料转化率差异明显等主要技术问题，严重制约和降低了内蒙古地区肉牛产业的发展及其经济效益。

草原放牧生产系统肉用母牛饲养管理技术的实施是促进高质量肉牛发展的基础，为肉牛提供优质而健康的犊牛，特别是高效利用广阔的天然草原、天然牧草及人工牧草，促进草原物质高效转化，提高内蒙古牧区肉用母牛的饲养水平，确保培育优质的犊牛。肉用母牛 – 犊牛生产系统高效生产，提高草畜转化效率，增加草原牧民的人均收入，树立牧民草畜耦合、降本增效、发展草原畜牧业可持续发展的观念，合理利用天然牧草和肉用母牛养殖的积极性。

### （二）肉用母牛 – 犊牛舍饲生产系统

舍饲母牛是农作物种植区肉牛全产业链的基本出发点，但繁育母牛的利润与产业链的其他环节相比较低，诱发了整个肉牛产业链条利润下降，导致母牛存栏量大幅度减少，给整个肉牛产业链的发展带来了危机。张孝军（2010）和高明等（2020）进行了 2 次舍饲肉用母牛经营效益分析，发现肉用母牛舍饲养殖模式均有不同程度的亏损，在 2021 年断奶犊牛价格处于历史最高位，也只有微弱的盈利。肉用母牛繁育场生产净利润较低主要有两个方面原因：一是饲料成本过高，二是犊牛的成活率低。在饲料成本方面，粗饲料与精饲料的价格随市场变化而波动，大规模养殖付出的成本较大，养殖规模越大，对成本的调控能力越弱，产值利润率和成本利润率越低，只有合理利用地源性农作物副产品作为饲料和精准饲养才能减少饲料成本；在提高犊牛成活率方面，要加强母牛生产及犊牛的护理，结合均衡供应营养来调整饲喂量，保证母牛的适度膘情和犊牛的健康。同时，应加强母牛发情观察，总结个体发情规律，选择适宜配种时间，提高受配率和受胎率。另外，加强对出生 1 个月内犊牛的监管护理，这是保证成活率的关键，做好防疫工作，减少因疾病导致犊牛死亡而带来的经济损失。因此，舍饲需要精细化的饲养管理和政策扶持等措施才能解决养殖利润低的问题。

## 二、草原放牧系统华西牛 0 ~ 9 月龄生长、体尺和肉用指数研究

内蒙古乌拉盖草原草场优良，天然牧草种类多样、营养丰富、生物量高，为培育华西牛提供了优良的天然牧场空间和饲草资源。多年来，以中国农业科学院北京畜牧兽医研究所牛遗传育种团队科技创新为依托，由内蒙古乌拉盖当地育种企业、育种户及全国其他育种场组成的联合育种体，自主培育出专门化的大型肉用新品种华西牛（2021 年 12 月通过国家畜禽遗传资源委员会审定）。华西牛以肉用西门塔尔牛为父本，以蒙古牛、三河牛、西门塔尔牛、夏洛莱牛组合的杂种后代为母本培育而成，具有生长速度快、抗逆性强、繁殖性能好、屠宰与净肉率高、生产效率高等优势。截至 2023 年，乌拉盖草原地区华西牛核心群牛数达到约 0.8 万头，育种群牛数约达到 1.6 万头，分别占全国数量的约 64% 和 70%，其中乌拉盖管理区多家育种企业及育种户被认定为首批国家、自治区级"肉牛（华西牛）核心育种场"，不仅是我国华西牛最为重要的培育基地，也是提供华西牛优质后备牛的主要草原放牧养殖区。

优质的肉用犊牛、后备牛是发展肉牛业的基础。牛的体尺、体尺指数作为衡量其生长发育的主要指标，可反映其生长发育状况，而体重及其与体尺性状相关性分析、生长曲线拟合是研究肉牛生长发育规律的重要方法之一。王金海等研

究了内蒙古半牧半舍饲养条件下科尔沁牛的生长规律和生产性能。朱波等对中国肉用西门塔尔牛群体生长曲线拟合、体重与体尺相关性及生长发育性状进行了分析。程利等在放牧补饲条件下研究了科尔沁母牛早期生长发育规律。目前，对我国培育的华西牛在肉牛 – 犊牛草原放牧生产系统中的生长发育规律的研究鲜有报道。为摸清草原放牧系统条件下华西牛前期生长规律，本研究在乌拉盖牧场华西牛核心群中，选取 180 头从初生到 9 月龄的早期华西牛进行体重、体尺的测定与记录，并分析华西牛体重与体尺的相关性、日增重及肉用性能，以期为草原牧场华西牛前期放牧科学饲养管理、生长发育提供基本参数，也为优质犊牛生产和后期华西牛育肥提供数据依据。

**1. 材料与方法**

（1）试验动物

试验动物选自内蒙古自治区锡林郭勒盟乌拉盖管理区，从 2021 年 12 月至 2023 年 10 月期间，从 3 户专业养殖合作社选取 180 头犊牛群样本作为研究对象，数据由乌拉盖农牧技术推广中心人员和各养殖合作社人员协助记录和测定。

（2）华西牛草原放牧模式与管理

内蒙古乌拉盖草原地区华西牛繁殖体系为肉用母牛带犊生产体系，采用暖季自然放牧（6 月初至 11 月中旬）和冷季及休牧期（11 月中旬至 5 月底）舍饲相结合的养殖模式，一般休牧期在 4 月 15 日至 5 月 30 日。产犊季节一般集中在每年的 1—5 月，6—11 月犊牛跟随母牛在草原牧场自然吸乳和采食天然鲜牧草，一般 6 月龄自然断奶。室外自由饮水（冷季自动电加热水槽，水温＞14℃）。9—11 月，根据月龄和体重，将培育的早期华西牛公牛进行拍卖用作种公牛或出售外地育肥，小母牛为肉用后备母牛进行扩大华西牛的繁殖，因此乌拉盖地区早期华西牛草原放牧养殖，从产犊季到断奶，与母牛分栏期间一般为 6～9 个月。

**2. 结果与分析**

（1）不同生长阶段公、母犊牛体尺、体重指标

由表 3-1 可知，0～9 月龄小公牛、小母牛体重、体尺均逐渐增加。其中华西牛 9 月龄小公牛、小母牛的体重分别增加到（360.17±5.52）kg 和（318.29±5.64）kg，同一月龄小公牛体重较小母牛增幅大；体高、体斜长、胸围、腹围 0～3 月龄增幅较大，3～9 月龄增幅相对较慢，同一月龄小公牛体尺和小

母牛增幅较为一致。

表 3-1　不同月龄体重和体尺指标

| 月龄 | 性别 | 体重（kg） | 体高（cm） | 体斜长（cm） | 胸围（cm） | 腹围（cm） |
|------|------|-----------|-----------|-------------|-----------|-----------|
| 初生 | ♂ | 46.60±0.98 | 74.73±0.41 | 71.60±0.76 | 80.17±0.81 | 77.23±0.85 |
| | ♀ | 43.76±0.66 | 73.76±0.59 | 70.4±0.90 | 79.26±0.75 | 78.02±0.76 |
| 3 月龄 | ♂ | 143.13±2.41 | 97.71±1.08 | 105.46±5.62 | 124.70±1.42 | 138.65±1.07 |
| | ♀ | 133.30±2.14 | 95.96±1.50 | 99.57±1.48 | 122.80±1.08 | 133.43±0.96 |
| 6 月龄 | ♂ | 255.77±3.79 | 106.26±1.14 | 117.15±1.05 | 148.20±1.92 | 165.85±1.21 |
| | ♀ | 233.34±4.05 | 103.80±0.40 | 115.18±2.15 | 146.30±0.85 | 162.03±1.26 |
| 9 月龄 | ♂ | 360.17±5.52 | 119.92±1.41 | 130.61±0.96 | 164.26±1.59 | 189.28±1.53 |
| | ♀ | 318.29±5.64 | 113.53±1.74 | 126.82±0.88 | 162.89±1.42 | 185.92±1.64 |

由表 3-2 可知，华西牛小公牛、小母牛体尺指数均随着月龄的延长而升高，且两者的增幅较为一致。在 3 项体尺指数中，0 ～ 9 月龄胸围指数增幅较大，小公牛和小母牛分别提升了 24.65% 和 24.48%。

表 3-2　不同月龄华西牛小公牛和小母牛体尺指标

| 月龄 | 性别 | 体长指数 | 胸围指数 | 体躯指数 |
|------|------|----------|----------|----------|
| 初生 | ♂ | 0.96±0.01 | 1.07±0.01 | 1.12±0.01 |
| | ♀ | 0.96±0.01 | 1.08±0.01 | 1.13±0.02 |
| 3 月龄 | ♂ | 1.08±0.02 | 1.27±0.01 | 1.18±0.01 |
| | ♀ | 1.05±0.02 | 1.29±0.02 | 1.22±0.01 |
| 6 月龄 | ♂ | 1.11±0.03 | 1.40±0.02 | 1.27±0.02 |
| | ♀ | 1.11±0.01 | 1.41±0.01 | 1.27±0.01 |
| 9 月龄 | ♂ | 1.12±0.01 | 1.42±0.02 | 1.26±0.01 |
| | ♀ | 1.12±0.01 | 1.43±0.01 | 1.28±0.01 |

（2）不同生长阶段公、母犊牛体重和体尺指标的相关性分析

由表 3-3 表明，0 ～ 9 月龄华西牛小公牛体重与体高、体斜长、胸围、腹围均呈极显著正相关（$P < 0.01$），其中体高、胸围、腹围与体重相关系数高达 0.98。体高与体斜长、胸围、腹围均呈极显著正相关（$P < 0.01$），其中体高与胸

围相关系数最高，为 0.984。体斜长与胸围、腹围呈极显著正相关（$P < 0.01$）。胸围与腹围呈极显著正相关（$P < 0.01$）。

表3-3　小公牛体重和体尺指标相关性分析

| 指标 | 体重 | 体高 | 体斜长 | 胸围 | 腹围 |
|---|---|---|---|---|---|
| 体重 | 1 | 0.981** | 0.903** | 0.981** | 0.980** |
| 体高 | | 1 | 0.965** | 0.984** | 0.958** |
| 体斜长 | | | 1 | 0.937** | 0.902** |
| 胸围 | | | | 1 | 0.978** |
| 腹围 | | | | | 1 |

注：*表示相关显著（$P < 0.05$），**表示相关极显著（$P < 0.01$）。下同。

由表3-4可知，0～9月龄华西牛小母牛体重与体高、体斜长、胸围、腹围均呈极显著正相关（$P < 0.01$），其中体高、胸围、腹围与体重相关系数均高达 0.869 以上。体高与体斜长、胸围、腹围均呈极显著正相关（$P < 0.01$），其中体高与腹围相关系数最高 0.954。体斜长与胸围、腹围呈极显著正相关（$P < 0.01$）。胸围与腹围极显著正相关（$P < 0.01$），高达 0.984。

表3-4　小母牛体重和体尺指标相关性分析

| 指标 | 体重 | 体高 | 体斜长 | 胸围 | 腹围 |
|---|---|---|---|---|---|
| 体重 | 1 | 0.869** | 0.943** | 0.966** | 0.980** |
| 体高 | | 1 | 0.876** | 0.875** | 0.954** |
| 体斜长 | | | 1 | 0.955** | 0.787** |
| 胸围 | | | | 1 | 0.984** |
| 腹围 | | | | | 1 |

（3）不同月龄阶段华西牛日增重和肉用指标

由图3-1可知，0～9月龄华西牛肉用指数随时间的延长呈直线增加，且9月龄小公牛肉用指数为 3.30，显著大于小母牛的肉用指数 2.89（$P < 0.01$）。

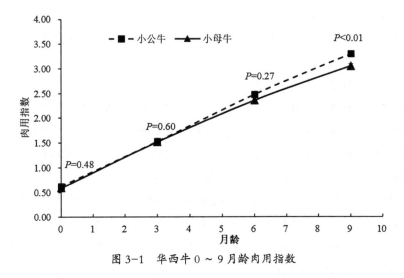

图 3-1　华西牛 0 ～ 9 月龄肉用指数

由图 3-2 A ～ D 可知，0 ～ 3 月龄、4 ～ 6 月龄、7 ～ 9 月龄和 0 ～ 9 月龄小公牛日增重极显著高于小母牛（$P < 0.01$），且 0 ～ 9 月龄小公牛和小母牛平均日增重分别为 1.16 kg/d 和 1.02 kg/d（图 3-2 D）。

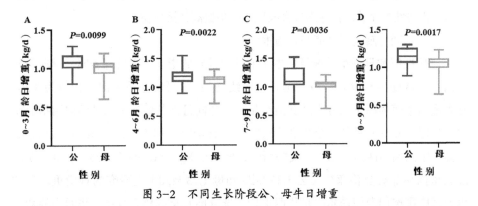

图 3-2　不同生长阶段公、母牛日增重

### 3. 讨论

（1）华西牛体重、体尺生长发育

早期牛的体重、体尺直接反映品种体躯大小、体格结实程度、生长发育情况，也间接反映了牧场对牛群不同生长阶段的营养、养殖环境等饲养管理水平。本研究华西牛公牛、母牛平均初生重分别为 46.60 kg 和 43.76 kg，高于中国肉用西门塔尔牛、安格斯牛，略高于夏洛莱牛（公 45.3 kg 和母 43.5 kg）。0 ～ 9 月龄华西牛小公牛、小母牛体重、体尺均逐渐增加。体高、体斜长、胸围 0 ～ 3 月龄增幅较大，3 ～ 9 月龄增幅相对较慢，同一月龄小公牛体尺和小母牛增幅较为一致，这与中国肉用西门塔尔牛、安格斯牛、科尔沁牛、夏洛莱牛早期增长规律类似。因此，从初生重、体重和体尺增长来看，早期华西牛生长发育高于地方杂交肉牛品种、中型专门肉牛品种，接近于大型肉牛品种。

（2）体尺性状与体重相关性分析

各体尺性状表明牛体某个部位的生长发育情况，而体尺指数反映了牛各部位发育的相互关系和比例。在同一环境下研究表明，研究同一品种体尺性状与体重间的关系是有必要的，可为新品种培育提供一定的数据依据。本研究表明，0～9月龄华西牛体高、胸围、腹围与体重相关系数高达 0.98，体高与体斜长、胸围、腹围均呈极显著正相关，其中体高与胸围相关系数最高，为 0.984，胸围与腹围相关系数高达 0.98 以上。早期华西牛小公牛、小母牛各项体尺指数均随着月龄的延长而升高，表明体躯发育、体格结实程度和骨骼发育均良好。通过分析华西牛小公牛、小母牛各体尺指标及体重间的相关关系发现，华西牛小公牛和小母牛各体尺性状及体重指标间相关系数均达到极显著水平，这与梁永虎等（2018）在中国肉用西门塔尔牛、朱兵山等（2018）在安格斯牛上的研究结果一致。因此，华西牛的体重和体尺可反映出乌拉盖核心群体体躯结构和体格发育程度的重要指标，在生产中应重视与体重相关性极显著的指标来选育改良进一步提高经济效益。

（3）不同月龄肉用性能和日增重

肉用性能和日增重是衡量肉牛 2 个极为重要的指标，本研究表明，早期华西牛肉用指数随生长发育阶段的延长呈直线增加，9 月龄小公牛肉用指数为 3.30，已表现出华西牛高于地方牛及其杂交品种，与同月龄其他肉牛品种的肉用指数相似。日增重 0～9 月龄小公牛和小母牛平均日增重分别为 1.16 kg/d 和 1.02 kg/d，已高于中国肉用西门塔尔牛、安格斯牛，但低于 Šlyžienē 等（2023）在 0～7 月龄大型肉用品种夏洛莱牛（公 1.37 kg/d 和母 1.23 kg/d）上研究的日增重。乌拉盖地区中国肉用西门塔尔牛是华西牛持续选育前几年的核心群体，华西牛的初生体重和日增重明显增加，这表明乌拉盖地区华西牛遗传改良和饲养水平在不断提高，但早期华西牛的生长性能达到大型肉用专门化品种的生长性能，还需进一步加强肉牛持续选育改良和天然草原放牧地区饲养管理水平。

**4. 结论**

在草原放牧肉用母牛 - 犊牛生产系统中，0～9 月龄华西牛小公牛、小母牛体重增长较快，4～6 月龄增幅最大；华西牛体重与体高、体斜长、胸围、腹围有极高的正相关；0～9 月龄华西牛小公牛和小母牛日增重分别高达 1.16 kg/d 和 1.02 kg/d，4～6 月龄日增重最高，可达到 1.24 kg/d 和 1.00 kg/d；9 月龄华西牛小公牛的肉用指数为 3.30。因此，在草原放牧生产系统中，我国新培育的大型肉用品种华西牛在早期生长发育快，具有优良的肉用性能潜力。

## 主要参考文献

陈钟玲，2022. 不同放牧区饲粮组成对草原肉用母牛－犊牛生产性能的影响［D］. 通辽：内蒙古民族大学.

程利，白哈斯，周道玮，2023. 科尔沁牛母牛早期生长发育规律分析［J］. 中国畜牧杂志，59（2）：98-101.

冯小芳，蒋秋斐，封元，等，2022. 不同动物模型对安格斯牛周岁生长性状遗传参数估计的比较分析［J］. 中国农业大学学报，27（9）：72-82.

梁永虎，朱波，金生云，等，2018. 肉用西门塔尔牛群体生长曲线拟合及体重与体尺相关性分析的研究［J］. 畜牧兽医学报，49（3）：497-506.

刘爽，贺丽霞，马钧，等，2023. 固原黄牛遗传背景及其体尺指数、肉用指数分析［J］. 畜牧兽医学报，54（6）：2376-2388.

王金海，王思珍，牛化欣，等，2017. 半牧半舍饲养条件下科尔沁牛生长特性和生产性能［J］. 中国牛业科学，43（3）：8-11.

昝林森，2017. 牛生产学［M］. 3 版. 北京：中国农业出版社.

张天留，王泽昭，朱波，等，2023. 华西牛新品种培育及对我国肉牛育种的启示［J］. 吉林农业大学学报，45（4）：385-390.

中华人民共和国农业部，2015. NY/T 2660-2014 肉牛生产性能测定技术规范［S］. 北京：中国农业出版社.

朱兵山，张晓雪，魏趁，等，2018. 新疆天山某安格斯牛场安格斯牛生长发育规律分析［J］. 中国畜牧兽医，45（6）：1535-1542.

朱波，李姣，汪聪勇，等，2020. 我国肉用西门塔尔牛群体生长发育性状遗传参数估计及其遗传进展［J］. 畜牧兽医学报，51（8）：1833-1844.

BELTRÁN J J, BUTTS W T J, OLSON T A, et al., 1992. Growth patterns of two lines of Angus cattle selected using predicted growth parameters［J］. J Anim Sci, 70（3）：734-741.

JANSEN J, KORVER S, DOMMERHOLT J, et al., 1984. A selection index for beef production capacity of performance-tested young bulls in A.I. in Dutch dual-purpose breeds［J］. Livest Prod Sci, 11（4）：381-390.

LIANG M, AN B, DENG T, et al. , 2023. Incorporating genome–wide and transcriptome–wide association studies to identify genetic elements of longissimus dorsi muscle in Huaxi cattle［J］. Front Genet, 13: 982433.

MENG G, LA Y, BAO Q, et al. , 2023.Early growth and development and nonlinear model fitting analysis of Ashidan Yak［J］. Animals, 13（9）: 1545.

ŠLYŽIENĖ B, MEČIONYTĖ I, ŽILAITIS V, et al. , 2023.The association between Charolais cows' age at first calving, parity, breeding seasonality, and calf growing performance［J］. Animals, 13（18）: 2901.

XIA X, ZHANG F, LI S, et al. , 2023. Structural variation and introgression from wild populations in East Asian cattle genomes confer adaptation to local environment ［J］. Genome Biol, 24（1）: 211.

（牛化欣）

# 第二节　肉用母牛饲养与繁殖管理

## 一、肉用母牛精准饲养管理技术

目前，我国肉用母牛养殖主要技术问题：一是母牛不能及时配种、屡配不孕等牛群繁殖率低。二是母牛过肥、日粮配制不合理等因素导致饲养成本较高。三是犊牛成活率不高、断奶体重低。四是饲料资源利用率较低。

影响肉用母牛养殖效益的主要因素：技术管理（饲料成本：饲料组成、消耗量、饲料转化率）和牛群繁殖指标（母牛受配率、受胎率、繁殖率）、断奶犊牛市场价格、人工成本和其他因素（固定投入等）。

### （一）肉用繁殖母牛的饲养管理要点

饲养肉用母牛目的是维持正常的繁殖机能，达到一年或稍长一点时间产犊，为肉牛生产提供更多的健康犊牛。母牛均衡营养是提高母牛繁殖力的基础，与母牛的发情率、受胎率、分娩率、繁殖率等密切相关。

**1. 合理分群**

（1）较小的牛群

50头以内的，直接分为繁殖母牛群、育成母牛群和犊牛群。

（2）较大的牛群

50头以上的，根据不同生理阶段和生长发育阶段，同时参考体重进行分群，分为犊牛、育成牛或空怀牛、妊娠母牛、哺乳母牛群。

**2. 能繁母牛饲养管理要点**

（1）空怀期

初配＋产后适配期内未能受孕的母牛。一般以粗饲为主，补少量精饲料即可，保证配种前母牛体况中等以上，切忌过肥，保证足够的阳光和运动。对瘦弱母牛配种前2～3个月要加强营养，增加补饲精饲料1.0～1.5 kg/d。

（2）妊娠前期（怀孕0～3个月）

妊娠母牛在妊娠初期，由于胎儿生长发育较慢，其营养需求较少，一般按空怀母牛进行饲养，保证中上等膘情。营养的补充以优质青粗饲料为主，适当搭配少量精饲料（0.5～1 kg）。

（3）妊娠中期（怀孕4～6个月）

胎儿发育加快，胎儿营养需求逐渐增加。除维持母牛营养需要外，还要充分满足胎儿的营养需要。适量增加精补料，防止母牛过肥。每天每头饲喂1.0～1.5 kg精饲料补充料。

（4）妊娠后期（怀孕7个月至分娩）

胎儿增重最快时期（胎儿增重占胎儿总重量的75%以上）。在母牛分娩前，至少要增重45～70 kg（日增重达0.3～0.4 kg）。要满足母牛的蛋白质、矿物质、维生素的需要。每天饲喂2～3 kg精饲料、青贮饲料10～15 kg＋（秸秆＋干草）3～4 kg。分娩前最后1周内精饲料喂量减少一半。

（5）围产期前期（分娩前2周）

在预产期的前2～3 d应适当控制精饲料量，减喂食盐，不喂甜菜渣、酒糟、青贮等，喂给优质的干草。精饲料每头日喂量1.5～2.0 kg，每天饲喂2～3次。

（6）围产后期（产后1～2周）

分娩后立即给母牛饮36～38℃温水（麸皮盐钙汤），在10～15 kg温水中加入麸皮1 kg，食盐50～100 g，石粉100 g搅拌均匀调成稀粥状饲喂，要多次供给，有条件加1 000 g红糖和250～500 g益母草膏效果更好。注意观察母牛的乳房、食欲、反刍、粪便和胎衣排出情况，发现异常情况及时治疗，并做好分娩后的监护。

（7）泌乳初期（母牛产犊后 7 ～ 15 d）

产后 2 ～ 3 d 喂给易消化的优质干草，补饲以麦麸、玉米为主的混合精饲料。控制喂催乳效果好的青饲料（青贮、甜菜渣）、蛋白质饲料等。产犊 3 ～ 4 d 后可喂多汁料和精饲料，精饲料每天不超过 0.5 ～ 1 kg。6 ～ 7 d 后精饲料喂量可恢复正常水平（2 ～ 3 kg）。

（8）泌乳盛期（产犊后 16 d 至 2 个月）

母牛食欲逐步恢复正常并达到最大采食量，对日粮营养浓度要求高，适口性要好，应限制能量浓度低的粗饲料，增加精饲料的喂量。

（9）泌乳中期（产后 2 ～ 3 个月的时期）

母牛泌乳盛期已过，泌乳量下降。采食良好，采食量达到高峰，能从正常饲料中摄取足够的营养满足自身需要，增加粗饲料的用量，适当减少精饲料的用量。精饲料喂量每天 1.5 ～ 2.0 kg。

（10）泌乳末期（产后 3 个月至犊牛断奶的时期）

应尽可能供应优质粗饲料，适当补给精饲料。犊牛断奶，母牛停止泌乳（干乳 60 ～ 70 d）。保证母牛有中上等膘情，利于发情配种，提高受胎率。精饲料喂量每天 1 ～ 2 kg，如有青绿饲料或优质干草，可酌情减少精饲料喂量。

## （二）肉用繁殖母牛营养与繁殖

### 1. 日粮中蛋白质含量与繁殖之间的关系

（1）通常日粮中蛋白质含量过高对繁殖力有副作用。

（2）瘤胃中氨含量过量会导致血液中尿素浓度升高，尿素对精子、卵子和胚胎的发育均有毒性作用。

（3）日粮中粗蛋白质含量和类型可能影响与繁殖有关的激素平衡，血液尿素浓度高可引起孕酮浓度下降。

### 2. 日粮中能量与繁殖之间的关系

（1）能量负平衡越大，产犊后母牛出现第 1 次排卵时间越长，而且安静发情的概率也越大。

（2）极度能量不平衡会使母牛进入正常发情期的势头减缓，受孕率下降，还可能会造成胎儿早期死亡或流产。

（3）能量过度也导致繁殖力降低。在泌乳后期或干乳期，过度饲养的肉母牛会产生"肥胖综合征"，产后出现繁殖障碍与繁殖疾病，如胎盘滞留、子宫炎、子宫复原慢、囊状卵泡等，受孕率低，产后配种延迟。

**3. 日粮中微量元素与繁殖之间的关系**

（1）铜、碘缺乏导致发情周期长短不均。

（2）铜、碘、锰缺乏导致乏情或安静乏情。

（3）铜、碘、锰、钴缺乏导致妊娠所需配种次数增加。

（4）碘、锰、硒、锌缺乏导致流产。

（5）碘、硒缺乏导致胎衣不下。

**4. 日粮中维生素与繁殖之间的关系**

（1）维生素 A 缺乏导致：母牛发生生殖器官炎症，隐性发情，发情期延长，延迟排卵或不排卵，黄体和卵泡囊肿，使受胎率降低，胎盘形成受阻，胚胎死亡、流产，胎衣不下和子宫内膜炎等。

（2）维生素 E 与前列腺素合成有关，因而对改善繁殖功能有重要的作用。繁殖失调（最突出的是胎衣不下）发生率与维生素 E 的摄入量有关。维生素 E 与微量元素硒具有协同作用，在妊娠母牛预产前 60～70 d 肌内注射亚硒酸钠和维生素 E，对减少胎衣不下及临床型乳房炎有效。

（3）维生素 D 对繁殖性能没有直接影响，但因其调节 Ca、P 代谢而间接发挥作用。

# 二、肉用母牛青粗饲料高效利用技术

**1. 农作物秸秆型饲粮配方（表 3–5）**

表 3–5 体重 600 kg 肉用母牛日粮配方

| 繁殖母牛阶段 | | 每天饲喂量（kg） | |
| --- | --- | --- | --- |
| | | 秸秆 | 精饲料补充料 |
| 空怀期 | | 7～8 | 0.5～1.2 |
| 妊娠期 | 前期 | 7～8 | 0.5～1.2 |
| | 中期 | 7～8 | 1.0～1.5 |
| | 后期 | 7.5～8.5 | 1.5～2.2 |
| 围产期 | 前期 | 自由采食 | 1.0～2.2 |
| | 后期 | 自由采食 | 1.5～2.2 |
| 哺乳期 | 前期 | 7.5～8.5 | 2.2～4.5 |
| | 中期 | 8.0～9.0 | 4.5～5.5 |
| | 后期 | 8.5～9.5 | 1.1～2.2 |

### 2. 秸秆和青贮饲料型肉用母牛饲粮配方（表3-6）

表3-6　体重600 kg肉用母牛日粮配方

| 繁殖母牛阶段 | | 每天饲喂量（kg） | | |
|---|---|---|---|---|
| | | 秸秆 | 玉米青贮 | 精饲料补充料 |
| 空怀期 | | 3～4 | 8.5～10.0 | 0.4～1.0 |
| 妊娠期 | 前期 | 3～4 | 8.5～10.0 | 0.4～1.0 |
| | 中期 | 3～4 | 8.5～10.0 | 1.0～1.3 |
| | 后期 | 3～4 | 8.5～10.0 | 1.3～2.0 |
| 围产期 | 前期 | 自由采食 | | 1.0～2.0 |
| | 后期 | 自由采食 | 8.5～10.0 | 1.3～2.0 |
| 哺乳期 | 前期 | 7.5～8.5 | 9.0～12.0 | 2.0～3.5 |
| | 中期 | 8.0～9.0 | 9.0～12.0 | 3.5～4.5 |
| | 后期 | 8.5～9.5 | 10.0～12.0 | 1.0～2.0 |

### 3. 妊娠中期成母牛的冬季日粮组成（表3-7）

表3-7　体重590 kg妊娠中期母牛冬季的日粮配方实例（每天可以增重0.25 kg）

| 饲料种类 | 每天饲喂量（kg） | | | | |
|---|---|---|---|---|---|
| | 日粮1 | 日粮2 | 日粮3 | 日粮4 | 日粮5 |
| 苜蓿牧草混合干草 | 3.9 | | | | |
| 牧草干草 | | 6.3 | 12.7 | | |
| 谷物秸秆 | 7.3 | | | 4.9 | 5.4 |
| 谷物干草 | | 5.8 | | 5.8 | |
| 谷物青贮 | | | | | 15.8 |
| 谷物碎料 | 1.5 | | | 1.8 | |
| 精饲料补充料 | | | | 0.06 | 0.08 |
| 微量元素预混料 | 0.027 | 0.027 | 0.027 | 0.027 | 0.027 |
| 石粉 | 0.027 | 0.04 | | 0.03 | |
| 复合维生素 | 0.004 | 0.004 | 0.004 | 0.004 | 0.004 |
| 实际饲料采食量 | 12.8 | 12.2 | 12.7 | 12.6 | 21.3 |
| 干物质采食量 | 11.3 | 10.8 | 11.4 | 12.4 | 10.8 |

资料来源：《肉牛繁育实操手册》第四版，2022年。

大多数成母牛的冬季饲喂都需要补充矿物质和食盐，应该提供可自由舔食的微量元素和盐。另外，以干草和秸秆为基础的日粮应该补充矿物质预混料，每头牛每天补充 30 ～ 100 g，钙磷比 2∶1。

### 4. 妊娠后期成母牛的冬季日粮组成（表 3–8）

**表 3–8　体重 590 kg 妊娠后期母牛冬季的日粮配方实例**

| 饲料种类 | 每天饲喂量（kg） | | | | |
|---|---|---|---|---|---|
| | 日粮 1 | 日粮 2 | 日粮 3 | 日粮 4 | 日粮 5 |
| 苜蓿牧草混合干草 | 5.9 | | | | |
| 牧草干草 | | 12.5 | 6 | | 3.6 |
| 谷物秸秆 | 4.5 | | | 4.5 | |
| 谷物干草 | | | 5.5 | 6.8 | |
| 谷物青贮 | | | | | 22 |
| 谷物碎料 | 2.5 | | 1 | 1.8 | 1.0 |
| 精饲料补充料 CP32% | | | | 0.36 | |
| 19∶9 矿物质补充料 | | | 0.06 | 0.08 | |
| 微量元素盐 | 0.03 | 0.03 | 0.03 | 0.03 | 0.03 |
| 石粉 | | | | | 0.03 |
| 复合维生素 | 0.004 | | 0.004 | 0.004 | 0.004 |
| 实际饲料采食量 | 12.9 | 12.5 | 12.6 | 13.6 | 26.7 |
| 干物质采食量 | 11.5 | 11.6 | 11.1 | 11.9 | 12.2 |

资料来源：《肉牛繁育实操手册》第四版，2022。

产犊前 6 ～ 8 周，母牛营养需要量应该增加约 15%，通过增加采食量或用营养密度高的饲料原料代替低值的饲料原料。

### 5. 产后哺乳母牛的日粮组成（表 3–9）

**表 3–9　体重 590 kg、泌乳量 8.6 kg 泌乳母牛冬季的日粮配方实例**

| 饲料种类 | 每天饲喂量（kg） | | | |
|---|---|---|---|---|
| | 日粮 1 | 日粮 2 | 日粮 3 | 日粮 4 |
| 苜蓿牧草混合干草 | 10 | | | |
| 牧草干草 | | 11.3 | | |
| 谷物秸秆 | 2.7 | | | |
| 谷物干草 | | | 11.3 | |
| 谷物青贮 | | | | 30.8 |

续表

| 饲料种类 | 每天饲喂量（kg） | | | |
| --- | --- | --- | --- | --- |
| | 日粮1 | 日粮2 | 日粮3 | 日粮4 |
| 谷物碎料 | 2.7 | 3 | 3.2 | 2.0 |
| 19:9矿物质补充料 | | | 0.07 | |
| 18:18矿物质补充料 | 0.023 | 0.023 | | |
| 微量元素盐 | 0.036 | 0.036 | 0.036 | 0.039 |
| 石粉 | | | 0.05 | 0.019 |
| 复合维生素 | 0.006 | 0.004 | 0.004 | 0.004 |
| 实际饲料采食量 | 15.5 | 14.4 | 14.7 | 32.9 |
| 干物质采食量 | 13.6 | 12.9 | 12.7 | 13.2 |

资料来源：参考《肉牛繁育实操手册》第四版，2022。

母牛产后的营养需要大幅增加，如果营养需要量没有满足，可能需要更长时间开始发情，发情表现不明显或不规律，受胎率低。一般产犊到配种期间，这是一年中母牛饲喂最为关键的时期，也是常被忽视的时期，应该用质量好的饲料原料配制最优的饲料配方，以期达到肉用母牛一年一犊的生产目标。

## 主要参考文献

莫放，李强，2011. 繁殖母牛饲养管理技术［M］. 北京：中国农业大学出版社.

加拿大阿尔伯塔农林业和农村经济发展部，2022. 孙忠军，赵善江，主译. 肉牛繁育实操手册［M］. 4版. 北京：中国农业出版社.

（陆拾捌、梁丽丽）

# 第三节　犊牛饲养方式与青粗饲料利用技术

## 一、肉用犊牛饲养管理

（一）哺乳犊牛饲养管理

**1. 新生犊牛**

犊牛初生后，让母牛舔舐干犊牛身上的黏液，随母哺乳，最好尽早吃上初乳。若犊牛出生后 2 ～ 3 h 还没有吃到足量的初乳，应该通过奶瓶提供犊牛体重 5% 的初乳。若不能在出生后 12 h 或更长时间内摄取到初乳，就会大大降低犊牛的非特异性免疫力。还有摄取的初乳不足，不仅发病率升高，还会影响育肥时期的发病率。

**2. 7 日龄到断奶前犊牛**

肉用母牛与犊牛在断奶之前一般是犊牛随母哺乳，不补充任何饲料。但为了母牛尽快发情和犊牛快速生长，需要应用犊牛早期粗饲料综合利用与配套技术进行犊牛饲喂管理。

（1）新生犊牛不建议直接补饲粗饲料，7 日龄时首先开始训练采食精饲料（犊牛开食料），粗饲料的起饲时间控制在 2 周龄为宜，自由采食。

（2）建议使用燕麦、羊草或苜蓿干草等优质粗饲料作为犊牛粗饲料补饲的来源，推荐切割长度为 3 ～ 4 cm。

（3）在舍饲肉用母牛 – 犊牛饲喂体系下，补饲燕麦干草等优质粗饲料可促进犊牛的生长发育，且对犊牛缓解腹泻发生，减少死亡淘汰有积极作用。

（4）14 日龄后，犊牛白天单独组群饲养，夜间合群。犊牛舍保持干燥，自由采食精饲料和优质青干草，保证清洁恒温饮水，日增重在 800 ～ 1 000 g/d。

（5）采取逐渐断奶，对于较弱的犊牛采用每日哺乳一次，争取 6 月龄断奶。未怀孕母牛采用减少与犊牛接触的次数与时间，可以促进母牛发情。

## （二）哺乳期犊牛粗饲料种类和饲喂方式

### 1. 哺乳期犊牛粗饲料的添加水平

添加 5% 的苜蓿或者 10% 的苜蓿以及是否添加丙酸钠对犊牛产生影响的研究表明，添加 10% 苜蓿草的犊牛最终体重更大。同时发现，添加 10% 苜蓿草可以增加瘤胃乳头的长度，进而可以增加瘤胃的吸收面积，并且可以增加瘤胃肌肉层和瘤胃壁的厚度。对照组的犊牛瘤胃乳头出现多处粘连聚集并覆有较厚的饲料残渣、毛发和细胞碎片，而添加 10% 苜蓿草的犊牛其瘤胃组织发育良好。提供粗饲料对瘤胃的发育有很大的影响。哺乳期提供粗饲料可以增大瘤胃的容积，加快瘤胃蠕动和瘤胃流通速率，并且对瘤胃 pH 值有积极影响，对瘤胃缓冲能力和反刍能力以及瘤胃健康都有较为积极的作用。

### 2. 哺乳期犊牛粗饲料的长度

犊牛生长发育与粗饲料的长短有关。试验研究了苜蓿长短和苜蓿添加水平对犊牛的影响。研究人员将苜蓿干草分为高添加水平（25%）和低添加水平（12.5%），将苜蓿干草铡切为短干草（宾州筛各层比例为 0.0 : 6.5 : 50.5 : 42.9）和长干草（宾州筛各层比例为 1.0 : 26.0 : 35.1 : 37.8）。哺乳犊牛分为 4 组，分别饲以低添加水平的长苜蓿干草，低添加水平的短苜蓿干草，高添加水平的长苜蓿干草以及高添加水平的短苜蓿干草。结果表明，饲喂 25% 的长苜蓿干草的犊牛全期干物质采食量更高，这就证明，即使是高添加水平的苜蓿干草，也可以使犊牛获得更高的干物质采食量。同时可以发现，饲喂 25% 的长苜蓿干草的犊牛在 70 d 试验结束时体重更高，在断奶后期日增重更佳，从全期来看日增重也比其他组要高。另外，苜蓿添加水平和长短对瘤胃 pH 值以及挥发性脂肪酸的产生也有影响。结果表明，饲喂 25% 的长苜蓿干草的犊牛瘤胃 pH 值显著高于其他组犊牛，反映了犊牛可能进行了更多的咀嚼。苜蓿干草的物理形态，尤其是长短，相比其化学成分，在犊牛生长发育、采食行为和血液代谢中发挥更加重要的作用。尤其在断奶后期，将短的苜蓿干草替换成长的苜蓿干草时，能够促进犊牛瘤胃的生长发育以及提高犊牛生长性能，并且可以减少犊牛的非营养性异常行为。比如，有些牛在不停地转舌头，意味着需要更多的纤维。

### 3. 哺乳期犊牛粗饲料添加时间

从犊牛 2 周龄、4 周龄和 6 周龄时给犊牛添加 15% 苜蓿干草，结果发现，从 2 周龄开始添加苜蓿时，犊牛哺乳期的干物质采食量以及日增重显著高于其他两组，并且饲料转化效率也比其他两组高。在断奶前提供粗饲料有利于犊牛行为发展，可以提高犊牛福利水平。从2周龄或者4周龄提供苜蓿的犊牛相比于其他组犊牛反刍时间更长，这意味着它们可能花更多的时间采食饲料，花更多的时间咀嚼。在2周龄时给犊牛提供15%切碎的苜蓿干草，相比于较晚时间（4周或6周）提供苜蓿干草，可以使犊牛获得更大的体重、更高的采食量和更高的日增重，同时有利于犊牛反刍，减少犊牛的非营养性行为。因此，我们可以尝试在哺乳犊牛早期给犊牛提供粗饲料。

另外一项研究，探讨了更早开始给犊牛提供粗饲料对犊牛的影响，并且研究了不同粗饲料类型对犊牛的影响。研究人员将犊牛分为4组，分别从3日龄开始补饲苜蓿干草、15日龄开始补饲苜蓿干草、3日龄开始补饲燕麦干草、15日龄开始补饲燕麦干草。研究发现，相比于其他组，从15日龄饲喂燕麦草的犊牛体重更大、采食量更高。尤为重要的是，从15日龄饲喂苜蓿草或者燕麦草的犊牛腹泻率更低。原因在于，从15日龄饲喂燕麦草或是苜蓿草的犊牛，肠道中梭菌的丰度更低而柔嫩梭菌的丰度更高。柔嫩梭菌的丰度增加可以增加抗炎性细胞因子IL-10的数量，降低前炎性细胞因子IFN-$\gamma$和IL-12的数量，从而增加犊牛体重，减少腹泻。因此，给哺乳期犊牛提供燕麦草或是苜蓿草，不仅能够增加犊牛的体重，也可以降低犊牛的腹泻率。

### 4. 哺乳期犊牛粗饲料种类和饲喂方式

研究发现，饲喂粗饲料可以有效增加哺乳期犊牛干物质采食量、日增重和体重。断奶前提供粗饲料对于断奶后犊牛的饲喂效果取决于很多因素，如粗饲料的添加水平、粗饲料的种类和添加方式以及开食料的物理形态。一般粗饲料的添加水平应该高于10%。对于粗饲料种类的研究发现，饲喂苜蓿干草的犊牛在哺乳期的开食料采食量高于饲喂其他类型干草组的犊牛，同时，与燕麦草、小麦秸秆的饲喂效果相比，饲喂苜蓿干草的犊牛日增重表现更佳。从开食料的物理形态上看，在细粉碎的开食料中添加粗饲料的效果，要优于在结构性开食料中添加粗饲料的效果。从粗饲料的饲喂方式上看，相比于让犊牛自由采食干草，以TMR的形式饲喂，会有更加积极的效果。

为了进一步证实上述文献研究结果，研究人员首先对开食料的物理形态与粗饲料来源的互作对犊牛的影响进行了深入研究。试验将犊牛分为4组，分别提供粗磨碎的开食料＋苜蓿干草、粗磨碎的开食料＋小麦秸、结构性开食料＋苜蓿干草、结构性开食料＋小麦秸。研究发现，无论粗饲料的种类如何，那些采食结构性开食料的犊牛采食量和日增重都要高于采食粗粉碎开食料的犊牛。同时，饲喂了结构性开食料的犊牛，与其他组犊牛相比，瘤胃pH值更高。但该试验并未发现开食料的物理形态与粗饲料种类之间的相互关系，并且发现无论开食料的物理形态如何，与补饲苜蓿干草相比，补饲小麦秸秆可以提高犊牛断奶后期的平均日增重和饲喂效率，这与大多数研究结果并不相符。因此，研究人员进一步研究了粗饲料的种类对犊牛的影响，并且研究了粗饲料的长度与种类之间的互作对犊牛的影响。该试验将犊牛分为 4 组，分别添加长的苜蓿干草（长度约为 4 cm）、短苜蓿干草（长度约为 2 cm）、长小麦秸（长度约为 4 cm）、短小麦秸（长度约为 2 cm），所有犊牛自由采食干草。不同粗饲料种类和长度对犊牛的开食料采食量并无显著影响。从粗饲料的采食水平上看，饲喂苜蓿的犊牛粗饲料采食量更高。同时发现，饲喂长苜蓿干草的犊牛断奶时的体重更大，这与上一试验结果不同。原因在于，上个试验中我们将苜蓿草作为哺乳犊牛全混合日粮的一部分，添加水平为 5%，而此项研究中，苜蓿干草和小麦秸是自由采食的，犊牛对苜蓿干草的采食量更高（采食量可以达到日粮的 10%），因此采食苜蓿干草的犊牛体重要比采食长小麦秸的犊牛的体重要高。

## 二、犊牛精准饲养和青粗饲料利用技术案例

肉用母牛 – 犊牛生产是肉牛养殖的核心和基础，其生产水平直接决定犊牛和育肥牛的生产效益。在农作物种植区，肉用犊牛常采取舍饲，随母哺乳的传统养殖方式，且养殖模式较为粗放，肉用母牛饲粮主要以农作物秸秆、低质牧草等粗饲料为主。哺乳期犊牛常与母牛混养至 6 月龄，哺乳周期较长且不单独补饲，不仅延长了母牛的繁殖周期，还限制了犊牛营养物质的摄入，导致其生长发育缓慢、断奶体重低。犊牛免疫系统与部分组织器官发育不健全，易受到病原微生物的侵袭而引起肠胃功能紊乱腹泻，严重时导致犊牛死亡，最终影响养殖效益。因此，提高肉用犊牛的成活率，提高早期培育质量，是其成年发挥高产的重要保证。研究表明，在犊牛哺乳期适时提早饲喂开食料的同时补饲优质干草，可以降低犊牛饲粮类型转变所产生的应激，并有效改善犊牛的生长性能、饲料转化率、胃肠道发育状况，利于实现早期断奶。Guan 等研究发现，在断奶后不改变固体饲料的前提下，哺乳期提前补饲青干草可以提高牦牛犊牛断奶前后的日增重及料重比。Fisher 等研究饲喂单一母乳会延缓肠道微生物定植过程，减缓犊牛生长发育速度。Niekerk 等指出，从液体牛乳过渡到固体饲料的采食方式对早期犊牛的发育至关重要。付瑶等探究发现，补饲苜蓿干草对蒙贝利亚 × 荷斯坦杂交牛的后代犊牛生产性能等均得到了明显改善。郭文杰等研究

表明采用代乳粉饲喂并进行精饲料和苜蓿干草补饲的饲喂方式更利于犊牛早期断奶，提高生长性能，促进胃肠道组织发育。目前营养调控研究主要集中在集约化管理的奶犊牛或羔羊，关于舍饲随母哺乳的肉用犊牛早期补饲对生长性能、胃肠道发育情况的相关研究较少。

本研究在舍饲肉用母牛－犊牛生产系统中，适时适量补饲颗粒开食料与优质饲草，探索早期补饲对哺乳期犊牛生长性能的影响，并进一步解析犊牛肠道健康、微生物区系及功能，为舍饲肉用母牛－犊牛实际生产中犊牛适时早期断奶和提高其生长发育提供一定参考。

**1. 材料与方法**

（1）试验动物与试验设计

选用健康同一批次肉用母牛（中国西门塔尔牛，草原类群）同期发情初产的犊牛（肉用中国西门塔尔牛）30 头，其中，公犊牛 14 头，平均初生重为（42.37±0.06）kg，母犊牛 16 头，平均初生重为（42.27±0.07）kg。分为 2 组：对照组与早期补饲组，每组 15 头（公犊牛 7 头、母犊牛 8 头），肉用母牛－犊牛（母子一体）单栏饲喂，试验期共 42 d。对照组（CK）采取随母哺乳的传统饲喂方式，在断奶前不添加任何饲料；早期补饲组（YY）采取随母哺乳的饲喂方式，同时在出生后第 7 d 补充犊牛颗粒开食料，并在第 14 d 补饲燕麦干草，随着日龄增加，颗粒开食料与燕麦干草的添加量逐渐增加，两组均自由饮水。参照肉牛饲养标准（2004）30 头肉用母牛饲喂相同的全混合日粮（TMR，精粗比 25∶75），占干物质基础粗蛋白质（CP）9.8%、粗灰分（Ash）6.1%、中性洗涤纤维（NDF）71.5%、酸性洗涤纤维（ADF）43.2%、粗脂肪（EE）2.8%、钙（Ca）0.8%、磷（P）0.5%。

（2）试验饲粮与饲养管理

本试验所用的颗粒开食料由玉米及其副产品、豆粕、棉粕、石粉、犊牛预混料等制成，由饲料公司提供，燕麦草全部来自试验牧场，铡切至 2 cm 晒干后饲喂。颗粒开食料及燕麦干草的营养水平见表 3-10。早期补饲组在第 7 d 时补充犊牛颗粒开食料，第 14 d 时补充燕麦干草，并逐步诱导犊牛自主采食，第 7 d、14 d 起，颗粒开食料与燕麦干草分别按照犊牛体重的 0.2% 添加，随日龄增加逐步增加，21 d 与 42 d 时添加量分别为犊牛体重的 0.4%、1.2%。

表 3–10　颗粒开食料与燕麦干草营养水平（干物质基础）（%DM）

| 项目 | 颗粒开食料 | 燕麦干草 |
| --- | --- | --- |
| 粗蛋白质（CP） | 19.53 | 16.53 |
| 粗灰分（Ash） | 6.96 | 6.43 |
| 中性洗涤纤维（NDF） | 20.53 | 58.52 |
| 酸性洗涤纤维（ADF） | 6.26 | 36.68 |
| 粗脂肪（EE） | 3.84 | 1.62 |
| 钙（Ca） | 0.85 | 0.45 |
| 磷（P） | 0.58 | 0.17 |

**2. 结果**

（1）早期补饲对犊牛采食量的影响

早期补饲组在 7 d 开始补饲颗粒开食料，并在 14 d 开始补饲优质燕麦干草。第 7 d 起诱导补饲 90 g 颗粒开食料，随日龄增加逐步增加颗粒开食料的投喂量，21 d 起颗粒料投喂量增加至 210 g，到 42 d 增加至 780 g。第 14 d 起诱导补饲 90 g 优质燕麦干草，21 d 投喂量增加至 210 g，到 42 d 增加至 780 g，补饲期间犊牛自由饮水。

（2）早期补饲对犊牛生长性能的影响

由表 3–11 可知，42 d 时早期补饲组犊牛体重极显著高于对照组（$P < 0.01$），其他时间段对照组与早期补饲组犊牛体重无显著性差异（$P > 0.05$）；0 ~ 21 d、22 ~ 42 d 与 0 ~ 42 d 早期补饲组犊牛平均日增重极显著高于对照组（$P < 0.01$）；试验期间公犊牛与母犊牛的体重、平均日增重无显著性差异（$P > 0.05$）。且组别与性别的交互作用对犊牛体重及平均日增重均无显著性差异（$P > 0.05$）。

表 3–11　早期补饲对犊牛生长性能的影响

| 项目 | 阶段 | 性别 | 组别 | | SEM | P 值 | | |
| --- | --- | --- | --- | --- | --- | --- | --- | --- |
| | | | 对照组 | 早期补饲组 | | G | S | G×S |
| 体重 | 出生 | 公 | 42.56 | 42.30 | 0.31 | 0.738 | 0.730 | 0.642 |
| | | 母 | 42.30 | 42.34 | | | | |
| | 21 d | 公 | 53.30 | 53.89 | 0.54 | 0.066 | 0.845 | 0.813 |
| | | 母 | 53.16 | 53.90 | | | | |
| | 42 d | 公 | 65.32$^A$ | 67.32$^B$ | 0.82 | 0.01 | 0.792 | 0.895 |
| | | 母 | 65.19$^A$ | 67.28$^B$ | | | | |

| 项目 | 阶段 | 性别 | 组别 | | SEM | P 值 | | |
| --- | --- | --- | --- | --- | --- | --- | --- | --- |
| | | | 对照组 | 早期补饲组 | | G | S | G×S |
| 日增重 | 0 ~ 21 d | 公 | 511.27$^A$ | 552.06$^B$ | 12.15 | 0.01 | 0.160 | 0.782 |
| | | 母 | 507.62$^A$ | 550.63$^B$ | | | | |
| | 22 ~ 42 d | 公 | 572.38$^A$ | 639.68$^B$ | 13.68 | 0.01 | 0.081 | 0.320 |
| | | 母 | 568.10$^A$ | 638.98$^B$ | | | | |
| | 0 ~ 42 d | 公 | 541.82$^A$ | 595.87$^B$ | 14.20 | 0.01 | 0.102 | 0.368 |
| | | 母 | 538.33$^A$ | 593.81$^B$ | | | | |

注：G，组别；S，性别；G×S，组别 × 性别。同行数据肩标相同或无字母表示差异不显著（$P > 0.05$），不同小写字母表示差异显著（$P < 0.05$），不同大写字母表示差异极显著（$P < 0.01$）。

（3）早期补饲对犊牛体尺指数的影响

由表 3–12 可知，42 d 时早期补饲组犊牛的胸围指数显著高于对照组（$P < 0.05$），其他时间段犊牛胸围指数对照组与早期补饲组间没有显著差异（$P > 0.05$）；体长指数、体躯指数、管围指数两组间均无显著性差异（$P > 0.05$）；整个试验期间公犊牛与母犊牛的体长指数、体躯指数、胸围指数与管围指数均无显著性差异（$P > 0.05$）；但在 42 d 时，早期补饲组犊牛的体长指数、体躯指数均有升高趋势，而管围指数有下降的趋势。组别与性别的交互作用对犊牛的体长指数、体躯指数、胸围指数与管围指数均无显著性差异（$P > 0.05$）。

表 3–12　早期补饲对犊牛体尺指数的影响

| 项目 | 阶段 | 性别 | 组别 | | SEM | P 值 | | |
| --- | --- | --- | --- | --- | --- | --- | --- | --- |
| | | | 对照组 | 早期补饲组 | | G | S | G×S |
| 体长指数 | 出生 | 公 | 92.69 | 92.82 | 0.22 | 0.215 | 0.366 | 0.778 |
| | | 母 | 92.77 | 92.67 | | | | |
| | 21 d | 公 | 93.48 | 93.58 | 0.09 | 0.643 | 0.656 | 0.949 |
| | | 母 | 93.41 | 93.49 | | | | |
| | 42 d | 公 | 93.77 | 93.91 | 0.15 | 0.083 | 0.321 | 0.488 |
| | | 母 | 93.76 | 93.82 | | | | |

| 项目 | 阶段 | 性别 | 组别 | | SEM | P值 | | |
| --- | --- | --- | --- | --- | --- | --- | --- | --- |
| | | | 对照组 | 早期补饲组 | | G | S | G×S |
| 体躯指数 | 出生 | 公 | 123.83 | 123.99 | 0.20 | 0.700 | 0.674 | 0.840 |
| | | 母 | 123.77 | 123.82 | | | | |
| | 21 d | 公 | 125.33 | 125.44 | 0.18 | 0.319 | 0.732 | 0.961 |
| | | 母 | 125.31 | 125.41 | | | | |
| | 42 d | 公 | 126.97 | 127.03 | 0.16 | 0.097 | 0.178 | 0.790 |
| | | 母 | 126.87 | 126.99 | | | | |
| 胸围指数 | 出生 | 公 | 115.49 | 115.51 | 0.08 | 0.704 | 0.790 | 0.303 |
| | | 母 | 115.38 | 115.37 | | | | |
| | 21 d | 公 | 117.25 | 117.40 | 0.15 | 0.347 | 0.438 | 0.947 |
| | | 母 | 117.14 | 117.27 | | | | |
| | 42 d | 公 | 118.50[a] | 118.83[b] | 0.33 | 0.048 | 0.441 | 0.842 |
| | | 母 | 118.34[a] | 118.72[b] | | | | |
| 管围指数 | 出生 | 公 | 16.56 | 16.60 | 0.05 | 0.562 | 0.169 | 0.961 |
| | | 母 | 16.51 | 16.53 | | | | |
| | 21 d | 公 | 16.44 | 16.49 | 0.08 | 0.296 | 0.064 | 0.868 |
| | | 母 | 16.36 | 16.40 | | | | |
| | 42 d | 公 | 16.23 | 16.29 | 0.07 | 0.051 | 0.128 | 0.569 |
| | | 母 | 16.19 | 16.21 | | | | |

注：G，组别；S，性别；G×S，组别×性别。

（4）早期补饲对犊牛粪便评分与腹泻率的影响

由表3-13可知，对照组与早期补饲组犊牛的粪便评分无显著性差异（$P >$ 0.05），且公犊牛与母犊牛的粪便评分均无显著性差异（$P > 0.05$）；0～21 d、22～42 d、0～42 d时早期补饲组犊牛腹泻率显著低于对照组（$P < 0.05$），但公犊牛与母犊牛的腹泻率无显著性差异（$P > 0.05$）。且组别与性别的交互作用对犊牛的粪便评分与腹泻率均无显著性差异（$P > 0.05$）。

表 3-13 早期补饲对犊牛粪便评分与腹泻率的影响

| 项目 | 阶段 | 性别 | 对照组 | 早期补饲组 | SEM | G | S | G×S |
|---|---|---|---|---|---|---|---|---|
| | | | 组别 | | | P 值 | | |
| 粪便评分 | 出生 | 公 | 1.4 | 1.8 | 0.32 | 0.781 | 0.781 | 0.409 |
| | | 母 | 1.8 | 1.6 | | | | |
| | 21 d | 公 | 2.6 | 2.0 | 0.31 | 0.078 | 0.600 | 0.987 |
| | | 母 | 2.1 | 2.4 | | | | |
| | 42 d | 公 | 2.2 | 2.0 | 0.41 | 0.275 | 0.579 | 0.586 |
| | | 母 | 2.6 | 2.0 | | | | |
| 腹泻率 | 0 ~ 21 d | 公 | 26.83$^a$ | 24.32$^b$ | 2.24 | 0.045 | 0.660 | 0.382 |
| | | 母 | 25.48$^a$ | 23.62$^b$ | | | | |
| | 22 ~ 42 d | 公 | 24.62$^a$ | 21.63$^b$ | 2.56 | 0.038 | 0.221 | 0.780 |
| | | 母 | 25.87$^a$ | 20.81$^b$ | | | | |
| | 0 ~ 42 d | 公 | 24.37$^a$ | 22.25$^b$ | 3.18 | 0.039 | 0.702 | 0.328 |
| | | 母 | 23.98$^a$ | 22.69$^b$ | | | | |

注：G，组别；S，性别；G×S，组别×性别。

（5）早期补饲对犊牛肠道微生物的影响

本研究共获得 11 203 条 reads，平均每头牛获得（881.1±291.8）条 reads，所有样品的物种覆盖率均大于 99.5%。基于 OTU 水平的样本稀释曲线可用来显示随着测序序列增多 OTU 变化趋势。本研究各样本稀释曲线随着测序序列的增多逐渐趋向平坦，说明更多的测序序列产生相对较少的 OTU，表明测序深度合理。42 日龄时，两组犊牛粪便菌群 α- 多样性指数如表 3-14 所示，与对照组（CK）相比，早期补饲组（YY）犊牛粪便菌群的 Chao1 指数显著降低（$P < 0.05$）。

表 3-14 粪便菌群 α- 多样性指数

| 项目 | 对照组 | 早期补饲组 | SEM | P 值 |
|---|---|---|---|---|
| | 组别 | | | |
| 操作单元 OTUs | 2 170.83 | 1 853.35 | 19.54 | 0.087 |
| 覆盖指数（%） | 99.92 | 99.89 | 0.02 | 0.872 |
| Chao1 指数 | 1 475.63$^a$ | 1 295.83$^b$ | 18.63 | 0.038 |
| ACE 指数 | 1 022.09 | 992.60 | 6.81 | 0.066 |
| Shannon 指数 | 5.98 | 6.18 | 0.62 | 0.192 |
| Simpson 指数 | 0.89 | 0.93 | 0.04 | 0.145 |

由图 3-3 可知，从门水平来看，在犊牛 42 日龄时，对照组和早期补饲组犊牛肠道细菌区系优势菌门由厚壁菌门（Firmicutes）、拟杆菌门（Bacteroidetes）、变形菌门（Proteobacteria）、疣微菌门（Verrucomicrobia）和放线菌门（Actinobacteria）组成。早期补饲组的拟杆菌门显著高于对照组（$P < 0.05$）。

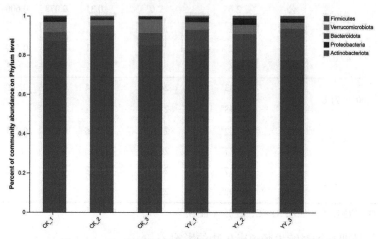

图 3-3　42 日龄两组间肠道微生物门水平上的特征

由图 3-4 可知，从属水平来看，并按丰度排名前 15 的菌属进行分析。在犊牛 42 日龄时，对照组和早期补饲组犊牛肠道细菌区系优势菌属有经黏液真杆菌属（*Blautia*）、乳酸杆菌属（*Lactobacillus*）、普氏栖粪杆菌属（*Faecalibacterium*）、未排位梭菌属（norank_f_norank_o_*Clostridia*_UCG-014）、瘤胃球菌属（UCG-005）、（*Ruminococcaceae*_torques_group）、（*Ruminococcaceae_gauvreauii*_group）、艾克曼菌属（*Akkermansia*）、克氏菌属 R-7（*Christensenellaceae*_R-7_group）、理研菌属 RC9（*Rikenellaceae*_RC9_gut_group）、丁酸弧菌属（*Butyrivibrio*）、普雷沃氏菌属（*Prevotellaceae*）等。其中早期补饲组普氏栖粪杆菌属与艾克曼菌属显著高于对照组（$P < 0.05$），并出现少量丁酸弧菌属和普雷沃氏菌属。

由图 3-5 可知，从种水平来看，并按丰度排名前 15 的菌属进行分析。在犊牛 42 日龄时，对照组和早期补饲组犊牛肠道细菌区系优势菌种有未定义的普氏栖粪杆菌（unclassified_g_*Faecalibacterium*）、未定义的拟杆菌（unclassified_bacterium_g_*Blautia*）、艾克曼菌（*Akkermansia_muciniphlla*）、未定义的瘤胃球菌（unclassified_g_UCG-005）、约氏乳杆菌（*Lactobacillus johnsonii*）、梭菌（*Clostridium*_sp_cTPY-17）和一系列未定义的拟杆菌。其中早期补饲组未定义的普氏栖粪杆菌与未定义的拟杆菌均显著高于对照组（$P < 0.05$）。

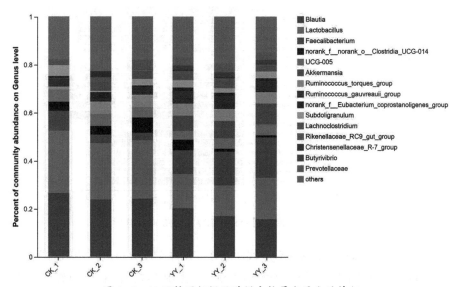

图 3-4　42 日龄两组间肠道微生物属水平上的特征

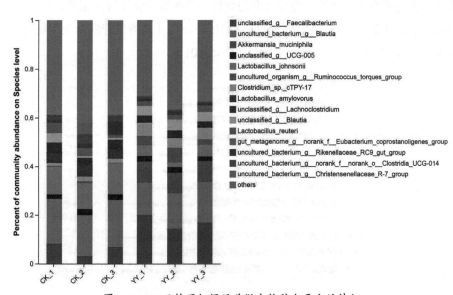

图 3-5　42 日龄两组间肠道微生物种水平上的特征

　　线性判别分析（LDA）值分布柱状图（图 3-6）中体现了对照组与早期补饲组间具有差异显著物种。对照组与早期补饲组中影响微生物组成的差异物种分别为厚壁菌门、疣微菌门及艾克曼菌属。

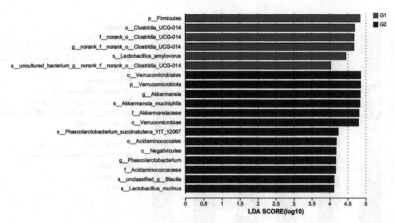

图 3-6　线性判别分析（LDA）值分布柱状图

基于 KEGG 数据库、MetaCyc 代谢通路数据库丰度分析进行两组间 T 检验，对两组间犊牛肠道菌群进行初步的功能预测。由图 3-7、表 3-15 可知，对照组与早期补饲组粪便样本内细菌群落中，丰度占总丰度 2% 以上的蛋白质及代谢通路中大多与细胞组成结构、能量代谢与调控、氨基酸合成等途径相关。早期补饲组犊牛肠道菌群功能中，嘧啶核苷残基超途径、鸟苷核糖核苷酸从头生物合成、UMP 生物合成途径极显著高于对照组（$P < 0.01$）。

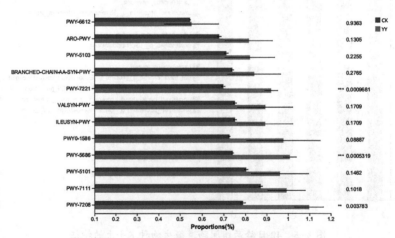

图 3-7　犊牛肠道菌群部分代谢通路丰度

表 3–15　犊牛肠道菌群部分代谢通路丰度

| 代谢通路 | 描述 |
|---|---|
| PWY–6 612 | 四氢叶酸生物合成超途径 |
| ARO–PWY | 分支酸生物合成 Ⅰ |
| BRANCEED–CHAIN–AA–SYN–PWY | 支链氨基酸生物合成超途径 |
| VALSYN–PWY | L– 缬氨酸生物合成 |
| ILEUSYN–PWY | L– 异亮氨酸生物合成 Ⅰ |
| PWY0–1586 | 肽聚糖成熟 |
| PWY–5101 | L– 异亮氨酸生物合成 Ⅱ |
| PWY–7111 | 丙酮酸发酵生成异丁酸 |
| PWY–7208 | 嘧啶核苷残基超途径 |
| PWY–5686 | UMP 生物合成 |
| PWY–7221 | 鸟苷核糖核苷酸从头生物合成 |

### 3. 讨论

（1）早期补饲对犊牛采食量与生长性能的影响

幼龄期是动物机体生长发育的重要阶段，直接影响成年牛生长性能的表现。哺乳期犊牛胃肠道发育并不完善，对粗纤维饲料利用能力较差，适时适当补饲颗粒开食料使犊牛提前适应固体饲料，减少犊牛由液体饲料向固体饲料转化的过渡阶段产生应激，提高犊牛采食量从而促进其生长发育，充分发挥其快速生长的潜力，进而利于实现早期断奶。本研究在第 7 d 补饲颗粒开食料，在第 14 d 补饲燕麦干草，显著提高了犊牛的平均日增重，后期提高了固体饲料的采食量。已有研究表明，补饲颗粒料是犊牛饲料类型转化过程中的重要手段，较早采食固体饲料有利于瘤胃发育，并显著提高犊牛的采食量和生长性能。Toledo 等研究发现，固体粗饲料的提前摄入可以刺激瘤胃上皮组织的发育、增加瘤胃容积和维持表皮的完整性，利于提高牦牛犊牛的生长性能。Sun 等研究发现对早期断奶羔羊饲喂精饲料，改善了羔羊的盲肠肠道微生物区系，降低了炎症因子的表达，降低了早期断奶所产生的应激，提高后续羔羊生长发育水平。Wu 等研究表明，饲粮由全乳、苜蓿干草和精饲料组合搭配饲喂牦牛犊牛，可以促进肠道对营养物质的吸收，产生短链脂肪酸，改善肠道免疫功能，利于增重，与本研究结果一致。早期补饲颗粒开食料与优质青干草可以有效缓解断奶应激，促进瘤胃发育，提高瘤胃发育水平，这与 Zhang 等对荷斯坦犊牛补饲颗粒料的研究结果一致。

（2）早期补饲对犊牛体尺与体尺指数的影响

体尺指数是监测犊牛生长发育情况的重要指数，主要包括：体长指数、体躯指数、胸围指数和管围指数。其中，体高、体斜长、管围等可以表明犊牛的骨骼发育情况，胸围可以体现犊牛的体重增长与脂肪堆积的情况。本试验中，随着日龄的增加，犊牛体长指数、体躯指数与胸围指数均呈现出上升趋势，而管围指数呈现出下降趋势，这种趋势表明犊牛生长发育状况良好，并且随日龄增加骨骼发育更加完善。在42 d时，早期补饲组犊牛的体长指数较对照组有所提高，随着日龄的增加，早期补饲组犊牛的生长发育情况会更显著地提升，表明早期补饲组所添加的颗粒开食料与燕麦干草可以更好地提高犊牛体况。王鸿泽研究发现，舍饲条件下牦牛各项体尺指标随日粮能量水平的补充而升高，与本研究研究结果一致。王丹等研究表明，在犊牛早期补饲颗粒开食料可有助于犊牛体况的发育，利于脂肪的堆积，有助于犊牛增重。而 Noya 等研究发现，哺乳期母牛饲喂低营养水平的日粮导致母牛营养物质摄入不足，导致新生犊牛免疫系统发育异常与各项体尺指标的降低。He 等研究发现，在代乳粉中添加酵母菌并没有提高犊牛体尺，对犊牛的体况与健康没有显著性影响。

（3）早期补饲对犊牛粪便评分与腹泻率的影响

我国1月龄犊牛腹泻发病率在9.6% ～ 60.0%。致病菌、寄生虫、环境因素等均会导致新生犊牛腹泻，提高腹泻评分，严重时会导致死亡。早期补饲组在第7 d添加颗粒开食料，在第14 d添加燕麦干草，犊牛的饲粮成分发生改变，犊牛由液体饲料向固体饲粮转化过渡阶段的初期产生饲料应激，犊牛逐步适应固体饲料后会显著降低腹泻率。蔡小芳等研究表明随着日龄增加，提早补饲精饲料可提高固体饲料采食量，益于肠道菌群的繁殖。肠道菌群可以发酵碳水化合物形成短链脂肪酸、氨基酸等物质，为肉用母牛 – 犊牛提供营养，促进肠道发育维持肠道稳态，降低腹泻频率。Piao 等研究表明，添加固体饲料提高肠道内饲粮直 / 支链淀粉比值，有效减少肠道内大肠杆菌的数量，降低腹泻率。杨斌等通过在湖羊羔羊饲粮中以不同形式添加颗粒开食料与优质苜蓿草与本试验有相同的结果。本试验中，对照组犊牛粪便评分均呈现出升高趋势，可能因为犊牛肠胃发育不良，且营养不足导致腹泻，早期补饲组随着日龄增长营养得到补充，显著降低了腹泻率。

（4）早期补饲对犊牛肠道微生物区系及功能预测的影响

犊牛在7月龄时肠道内会形成一个由厚壁菌门（65% ～ 80%）、拟杆菌门（8% ～ 25%）、变形菌门（4% ～ 10%）、梭杆菌门（1% ～ 6%）和放线菌门（1% ～ 2%）

构成的稳定群落。本试验 42 d 时，对照组 Chaol 指数显著高于早期补饲组，两组间犊牛厚壁菌门与拟杆菌门为优势菌门，早期补饲组拟杆菌门的丰度高于对照组，因为早期补饲组犊牛提前接触固体饲料，导致瘤胃发育程度有所提高，并且瘤胃球菌属 UCG–005、粪杆菌属的丰度显著提升，42 d 时还出现少量丁酸弧菌属与普雷沃氏菌属，表明早期补饲组提前补饲颗粒开食料与燕麦干草有助于犊牛瘤胃功能的发育，并加快瘤胃微生物群落的定植。周力等对藏羊补饲精饲料，发现对照组 ACE 指数和 Chaol 指数显著高于试验组，与本研究结果相似。原因可能是补饲精饲料后非结构性碳水化合物会增加，在肠道细菌的作用下会产生较多的短链脂肪酸，会抑制酸敏感菌的活性。艾克曼菌属属于疣微菌门，代谢产物丙酸通过 G 蛋白偶联参与机体免疫调节。王晨等研究发现补饲可以增加犊牛肠道中微生物多样性，增加瘤胃菌属和艾克曼菌属等有益菌的相对丰度，减少大肠杆菌等致病菌的相对丰度。Rey 等监测了奶牛犊从出生到断奶期间瘤胃细菌群落的建立，表明犊牛出生后肠道内细菌群落的建立快速且连续，最终拟杆菌门取代变形菌门成为优势菌门，这与本研究 42 d 时微生物的变化趋势一致。Dias 等研究指出，随着固体饲料的添加，增加了瘤胃中降解碳水化合物细菌群落的多样性，促进瘤胃发育并改善瘤胃发酵模式，促进降解碳水化合物菌 *Methanosphaera* sp. A4 的定植。随固体饲料摄入量的增加，逐步取代母乳，降解纤维素的肠道细菌如普雷沃氏菌与瘤胃球菌所占比例逐步增加，成为优势菌属，说明此阶段饲粮对瘤胃菌群结构影响较为显著，与本研究细菌菌属变化趋势大体一致。在幼龄反刍动物断奶前饲喂颗粒开食料与饲草会改善一些厌氧细菌的浓度，进而加速瘤胃微生物的定植。通过对两组间犊牛肠道菌群进行初步的功能预测，发现 42 日龄时，早期补饲组犊牛肠道菌群功能中，嘧啶核苷残基超途径、鸟苷核糖核苷酸从头生物合成、UMP 生物合成途径极显著高于对照组。叶倩文等研究发现，随日龄增加羔羊肠道氨基酸代谢、能量代谢功能升高，而羔羊从一月龄至断奶肠道菌群碳水化合物功能呈下降趋势，碳水化合物主要被瘤胃微生物所发酵，表明瘤胃正逐步发育完全。

**4. 结论**

（1）早期补饲可以显著提高肉用犊牛 42 日龄时体重、42 日龄内的平均日增重；并提高犊牛骨骼的发育，降低腹泻率，促进犊牛生长发育。

（2）42 日龄时，早期补饲可以显著提高肠道内拟杆菌门、普氏栖粪杆菌属、艾克曼菌属的丰度，并出现少量丁酸弧菌属与普雷沃氏菌属，功能预测表明早期补饲促进氨基酸、能量代谢途径，表明早期补饲可以提高胃肠道发育速度，促进肠道健康。

# 主要参考文献

不丹, 范守民, 耿娟, 等, 2021. 新疆褐牛体尺典型相关分析与体重估计公式制定 [J]. 中国畜牧杂志, 57 (8): 82-86.

蔡小芳, 张成新, 李勇, 等, 2021. 口感化及颗粒化开食料对早期断奶羔羊生长和胃肠道发育的影响 [J]. 草地学报, 38 (8): 1596-1604.

郭文杰, 刘书杰, 冯宇哲, 等, 2022. 哺乳期补饲开食料对牦牛犊牛生长性能、腹泻频率和发病频率的影响 [J]. 动物营养学报, 34 (1): 422-431.

霍子韩, 李岩, 徐宏建, 等, 2023. 开食料中添加不同诱食剂对荷斯坦犊牛采食偏好、生长性能和血液指标的影响 [J]. 动物营养学报, 35 (9): 2-11.

金宇航, 麻柱, 单强, 等, 2021. 不同锌源对新生荷斯坦犊牛生长性能、血清免疫和抗氧化指标以及血浆微量元素含量的影响 [J]. 动物营养学报, 33 (6): 3334-3342.

李婷婷, 马静, 刘帅, 等, 2020. 不同周龄补饲燕麦干草对犊牛生长发育和行为的影响 [J]. 动物营养学报, 32 (7): 3246-3254.

李文娟, 聂德超, 陶慧, 等, 2021. 代乳粉蛋白含量对肉用犊牛生长性能的影响 [J]. 中国畜牧杂志, 57 (6): 187-193.

朴泯宇, 2021. 肉牛犊牛早期断奶和育肥期日粮淀粉结构研究与应用 [D]. 北京: 中国农业科学院, 12-23.

王晨, 2020. 犊牛补饲对肠道微生物多样性及生长性能、血液指标的影响 [D]. 呼和浩特: 内蒙古农业大学.

王彦, 阿不夏合满·穆巴拉克, 陈翔宇, 等, 2023. 幼龄反刍动物瘤胃微生物定植与肠道酶系建立研究进展 [J]. 中国畜牧杂志, 1 (10): 1-13.

张立新, 2021. 不同饲喂方案对哺乳期犊牛生长发育的影响 [D]. 呼和浩特: 内蒙古农业大学, 1-8.

中华人民共和国农业部, 2004. 肉牛饲养标准: NY/T 815-2004 [S]. 北京: 中国农业出版社.

BAN Y J, GUAN L L, 2021. Implication and challenges of direct-fed microbial supplementation to improve ruminant production and health [J]. Journal of Animal Science and Biotechnology, 12: 109.

BI Y L, ZENG S Q, ZHANG R, et al. , 2018. Effects of dietary energy levels on rumen bacterial community composition in Holstein heifers under the same forage to concentrate condition［J］. Microbiology，18：69.

CUI Z H, WU S R , LI J L, et al. , 2020. Effect of alfalfa hay and starter feeding intervention on gastrointestinal microbial community, growth and immune performance of yak calves［J］. Frontiers in Microbiology，11：994.

（牛化欣）

# 第四章　肉牛育肥青粗饲料高效利用技术

## 第一节　肉牛育肥阶段划分与饲养方式

### 一、肉牛育肥原理

肉牛育肥的原理基于其生长发育规律，通过科学的饲养管理，在关键时期加速体重增长，以提高经济效益。出生后的前几周是肉牛增重的关键阶段，需要提供充足营养来支持其健康发育。性成熟前，肉牛的生长速度较快，但随着年龄增长逐渐放缓，通常在4岁左右基本停止。因此，1.5～2.5岁是肉牛的快速生长期，此时提供高营养饲料尤为重要，能够促进脂肪、肌肉和骨骼的迅速增长，使肉质细嫩、饲料利用率高，进而带来显著的育肥效果。如果营养不足导致肉牛生长放缓，称为生长受阻，此时通过补偿生长可以恢复其体重，受阻的肉牛在获得优质饲料后能够迅速赶上正常发育水平。然而，补偿生长的效果与受阻的严重程度有关，轻度受阻可以通过调整饲料恢复，而严重受阻可能影响肉牛的增重潜力，甚至导致僵牛，无法达到理想的育肥效果。此外，不同肉牛品种在增重表现上也有差异，体型较小的品种通常较易育肥，而体型较大的品种生长速度更快。饲养者应根据品种特点进行科学管理，充分发挥肉牛的增重潜力，以实现经济效益的最大化。

### 二、肉牛育肥阶段划分

在肉牛养殖业中，育肥是一个重要且复杂的过程，它直接关系到肉牛的生长速度、肉质品质以及最终的经济效益。根据不同的划分标准，肉牛育肥可以分为多种类型。

### （一）按生长阶段划分

（1）犊牛育肥：这一阶段指的是犊牛从出生到断奶后的育肥期，通常要求全面而均衡的营养供给，因犊牛处于生长速度最快的阶段，对营养需求特别高。

（2）断奶犊牛育肥：断奶后的犊牛需要逐渐适应固体饲料，骨骼、肌肉及器官发育迅速，此时育肥需合理控制饲料量，避免过早的性成熟以保证健康生长。

（3）成年牛育肥：这一阶段的育肥对象包括性成熟的牛和较年长的牛，通常用于生产高质量的牛肉。管理上更为精细，重点在于改善肉质和提高出肉率。

### （二）其他划分方式

（1）按性别划分：公牛、母牛和阉牛由于生理特性不同，育肥方式也有所不同。

（2）按饲料型划分：精饲料型育肥采用高蛋白、高能量的饲料；粗饲料型育肥更多依赖天然牧草或粗饲料。

（3）按饲养管理方式划分：放牧育肥是利用自然草场进行放牧；半舍饲半放牧是结合放牧与舍内饲养；舍饲育肥是完全在舍内进行饲养管理。

（4）按肥育时间划分：持续育肥是整个育肥期间保持较高的营养和生长速度。架子牛育肥则是通过前期粗饲和放牧，达到理想体重后再集中育肥。

## 三、不同饲养方式的比较与分析

### （一）放牧饲养

放牧饲养是一种利用自然资源、低成本且高效的肉牛养殖方式，特别适合牧草资源丰富的地区。肉牛在广阔的草地上自由采食天然牧草，这种自由活动采食的方式促进了其生长发育和健康水平，增强了免疫力，减少了应激反应和疾病发生率；同时，还减少了肉牛对精饲料和人工饲料的依赖，显著降低了养殖成本。此外，放牧牛摄入天然草料，通常不使用人工添加剂和激素，因此其牛肉富含Omega-3脂肪酸和共轭亚油酸等有益成分，肉质更紧致、风味更佳，具有更高的健康价值。此外，放牧饲养方式还具有环保优势，牛的粪便可作为天然肥料，促进草地生态循环，减少对化肥的依赖，体现了可持续发展的理念。但值得注意的是，放牧需要对草场进行合理的轮牧和放牧管理，使牧草的再生能力得以保持，避免过度放牧对环境的破坏，维持生态平衡。

尽管放牧饲养有诸多优势，但也面临一些挑战，特别是在饲养管理和环境条件方面。放牧饲养受季节和气候影响较大，冬季或干旱季节牧草生长受限，难以满足肉牛的全部营养需求，此时需结合补饲策略，用人工饲料或精饲料补充营养。为了防止草地退化和土壤侵蚀，合理的轮牧管理至关重要，牧场主需具备牧草管理经验，根据草地承载力和草料再生周期制订科学的放牧计划，以确保草地的持续生产力。此外，放牧牛增重速度相对较慢，特别是在缺乏高能量精饲料的情况下，体重增长不如舍饲牛快，因此养殖者常在后期育肥阶段将肉牛转为舍饲或半舍饲，以加快增重和优化肉质。虽然放牧牛肉质量优良，但生产周期长、成本高，出栏时间较晚，这与市场对快速供货的需求存在矛盾，也使其在价格上不具备明显竞争力，尤其是在一些注重价格的消费市场中。

为了弥补放牧饲养中的营养缺口和增重不足，养殖者可以结合补饲策略，通过提供精饲料或能量补充剂，确保肉牛在营养需求较高的阶段保持良好生长状态。常用的补饲饲料包括高蛋白质的豆粕，以及高能量的玉米，特别是在放牧资源不足或气候不利时显得尤为重要。通过科学的饲料搭配和精准的放牧管理，养殖者能够延长放牧季节，减轻季节性影响对牛群的压力。随着消费者对绿色、健康食品需求的增加，放牧牛肉凭借其优质的营养价值和独特风味在高端市场备受欢迎。同时，农业科技的发展和生态监控技术的应用，进一步提高了放牧饲养的可持续性和效率，为其未来更广泛的推广奠定了基础。

## （二）舍饲饲养

舍饲饲养是一种集约化、管理规范的肉牛饲养方式，特别适合气候多变和土地资源有限的地区。肉牛被圈养在牛舍内，饲养者通过科学的饲料配比和精细管理，确保其获得均衡营养，促进高效育肥，提高牛肉产量和品质。舍饲的关键在于饲料选择和搭配，日粮通常由粗饲料（如干草、青贮）和精饲料（如玉米、豆粕）组成。科学的饲料配比能够满足肉牛不同生长阶段的营养需求，特别是在育肥阶段，饲养者根据牛的体重和生长情况灵活调整饲料成分，以确保健康生长与快速增重，并达到最佳饲养效果。

舍饲饲养中，环境管理十分重要。虽然圈养限制了肉牛的活动空间，但通过合理设计牛舍和通风设施，使肉牛生活在通风良好、温湿度适宜的环境中，能确保肉牛健康成长，因此养殖者需定期监测环境指标并根据季节变化调整管理措施。此外，舍饲饲养便于集中进行健康监控和疫病防控，通过定期检查、疫苗接种和驱虫管理，减少疾病传播风险。同时，舍饲环境便于实施卫生管理，及时清理牛舍内的粪便和污物，减少病原微生物的滋生，从而提高肉牛的免疫力。

舍饲饲养具有多项优势，但也面临一些挑战。首先，其较高的饲料成本和管理投入对经济条件有限的养殖者构成压力，因此养殖者需科学规划饲料采购与使用以提高效益。其次，圈养环境中肉牛缺乏自然活动，可能导致运动不足，影响其骨骼和肌肉发育，养殖者需提供适当的活动空间以促进运动。尽管如此，舍饲饲养通过优化饲料配方和管理策略，能够加快肉牛增重，满足市场对出栏时间的需求，这种快速生长在市场需求较高时具有显著经济优势。然而，饲料选择对牛肉品质至关重要，过度依赖精饲料可能影响风味和营养，因此需要平衡粗饲料和精饲料的配比。在市场需求变化的背景下，舍饲牛肉因规范的饲养管理和品质稳定性在高端市场占有一席之地，随着消费者对肉质和安全性的关注增加，舍饲牛肉逐渐赢得认可。同时，科技的发展使养殖者可以利用大数据和精准管理工具，进一步提高饲养效率和牛肉质量，灵活应变市场需求将帮助养殖者在竞争中保持优势。

### （三）放牧 + 舍饲结合模式

放牧与舍饲结合的模式是一种灵活高效的肉牛饲养策略，充分利用了两种饲养方式的优点，适应现代养殖业的市场需求和环境挑战。在这种模式下，养殖者根据季节变化和草料资源灵活调整饲养方式，如在青海省，牦牛养殖已经从单纯放牧转变为放牧、补饲和舍饲相结合的模式，通过短期育肥管理提高营养水平，缩短成长周期，增加出栏率和经济效益。在春夏季节，天然牧草丰富，肉牛以放牧为主，既能获取足够的营养，又能促进草地再生和生态平衡，提升免疫力，为后期舍饲打下基础。进入秋冬季节，天然牧草减少，养殖者将肉牛逐渐转入舍饲，通过提供精饲料和粗饲料满足营养需求，并通过科学的饲料管理提升肉质和增重效果。舍饲阶段可以更好地控制生长环境，减少外界天气影响，并通过定期健康检查和疫病防控确保肉牛健康，同时舍饲粪便还可作为天然肥料促进草地循环。尽管结合模式有诸多优势，养殖者仍需警惕挑战，科学管理和灵活调整放牧与舍饲的时间与比例，才能确保肉牛健康生长和经济效益最大化。

### （四）生态育肥与有机饲养

生态育肥与有机饲养是现代肉牛养殖的重要理念，旨在提升肉牛的生长质量和肉质，同时注重环境保护和资源可持续利用。这一模式强调利用天然牧草和有机饲料，减少化学添加剂的使用，通过合理的生态管理促进肉牛健康成长。例如，利用丰富的草地资源和天然饲料不仅能满足肉牛的营养需求，还能增强其免疫力，降低疾病风险。有机饲养严格遵循认证标准，确保肉牛生长过程中无化学合成物质，维护生态平衡和动物福利。然而，生态育肥和有机饲养在实际操作中面临挑战，如较高的饲养成本和技术要求，以及市场对有机牛肉认知度的不足。养殖者需要精细化管理和有效的市场宣传，以提高产品的市场竞争力，吸引关注绿色健康食品的消费者。随着需求的增长，生态育肥与有机饲养有望成为未来养殖业的关键发展方向，推动农业可持续发展，实现经济、社会和生态效益的统一。

## 四、育肥阶段与饲养方式的匹配

### （一）持续育肥法饲养方式

持续肥育法是指犊牛断奶后直接进入肥育期，直到达到出栏体重（通常在12～18月龄，体重为400～500 kg），这一方法广泛应用于美国、加拿大和英国，日粮中的精饲料比例可超过50%，既可通过放牧加补饲的方式进行肥育，也可采用舍饲拴系肥育。由于该方法在犊牛的高饲料利用率生长期保持较快增重，且饲养周期较短，因此整体效率较高，生产出的牛肉鲜嫩，仅次于小白牛肉，且成本低，具有较高的推广价值。

**1. 放牧加补饲持续育肥法**

在牧草条件较好的地区，犊牛通过放牧为主，以及适当补饲，这种饲喂方式的肉牛可在18月龄时达到400 kg的体重。为了实现这一目标体重，犊牛在哺乳阶段日增重需达到0.9～1 kg，冬季日增重需保持在0.4～0.6 kg，第二个夏季日增重需达到0.9 kg，同时，在枯草季节时，应每日补饲1～2 kg精饲料。此外，放牧时要合理分群，每群大约50头牛，采用分群轮牧的方式。按照我国牧场条件，1头体重120～150 kg的牛需1.5～2 hm² 草场，同时放牧时要注意牛群的休息、补盐、夏季防暑以及秋膘养成。高等研究也显示，冷季补饲不同能量水平的精饲料可以显著促进犊牛的生长，优化瘤胃发酵模式和血清生化指标，其中补饲代谢能为11.76 MJ/kg 的精饲料效果最佳，能够显著提升体重及生理指标。

**2. 放牧与舍饲相结合的持续育肥法**

这种肥育方法适用于9—11月出生的秋犊牛。犊牛出生后通过母牛哺乳或人工哺乳，哺乳期日增重为 0.6 kg，断奶时体重可达 70 kg。断奶后以粗饲料为主，进入冬季时转为舍饲，自由采食青贮饲料或干草，精饲料控制在每天不超过 2 kg，保持日增重在 0.9 kg 左右，6 月龄时体重可达到 180 kg。随后在牧草旺盛的 4—10 月恢复放牧，日增重保持在 0.8 kg，到 12 月龄时体重可达 325 kg。再转回舍饲，继续自由采食青贮饲料或干草，每日补充 2～5 kg 精饲料，确保 18 月龄时体重达到 490 kg。

**3. 完全舍饲持续育肥法**

完全舍饲适用于没有放牧条件的养殖场，犊牛断奶后直接在牛舍内进行持续育肥，饲养强度和屠宰月龄应根据市场需求、养殖成本、牛场条件及牛的品种科学制定。通常，育肥期分为两个阶段，初期以促进生长为主，后期通过高能量日粮加速增重，以实现最佳肥育效果。强度培育下，犊牛的日增重应保持在 1 kg 以上，通常在 12～15 月龄屠宰。整个肥育期按牛的生理特点和营养需求分为 2～3 个阶段，采取相应的饲养管理措施，确保最佳生长与肥育效果。

## （二）后期集中肥育

2 岁左右的牛，如果未经专门肥育或未达到屠宰标准，可以在较短时间内通过增加精饲料的方式进行快速增膘，这种方法称为后期集中肥育。此方法既能够显著改善牛肉品质，并提高育肥牛的经济效益。后期集中育肥的方法包括放牧结合补饲法、秸秆加精饲料日粮舍饲育肥、青贮日粮舍饲育肥以及酒糟日粮舍饲育肥等。

**1. 放牧＋补饲育肥法**

放牧加补饲育肥是一种简便易行的方法，主要是充分利用当地资源，投入少且经济效益高，适用于我国牧区和山区。对于 6 月龄未断奶的犊牛，采用 7～12 月龄半放牧半舍饲的方式，每天补饲玉米 0.5 kg，生长素 20 g，人工盐 25 g，尿素 25 g，补饲时间安排在晚上 8 点以后；13～15 月龄时主要放牧，16～18 月龄经过驱虫后进行高强度育肥，全天放牧，每天补喂 1.5 kg 精饲料，50 g 尿素，40 g 生长素，25 g 人工盐，并适当补充青草。

在青草期，育肥牛的日粮料草比通常为 1∶（3.5～4.0），以干物质计算，饲料总量为体重的 2.5%。青饲料的种类应不少于两种，混合精饲料应含有能量饲料、蛋白质饲料以及钙、磷、食盐等元素。每千克混合精饲料的营养成分为干物质 894 g，增重净能 1089 MJ，粗蛋白质 164 g，钙 12 g，磷 9 g。在强度育肥的初期，每头牛每天饲喂 2 kg 混合精饲料，后期增加至 3 kg，精饲料每天喂两次，粗饲料补饲三次，可自由采食。值得注意的是，在我国北方省份，11 月以后进入枯草期，继续放牧已无法达到育肥的目的，此时应转入舍内进行全舍饲育肥。

**2. 完全舍饲育肥**

农区拥有大量的作物秸秆，作为一种廉价的饲料资源，经过化学或生物处理后，秸秆的营养价值、适口性和消化率得到了显著提升。其中，秸秆的黄贮技术在我国农区得到了广泛推广，效果显著。秸秆经过发酵处理后，秸秆的粗蛋白质含量可提高 1 ～ 2 倍，有机物质的消化率增加 20% ～ 30%，采食量提升 15% ～ 20%。使用黄贮秸秆加适量精饲料进行肉牛育肥，各地已进行了大量的研究与推广，结果表明该方法效果良好。通过将玉米秸秆接种乳酸菌发酵，有效提升了玉米秸秆青贮发酵的品质以及纤维的消化率。白大洋等则利用黄贮的玉米秸秆作为西门塔尔杂交公牛的粗饲料，成功提高了肉牛的平均日增重，并降低了料重比。

## （三）小结

育肥阶段与饲养方式的有效匹配是肉牛养殖成功的关键，在不同生长阶段，合理运用舍饲与放牧相结合的饲养策略，不仅能确保肉牛健康成长、提高肉质，还能提升养殖效益，满足市场对高质量牛肉的需求。这种科学的饲养管理不仅能帮助养殖者实现经济利益，还能推动肉牛产业的可持续发展，使其在竞争中占据有利地位。

# 主要参考文献

阿拉木苏，2023. 舍饲和放牧对阿尔巴斯绒山羊生长发育、抗氧化能力及免疫功能的影响［D］. 呼和浩特：内蒙古农业大学．

白大洋，温媛媛，李艺，等，2021. 玉米秸秆黄贮为主型粗饲料的饲粮能量水平对西门塔尔杂交牛生长性能、屠宰性能及肉品质的影响［J］. 动物营养学报，33（9）：5064-5075.

陈钟玲，2023. 不同放牧区饲粮组成对草原肉用母牛 - 犊牛生产性能的影响［D］. 通辽：内蒙古民族大学．

程明军，王建文，余东，等，2024. 优质多年生人工草地建设和科学放牧技术［J］. 四川畜牧兽医，51（7）：38-39.

高一丹，庄万兰，王旭，等．2024. 冷暖季精饲料补饲对放牧牦牛生长性能和瘤胃发酵影响的 Meta 分析［J］. 草业科学，41（10）：1-20.

刘红山，马志远，裴成芳，等，2024. 放牧与舍饲牦牛日增重、瘤胃发酵和血液参数对比［J］. 草业科学，41（2）：448-458.

王德利，王岭，韩国栋，2022. 草地精准放牧管理：概念、理论、技术及范式［J］. 草业学报，31（12）：191-199.

王敏，2020. 放牧与舍饲对肉牛生产性能和肉品质影响的比较研究［D］. 长春：吉林大学.

永勇，刘兴能，邓卫东，2019. 浅析山区山羊"放牧＋圈养"的饲养模式［J］. 中国畜禽种业，15（4）：134-135.

张智起，姜明栋，冯天骄，2020. 划区轮牧还是连续放牧？——基于中国北方干旱半干旱草地放牧试验的整合分析［J］. 草业科学，37（11）：2366-2373.

GUO X，XU D，LI F，et al.，2023. Current approaches on the roles of lactic acid bacteria in crop silage［J］. Microbial Biotechnology，16（1）：67-87.

（徐均钊、梁丽丽）

# 第二节　肉牛分阶段育肥与青粗饲料高效利用关键技术

## 一、不同生长阶段肉牛的育肥

不同生长阶段的肉牛，其身体组织的生长特点有所不同，因此其育肥方法也必须根据其生长阶段进行调整。

### （一）犊牛

犊牛育肥阶段是指从犊牛出生到断奶的过程，这一时期对于犊牛的健康成长和未来生产性能至关重要。犊牛出生后的最初几天需要通过母乳，尤其是初乳，获得免疫球蛋白和必要的营养物质，初乳中富含的抗体能够增强犊牛的免疫系统，降低疾病发生率。此外，母乳提供了易于消化的营养，能够满足犊牛快速生长所需的能量和蛋白质，因此在断奶前，母乳是犊牛最重要的营养来源，保持母牛的健康和产奶量尤为关键。

在犊牛逐渐长大后，逐步引入少量的补饲饲料有助于其适应固体食物的消化。早期补饲通常选择易消化的高蛋白、高能量饲料，如优质粗饲料（苜蓿干草）、精饲料（玉米面、豆粕）和矿物质补充剂，这不仅帮助犊牛逐渐适应断奶后的饲养，还能促进瘤胃发育，提高饲料转化效率。研究表明，哺乳期适时提早补饲开食料并搭配优质干草，可以有效降低饲粮类型转变所带来的应激，改善犊牛的生长性能、饲料转化率和胃肠道发育，从而实现早期断奶。Du 等研究发现，固体饲料的摄入会加快瘤胃发育速度，对幼龄反刍动物肠道微生物组成有显著而持久的影响。Fisher 等发现，单一母乳喂养会延缓肠道微生物定殖，进而减缓犊牛的生长发育。Niekerk 等的研究强调，从液体牛乳向固体饲料的转变对犊牛早期发育至关重要。付瑶等发现，补饲苜蓿干草显著改善了蒙贝利亚 × 荷斯坦杂交牛后代犊牛的生产性能。郭文杰等研究表明，采用代乳粉饲喂并进行精饲料和苜蓿干草补饲的饲喂方式更利于犊牛早期断奶，提高生长性能，促进胃肠道组织发育。

### （二）断奶犊牛

断奶犊牛多采用直线育肥法进行饲养，此法适用于将 6 月龄的断奶犊牛养到 1.5 岁，使其体重达到 400 ～ 450 kg 的快速育肥技术，其过程一般分为适应期、增肉期和催肥期三个阶段。

**1. 适应期（1 个月）**

断奶犊牛育肥的适应期一般为 1 个月左右，主要是让牛逐渐适应育肥环境和新的饲料结构。每天的日粮由优质青草、黄贮玉米秸秆或少量麸皮开始，逐步过渡到专门的育肥饲料。麸皮最初喂 1 kg 左右，逐步增加至 1.5 ～ 2 kg，当犊牛能够稳定摄入这一量时，再逐渐转向育肥饲料。适应期的日粮包括青草或酒糟 3 ～ 5 kg、黄贮玉米秸秆 5 ～ 8 kg、麸皮 1.5 ～ 2 kg，另外添加 30 ～ 50 g 的食盐和 30 g 生长素。若牛出现消化问题，可以每天为每头牛提供 25 ～ 35 片干酵母片，并适量增加青饲料。

**2. 增肉期（8 ～ 9 个月）**

增肉期一般持续 8 ～ 9 个月，因时间较长，可分为增肉前期和后期。增肉前期的牛只体重较轻，饲料的供给量相对较少。每日需要青草 8 ～ 10 kg、黄贮玉米秸秆 5 ～ 10 kg、麸皮 0.5 ～ 1 kg、玉米面 0.5 ～ 1 kg、豆饼 0.5 ～ 1 kg，此外还需添加脲酶抑制剂 100 g、食盐 40 ～ 50 g 和生长素 33 g。在增肉后期，随着牛只体重的增加，日粮投喂量逐步加大，此时每日的饲料配方应包括青草或酒糟 10～15 kg、黄贮玉米秸秆 8～12 kg、麸皮 0.7～1 kg、玉米面 2～3 kg、豆饼 1～1.25 kg，并额外添加脲酶抑制剂 100 g、食盐 50～60 g 和生长素 30 g，以确保牛只的营养需求得到充分满足。

**3. 催肥期（2～3个月）**

催肥期一般持续时间为 2～3 个月，使肉牛快速增膘期，此期间牛的日粮喂给量为青草或酒糟 10～20 kg、麸皮 1～1.5 kg、黄贮玉米秸秆 10～15 kg、玉米面 3～4 kg、豆饼 1.2～1.5 kg，并额外添加脲酶抑制剂 100 g、食盐 70～80 g 和生长素 30 g，以促进体重快速增加。如果牛出现食欲不佳的情况，可以每头牛额外添加瘤胃素 200 mg，以提高其食欲并确保增膘效果。

## （三）架子牛

架子牛育肥法主要针对购买未经育肥或未达到屠宰标准的肉牛，在较短时间内通过集中育肥快速增膘，因此也被称为集中育肥法。该方法不仅能够改善牛肉品质，还能有效提高养殖的经济效益。架子牛的选择如下。

品种选择：一般选择杂种牛，尤其是国外优质品种与本地黄牛的杂交品种。这类牛增重速度快，饲料转化率高，适合进行短期育肥。

年龄选择：架子牛的最佳育肥年龄为 1.5～2 岁。此年龄段的牛增重较快，且粗饲料比重大，育肥成本较低，经济效益显著。年龄较大的牛增重速度较慢，主要依靠体内脂肪沉积来增加体重。

体重选择：理想的架子牛体重为 300 kg 左右，这种牛容易快速增膘并改善肉质。架子牛的育肥期为 60～90 d，当牛体重达到 500 kg 以上时可以出栏，其育肥过程分为前期、中期和后期三个阶段。

**1. 前期（10～20 d）**

前期育肥阶段主要让牛适应育肥饲养，前两天不喂精饲料，随后逐步增加喂量，每天的精饲料量应达到每 100 kg 体重 300 g 以上，粗饲料自由采食。每千克精饲料的配方为玉米面 500 g、麸皮 200 g、豆饼 150 g、骨粉 50 g 和鱼肝油 2 粒。此外，每天每头牛需添加脲酶抑制剂 100 g、食盐 70～80 g、生长素 30 g，直到育肥前期结束时，精饲料的添加量应达到每 100 kg 体重 500 g 以上。

**2. 中期（30～50 d）**

中期育肥阶段为 30～50 d，是牛快速长肉的关键期，此时应保证精饲料的充足供应。中期每天的精饲料喂量平均为每 100 kg 体重 1.5 kg，同时让牛自由采食黄贮玉米秸秆和酒糟，精饲料的组成与前期相同。

**3. 后期（20 ~ 30 d）**

后期育肥阶段为 20 ~ 30 d，主要目的是让牛增膘并促进体内脂肪沉积，因此需要增加能量饲料的比例。此阶段精饲料喂量应达到每天每 100 kg 体重 1.5 kg，每千克精饲料的组成包括玉米面 600 g、麸皮 200 g、豆饼 150 g、骨粉 50 g 和鱼肝油 2 粒。此外，每天每头牛还需添加脲酶抑制剂 100 g 和食盐 80 ~ 90 g。

### （四）老残牛短期育肥

老残牛的育肥周期为 30 ~ 60 d，主要目的是提高牛的出肉率和促进脂肪沉积。饲料配方包括玉米面 1.5 ~ 2.5 kg、豆饼 0.5 ~ 1 kg、黄贮玉米秸秆 10 ~ 15 kg、骨粉 50 g、食盐 50 g 和促长剂 50 g。老残牛的育肥最好选择在春秋两季进行。在催肥过程中，需保持环境安静，减少牛的运动，同时增加日光浴和加强刷拭，以增强牛的食欲和消化能力。

育肥期间每天应定时定量喂食 3 次，投喂量以牛每次吃尽、吃饱为准。牛每天应饮水 3 ~ 4 次，水温保持在 15 ~ 29℃。此外，要保持牛体清洁，每天刷拭牛体 1 ~ 2 次，圈舍应保持冬暖夏凉、清洁干燥、空气新鲜。为促进增重，应增加夜餐，据试验，肉牛育肥期间增加夜餐后，每天的日增重可提高 30%，育肥周期也可缩短约 1/3。

## 二、分阶段育肥的好处

传统的单一饲养方式未能充分满足肉牛在各个生长阶段的特殊营养需求，而分阶段育肥则通过根据肉牛的生长规律，将育肥过程划分为多个阶段，并为每个阶段提供针对性的营养组合，以确保各阶段的营养需求得到满足。这种方式通过优化饲料配方，不仅减少了不必要的饲料浪费和过度喂养，还使肉牛在较短时间内达到预期体重，缩短了生产周期，降低了饲料和人工成本，从而提高了经济回报。同时，分阶段育肥还减少了未消化饲料和有害物质的排放，减轻了环境污染，促进了养殖业的可持续发展。

# 三、影响分阶段育肥的关键因素

## （一）牛的品种

在肉牛育肥前，选择合适的品种非常重要。肉用品种通常在育肥性能上优于乳用品种和兼用品种，能够实现早期育肥和提前出栏，且屠宰率和出肉率较高，肉质更好。小型肉牛成熟较早，上市时间短；大型肉牛成熟较晚，上市时间较长，养殖者需根据市场需求选择合适的品种。徐迎春等对不同品种肉牛的生长发育情况进行了对比研究，结果表明，西门塔尔牛和安格斯牛具有明显的品种优势，其日增重和各项生长发育指标显著优于和牛。且增旺久等研究表明，安格斯牛与西藏犏牛杂交后代的体重及体尺指数显著优于犏牛传统杂交后代，杂种优势明显。周磊等对不同品种肉牛的肉品质进行了对比研究，结果显示，新疆褐牛肉的嫩度、肉色、蛋白、脂肪等肉品质显著优于荷斯坦牛和黄牛。因此，养殖者在选择品种时，应科学评估不同品种的特性，以确保经济效益最大化。

## （二）年龄和性别

年龄和性别是影响肉牛育肥性能的重要因素。通常，1岁以内的肉牛生长速度最快，1～2岁期间生长速度逐渐减缓，2岁以后则更加缓慢。由于犊牛价格较高且饲养周期较长，养殖户在制定育肥计划时需要谨慎控制牛的年龄，优先选择年龄较小的牛进行育肥，以最大化经济效益。在性别方面，公牛通常具有较快的生长速度、较高的饲料利用率，以及较高的屠宰率和眼肌面积，相较于母牛，公牛的育肥难度较低，且其牛肉产量和肉质表现更佳。因此，为实现养殖场的最大经济效益，养殖户应优先考虑饲养公牛，并合理调整牛群的性别比例。虽然去势后的公牛育肥可以获得相对良好的肉质，但研究表明，不去势的公牛在生长速度、瘦肉率以及肉质方面表现更好，因此养殖户也可以选择不去势的公牛进行饲养，以实现更高的经济效益。

## （三）环境条件

养殖环境对肉牛育肥效果至关重要。首先，应保持畜舍清洁卫生，定期清洁和消毒，减少疾病发生；其次，根据肉牛生长阶段合理调节温度、湿度和通风条件，以优化育肥效果。例如：冬季需适当增加能量饲料以应对寒冷，而高温时应提供阴凉和清洁饮水以降低体温。此外，湿度过高会增加疾病风险，因此需保持良好通风，确保空气干燥清洁。充足的饲养空间、适宜的光照、地面干燥及频繁的健康监测都能有效提高肉牛的生长性能，并最终提升育肥的经济效益。

## （四）营养管理

营养管理在分阶段育肥中至关重要，要求根据肉牛的体重、年龄和健康状况科学制定饲料配方，不仅涉及调整饲料的种类和数量，还需合理使用补充剂和添加剂，以确保提供足够的维生素、矿物质等必要营养。例如，生长期肉牛的粗蛋白质需求随着体重和生理变化而变化，饲料配方应相应调整，如秦川牛在维持期的粗蛋白质需求为 $5.94 \, \mathrm{g/（kg \, W^{0.75} \cdot d）}$。维生素和矿物质方面，肉牛瘤胃通常能合成足够的 B 族维生素和维生素 K，但在集约化养殖中可能需要额外补充烟酸和维生素 $B_1$。饲料添加剂如酵母培养物能改善肉牛的生长性能、稳定瘤胃 pH 值，并降低亚急性酸中毒的风险。缓冲剂如碳酸氢钠在高精饲料饲粮中应用，有助于维持瘤胃酸碱平衡，提升饲料利用率，预防酸中毒。通过科学的饲料配方和合理使用添加剂，分阶段育肥确保肉牛在各个生长阶段获得最佳营养供给，从而提高育肥效果和养殖效益。

# 四、分阶段育肥关键技术

## （一）营养因素

在肉牛育肥过程中，饲料是提高肉质和产量的关键，只有确保充足且均衡的营养，结合肉牛的生长特点，才能获得品质优良的牛肉。幼龄牛需要更多的蛋白质饲料，而成年牛和育肥后期以脂肪沉积为主，需要更多的能量饲料。如果营养过多或过剩都会影响生长，导致育肥效果不佳，延长育肥周期，增加养殖成本。同时，饲料质量和保存方法也至关重要，劣质或霉变的饲料会降低利用率，危及肉牛健康，引发疾病，因此必须严格控制饲料的质量和注意保存。此外，饲料的形状也影响增重效果，颗粒料增重效果较好，粉状料次之，所以精饲料不宜粉碎过细，粗饲料切短使用为佳。另外，适当使用饲料添加剂还能提高肉牛的增重速度。

## （二）营养需求

肉牛育肥通常分为犊牛育肥和架子牛育肥。犊牛育肥是指从出生到 18 月龄，这一时期犊牛生长速度快，通过合理的饲养管理，能实现良好的育肥效果。架子牛育肥则在 12～18 月龄后，体重达到约 300 kg 时开始，持续 3～6 个月，此时牛的骨骼已基本成型，主要通过增加肌肉和脂肪的沉积来提高牛肉的品质和产量。整个育肥过程还可细分为前期、中期和后期，每个阶段都有特定的营养需求和饲喂重点。

**1. 育肥前期**

对于犊牛，出生后两个月主要依靠母乳，应确保母牛摄入优质饲料，保证初乳质量，让犊牛在出生后 1 h 内吃到初乳，并在 24 h 内多次哺喂，以建立免疫力；同时，提供干净、温暖、干燥的环境，做好保暖，避免受寒。

对于架子牛，育肥前期持续 1～2 个月，是生长最快的阶段，主要目标是促进骨骼、器官和肌肉的健康发育。饲料以青干草自由采食满足日常营养，控制酒糟和青贮饲料的饲喂量，防止消化紊乱；适量添加精饲料，粗精比一般为 1∶1，饲喂量占体重的 1.5%～2%，占日粮的 50%～55%；日粮中应补充氨基酸、维生素、微量元素和矿物质，粗蛋白质含量控制在 14%～16%，以支持骨骼和整体生长。

**2. 育肥中期**

犊牛育肥中期（2～6 个月龄）开始逐步引入犊牛料，遵循少量多次的原则，饲料应富含蛋白质、矿物质和维生素，促进骨骼和肌肉发育；提供清洁、新鲜的饮水，确保饮水卫生。饲料要营养丰富、易消化，干草应新鲜无霉变，随着生长逐渐增加饲料量。

架子牛育肥中期持续 1～2 个月，此时骨骼、内脏和肌肉发育接近成熟，开始沉积脂肪。需要调整营养供给和饲喂量，饲料选择质量较低的粗饲料，如稻草或麦草，暂停使用青贮饲料和酒糟；为提高牛肉品质，适当增加精饲料比例，确保饲料中粗蛋白质含量维持在 12%～14%。继续采用自由采食，满足营养需求。

**3. 育肥后期**

犊牛育肥后期（6～18 个月龄）以精饲料为主，配合适量粗饲料，精饲料包括玉米、豆粕等，粗饲料选用青贮饲料或干草。注意饲料配比，满足生长所需营养，增加能量饲料比例，如玉米，促进脂肪沉积和体重增加；关注犊牛的采食和健康，及时调整管理，定期驱虫防疫，防止疾病影响育肥效果。

架子牛育肥后期持续 1～2 个月，生长发育减慢，日增重降低，主要进行脂肪沉积。为提高优质牛肉比例，需增加肌肉间脂肪的含量和密度；饲料以麦草为主，精饲料比例较高，能量饲料选用小麦，适当减少玉米；禁止饲喂青绿饲草和维生素 A，防止营养过剩和消化问题。出栏前 2～3 个月，日粮中适当提高维生素 E 和维生素 D 含量，确保粗蛋白质含量保持在 10% 左右，改善牛肉的色泽和品质。采食方式仍采用自由采食。

### （三）精准饲喂技术

随着农业科技的不断进步，精准供料技术已成为分阶段育肥的重要组成部分。传统的饲料供给方式依赖定量投放，无法实时监控和调整肉牛的进食情况，导致饲料浪费和营养不均衡。而精准供料技术通过传感器、监控系统和数据分析，根据肉牛的体重、摄食量和健康状况自动调整饲料供给，确保每头牛获得最适宜的营养，从而有效防止饲料浪费并提升生长效率。该技术依靠传感器、物联网和智能算法，实时采集肉牛的进食数据、体重变化和健康状况，通过数据分析动态调整饲料配方和投喂频率，精确满足肉牛各生长阶段的营养需求，不仅提高了生长速度和饲料利用率，还减少了人工干预，降低了劳动力成本。精准供料技术使分阶段育肥迈向了数据驱动的精准管理，为生产者带来了更高的回报和可持续性。

### （四）遗传育种技术

遗传育种技术在分阶段育肥中具有重要作用，帮助生产者培育出生长快、饲料转化率高、肉质优良且适应性强的肉牛品种。魏著英等通过 CRISPR/Cas9 基因编辑技术修改 MSTN 基因，成功培育出"双肌鲁西牛"等优质新品系。基因组选择技术通过利用基因组信息评估肉牛的育种价值，采集新生小牛的毛囊、血液或耳组织样本，并利用育种芯片检测其基因组，从而快速预测其育种潜力。该技术提高了育种效率，为选择生长更快、饲料利用率更高的肉牛提供了有力支持。此外，基因改造技术还增强了肉牛的抗病能力和肉质，进一步优化了育肥效果。在中国，"华西牛"等品种的成功培育展现了其快速生长、高产和抗逆的优良特性，显著提升了养殖效益。

### （五）健康管理技术

在分阶段育肥过程中，健康管理至关重要，不仅有助于肉牛生长，还能减少疾病发生和降低死亡率。定期疫苗接种是预防疾病的基础，能够有效防止口蹄疫、呼吸道疾病等常见病；同时，定期监测体温、呼吸率、采食量等健康指标，有助于早期发现疾病并及时干预。在健康监测系统的支持下，养殖者可以实时掌握肉牛的健康状况，并根据监测数据制定个性化的饲养和治疗方案，从而最大限度减少疾病对育肥的影响。

# 五、肉牛育肥的管理技术与措施

## （一）牛舍准备

购牛前一周，须彻底清理牛舍，清除粪便后用水清洗牛舍地面和墙壁。随后，使用2%的火碱（氢氧化钠）溶液进行喷洒消毒，器具则用0.1%高锰酸钾溶液消毒，最后再用清水清洗一遍。如果是敞圈牛舍，夏季应搭棚遮阳，冬季则应覆盖塑料膜保温，保持良好通风，确保牛舍温度不低于5℃。

## （二）牛只选择

选购育肥牛时，建议选择优良品种如夏洛莱、西门塔尔等与本地黄牛的杂交后代，年龄在1～3岁，体型大、皮松、膘情好，并且健康无病。

## （三）驱虫与健胃

育肥牛入栏后应立即进行驱虫。常用驱虫药物包括阿弗米丁、丙硫苯咪唑、敌百虫和左旋咪唑，应在牛空腹时喂给，以促进药物吸收。驱虫后，牛只需隔离饲养一周，粪便经消毒后进行无害化处理。驱虫3 d后，应对牛只进行健胃，常用药物为人工盐，每头牛的口服剂量为60～100 g。

## （四）饲料管理

选择高能量、高蛋白且富含矿物质和维生素的饲料，根据牛的品种、年龄和生长阶段调整比例，并合理控制喂食量，避免过度喂食导致肉质下降或消化问题。此外，还可以通过压缩、浸泡等处理方法提高饲料的吸收率，促进体重增加。

## （五）饮水管理

确保水源安全清洁，选择合适的水器并定期清洁消毒，根据天气和牛的需水量调整供水，确保充足饮水且不过量。

## （六）疾病防治

通过实施预防性疫苗接种，结合牛的品种和年龄选择合适的疫苗，可有效减少潜在传染病的发生。此外，定期进行疾病检测，监测育肥牛的健康状况，确保及时发现并治疗疾病，防止其扩散。与此同时，加强环境管理，保持牛舍清洁卫生，定期清理和更换垫料，避免病原体如细菌和寄生虫的滋生，也是确保牛群健康的重要措施。

### （七）活动与卫生管理

在育肥期间，限制牛只的活动可减少能量消耗，使更多能量用于体重增长。定期清理牛舍，保持环境干燥卫生，确保牛群处于良好的饲养环境中。

### （八）观察与调整

饲养过程中应经常观察牛的粪便情况，以判断其消化状况。若粪便无光泽，表明精饲料不足；若粪便稀或含有未消化饲料，说明精饲料过多或牛的消化不良。根据粪便情况及时调整饲料配比。

## 六、青粗饲料高效加工技术在肉牛育肥过程中的应用

我国秸秆产量居世界首位，其中玉米秸秆最为丰富，年产量约 3 亿 t。目前，玉米秸秆饲料化利用率不足 20%，主要是干秸秆或初级加工揉丝直接投喂，青、黄贮占比较少，约为 23%，尤其是生物高值化加工利用。随着我国节粮型畜牧业的快速发展，饲草短缺已成为制约反刍动物生产因素之一。玉米秸秆是反刍动物的低质粗饲料，可通过适宜的技术加工作为反刍动物粗饲料。然而，玉米秸秆中含有 50% ～ 70% 的结构性碳水化合物，主要由纤维素、半纤维素和木质素等组成，三者相互镶嵌，其中半纤维素与木质素氢键、共价键结合形成复杂的网状结构包裹着纤维素，严重影响玉米秸秆的有效利用。有干秸秆或揉丝秸秆适口性差、采食量低也是造成反刍动物利用率不高的主要因素。因此，利用饲料加工结合生物技术对玉米秸进行高值化处理是提高反刍动物饲料利用率的重要方式之一。

玉米秸秆通过物理、化学、生物等不同加工处理方式，可提高反刍动物对其饲料转化率。蒸汽爆破或湿法膨化微贮是玉米秸秆饲用高值化的一种物化预处理加工技术，可破坏木质纤维素结晶度和细胞壁复杂结构，降低聚合度、增加纤维素孔隙，提高秸秆饲料转化效率，作为肉牛的粗饲料改善瘤胃菌群结构，提高肉牛的消化能力和生产性能。青（黄）贮是一种改善玉米秸秆适口性、提

高消化率和保存营养价值常用的加工调制方法，Guo 等将玉米秸秆接种乳酸菌发酵，能有效提高玉米秸秆青贮发酵品质和纤维消化率。白大洋等利用玉米秸秆黄贮作为西门塔尔杂交公牛的粗饲料，提高了肉牛的平均日增重，降低了料重比。孙雪丽等发现以乳酸菌发酵的全株玉米青贮作为粗饲料能显著提高肉牛的日增重和经济效益。因此，玉米秸秆经过不同的预处理，其致密结构被破坏，木质素包裹的纤维素、半纤维素被释放，增加瘤胃微生物与秸秆粘附的表面积，并使纤维素酶高效水解纤维素和半纤维素成小分子糖类进而转化成有机酸，为反刍动物提供能量。本研究利用物理、生物及其物理生物相结合的加工调制方式对玉米秸秆进行预处理，并分别以 50% 的玉米秸秆（揉丝、膨化微贮、菌酶协同黄贮）和全株玉米青贮为粗饲料配制肉牛 TMR，比较不同预处理玉米秸秆型 TMR 对肉牛生产性能、养分表观消化率及瘤胃发酵、微生物菌群的影响，为进一步寻找提高玉米秸秆高效利用的加工方式及对节粮增效的肉牛饲粮配制提供理论依据和实际生产参考。

**1. 材料与方法**

揉丝玉米秸秆是由收割、揉丝、打捆一体机（中联 9YF–220SS 方捆打捆机）收获加工而成；膨化微贮是先将揉丝粉碎的秸秆调制成 50% 水分，采用 9P–250 型秸秆膨化机（辽宁辽源市牧兴机械有限公司）通过挤压（温度约 120℃）瞬间喷出而膨化，然后用裹包机打包微贮 60 d，在仓库内保存；菌酶协同黄贮是将揉丝玉米秸秆（含水量 50%）喷洒混合菌液和复合酶制剂，黄贮窖内压实、密封发酵 60 d 后使用。全株玉米青贮是将蜡熟期刈割的全株玉米（长度 1.0 ~ 2.0 cm）喷洒混合菌液，青贮窖内压实、密封、发酵 90 d 后使用。试验所用混合菌液（植物乳杆菌 Z1–1+ 布氏乳杆菌 B1–3，比例为 1∶1），菌种购自北纳创联生物技术有限公司，添加量为 $1×10^6$ CFU/g 鲜重（FW）；纤维素酶（酶活力 24 000 U/g）+ 木聚糖酶（酶活力 40 000 U/g）+ 果胶酶（酶活力 10 000 U/g）+ 葡聚糖酶（酶活力 50 000 U/g）以 2∶1∶1∶1 的比例混合制成复合酶制剂，购自北京挑战农业科技有限公司，添加量为 0.5 g/kg FW。

**2. 试验设计和饲养管理**

试验于 2021 年 4—6 月在内蒙古通辽市科左中旗蒙智源养殖合作社进行，10 d 的预饲期和 56 d 的正式期。选用 28 头体重为（350.23 ± 23.57）kg，月龄相近、健康状况良好的西门塔尔杂交公肉牛，单因素试验设计，随机分为 4 组，每组 7 头。各组分别饲喂揉丝玉米秸秆（JG 组）、膨化微贮玉米秸秆（PH 组）、菌酶协同玉米秸秆黄贮（HZ 组）和全株玉米青贮（QZ 组）4 个类型的全混合日粮（TMR）。按照《肉牛营养需要》（第 8 次修订版）配制，精粗比为 50∶50，TMR

组成及营养水平见表4-1。试验牛均在单栏舍饲饲喂，饲养试验前所有牛进行驱虫、健胃和耳标标号，自由饮水。每天喂料2次（06：00和17：00），日剩料量控制在5%，并记录投喂量和剩余量。

表4-1　饲粮组成及营养水平（干物质基础）　　　　　　　（%）

| 项目 | JG组 | PH组 | HZ组 | QZ组 |
|---|---|---|---|---|
| 原料 | | | | |
| 玉米秸秆 | 50.00 | | | |
| 膨化玉米秸秆 | | 50.00 | | |
| 玉米秸秆黄贮 | | | 50.00 | |
| 全株玉米青贮 | | | | 50.00 |
| 玉米破碎料 | 24.50 | 24.50 | 24.50 | 21.50 |
| 小麦麸 | 3.50 | 3.50 | 6.0 | 12.0 |
| 豆粕 | 11.00 | 11.00 | 8.50 | 5.50 |
| 向日葵饼 | 8.00 | 8.00 | 8.00 | 8.00 |
| 磷酸氢钙 | 0.25 | 0.25 | 0.25 | 0.25 |
| 小苏打 | 0.35 | 0.35 | 0.35 | 0.35 |
| 食盐 | 0.50 | 0.50 | 0.50 | 0.50 |
| 石粉 | 0.75 | 0.75 | 0.75 | 0.75 |
| 预混料 | 0.50 | 0.50 | 0.50 | 0.50 |
| 尿素 | 0.65 | 0.65 | 0.65 | 0.65 |
| 合计 | 100.00 | 100.00 | 100.00 | 100.00 |
| 营养水平 | | | | |
| 综合净能（MJ/kg） | 6.76 | 6.75 | 6.79 | 6.85 |
| 粗蛋白质 | 13.75 | 13.18 | 12.98 | 13.05 |
| 中性洗涤纤维 | 40.01 | 39.78 | 39.41 | 32.37 |
| 酸性洗涤纤维 | 24.72 | 21.59 | 21.4 | 15.28 |
| 粗灰分 | 9.55 | 9.51 | 10.05 | 10.32 |

注：每千克预混料提供：维生素A 150 000 IU，维生素$D_3$ 20 000 IU，维生素E 3 000 IU，铁3 200 mg，锰1 500 mg，锌2 000 mg，铜650 mg，碘35 mg，硒10 mg，钴10 mg，钙130 g，磷30 g。依据我国《肉牛饲养标准》（NY/T 815—2004）和饲料总能量计算综合净能量，其他营养水平为实测值。

### 3. 结果与分析

由表 4-2 可知，全株玉米青贮的营养价值显著高于其他 3 组（*P*<0.05）。玉米秸秆黄贮的 CP 含量显著高于揉丝秸秆和膨化微贮秸秆（*P*<0.05），且 NDF 和 ADF 含量显著低于揉丝秸秆（*P*<0.05）。

**表 4-2　不同加工方式玉米秸秆营养成分（风干基础）** （%）

| 项目 | 揉丝秸秆 | 膨化秸秆 | 黄贮秸秆 | 青贮玉米 | *P* 值 |
|---|---|---|---|---|---|
| 干物质 | 88.86±1.5[a] | 47.92±1.22[b] | 38.05±2.41[c] | 30.52±0.68[d] | <0.001 |
| 粗蛋白质 | 4.66±0.15[c] | 4.88±0.2[c] | 5.46±0.35[b] | 8.18±0.37[a] | <0.001 |
| 中性洗涤纤维 | 71.48±2.51[c] | 69.4±0.9[bc] | 67.86±1.8[b] | 46.51±0.73[a] | <0.001 |
| 酸性洗涤纤维 | 45.87±2.08[c] | 42.57±0.95[bc] | 40.65±1.28[b] | 28.17±2.03[a] | <0.001 |
| 粗灰分 | 11.27±1.0 | 11.17±0.87 | 10.8±0.45 | 9.43±0.43 | 0.051 |

注：同行数据肩标不同的小写字母表示差异显著（*P*<0.05），下同

由表 4-3 可知，QZ 组的末重、干物质采食量、平均日增重均显著高于 JG 和 PH 组（*P*<0.05），同时，HZ 组的干物质采食量也显著高于 JG 和 PH 组（*P*<0.05）。此外，QZ 和 HZ 组的料重比显著低于 JG 组（*P*<0.05）。

**表 4-3　不同玉米秸秆型 TMR 对肉牛生长性能的影响**

| 项目 | JG 组 | PH 组 | HZ 组 | QZ 组 | *P* 值 |
|---|---|---|---|---|---|
| 初始体重（kg） | 350.07±23.17 | 353.14±23.56 | 350.64±27.77 | 350.07±20.67 | 1.000 |
| 终末体重（kg） | 421.76±34.84[b] | 423.63±35.07[b] | 432.13±32.27[ab] | 445.14±32.22[a] | 0.032 |
| 平均日增重（kg/d） | 1.28±0.25[c] | 1.31±0.24[c] | 1.52±0.25[b] | 1.71±0.30[a] | 0.041 |
| 平均干物质采食量（kg/d） | 9.47±0.81[b] | 9.58±0.90[b] | 10.78±0.65[a] | 10.77±0.99[a] | 0.020 |
| 料重比 | 7.43±0.64[a] | 7.33±0.96[ab] | 7.09±0.35[bc] | 6.30±0.22[c] | 0.024 |

由表 4-4 可知，QZ 组 DM 表观消化率显著高于 JG 和 PH 组（*P*<0.05），且 NDF 表观消化率显著高于其他 3 组（*P*<0.05）。PH 和 HZ 组的 NDF 消化率显著高于 JG 组（*P*<0.05），且 HZ 组的 ADF 表观消化率显著高于 JG 和 PH 组（*P*<0.05）。

表 4-4　不同玉米秸秆型 TMR 对肉牛的养分表观消化率的影响　　（%）

| 项目 | JG 组 | PH 组 | HZ 组 | QZ 组 | P 值 |
|---|---|---|---|---|---|
| 干物质 | 68.84±0.89<sup>b</sup> | 69.15±0.20<sup>b</sup> | 70.33±0.95<sup>ab</sup> | 71.64±0.92<sup>a</sup> | 0.048 |
| 粗蛋白质 | 64.34±0.62 | 68.25±0.64 | 68.27±0.82 | 66.08±0.60 | 0.081 |
| 中性洗涤纤维 | 49.98±0.41<sup>b</sup> | 51.74±1.27<sup>b</sup> | 53.99±1.30<sup>b</sup> | 61.08±1.93<sup>a</sup> | 0.035 |
| 酸性洗涤纤维 | 43.28±0.65<sup>b</sup> | 43.80±1.28<sup>b</sup> | 52.85±1.21<sup>a</sup> | 57.41±0.52<sup>a</sup> | 0.018 |
| 粗灰分 | 33.82±1.52<sup>c</sup> | 35.33±0.53<sup>b</sup> | 37.36±0.66<sup>a</sup> | 35.54±0.84<sup>b</sup> | 0.036 |

由表 4-5 可知，4 组瘤胃液的 pH 值、TVFA、乙酸和丁酸的含量无显著差异。但 HZ 和 QZ 组的丙酸含量显著高于 JG 和 PH 组（$P<0.05$），且乙丙比显著降低（$P<0.05$）。

表 4-5　不同玉米秸秆型 TMR 对肉牛发酵参数的影响

| 项目 | JG 组 | PH 组 | HZ 组 | QZ 组 | P 值 |
|---|---|---|---|---|---|
| pH 值 | 6.57±0.06 | 6.6±0.10 | 6.63±0.06 | 6.73±0.06 | 0.089 |
| 总挥发性脂肪酸酸（mmol/L） | 58.56±1.75 | 57.94±0.62 | 57.87±1.35 | 57.85±1.0 | 0.878 |
| 乙酸（mmol/L） | 39.53±1.14 | 38.92±1.27 | 37.65±0.53 | 37.51±0.67 | 0.084 |
| 丙酸（mmol/L） | 10.96±0.38<sup>b</sup> | 11.01±0.38<sup>b</sup> | 12.32±0.47<sup>a</sup> | 12.68±0.38<sup>a</sup> | 0.001 |
| 丁酸（mmol/L） | 8.08±0.55 | 8.01±0.33 | 7.9±0.47 | 7.6±0.5 | 0.718 |
| 乙酸：丙酸 | 3.61±0.04<sup>a</sup> | 3.54±0.24<sup>a</sup> | 3.06±0.07<sup>b</sup> | 2.96±0.09<sup>b</sup> | <0.001 |

表 4-6 列出了属水平上相对丰度排名前 10 的物种，各组的优势菌属是普雷沃氏菌属 _1。QZ 组的普雷沃氏菌属 _1 丰度显著高于其他 3 组（$P<0.05$），同时 HZ 组的普雷沃氏菌属 _1 丰度也显著高于 JG 和 PH 组（$P<0.05$）。与 JG 组相比，QZ 和 HZ 组的解琥珀酸菌属丰度显著增加（$P<0.05$）。此外，QZ 和 HZ 组的瘤胃球菌科 NK4A214 群显著低于 JG 和 PH 组（$P<0.05$）。

表 4-6　不同玉米秸秆型 TMR 对肉牛菌群组成和结构的影响

| 菌种 | JG 组 | PH 组 | HZ 组 | QZ 组 | P 值 |
|---|---|---|---|---|---|
| 普雷沃氏菌属 | 29.84±0.96<sup>c</sup> | 31.44±2.18<sup>c</sup> | 35.3±0.92<sup>b</sup> | 39.3±2.06<sup>a</sup> | <0.001 |
| 解琥珀酸菌属 | 6.56±0.33<sup>c</sup> | 6.65±0.2<sup>bc</sup> | 7.21±0.15<sup>ab</sup> | 7.65±0.3<sup>a</sup> | 0.003 |
| 理研菌科 RC9 群 | 4.47±0.42 | 4.23±0.96 | 4.09±0.37 | 3.94±0.45 | 0.743 |
| 瘤胃球菌科 NK4A214 群 | 3.55±0.33<sup>b</sup> | 3.34±0.12<sup>b</sup> | 2.71±0.16<sup>a</sup> | 2.42±0.28<sup>a</sup> | 0.001 |
| 不动杆菌属 | 2.72±0.43 | 2.52±0.19 | 2.33±0.26 | 2.42±0.19 | 0.418 |

续表

| 菌种 | JG 组 | PH 组 | HZ 组 | QZ 组 | P 值 |
|---|---|---|---|---|---|
| 克里斯滕森菌科 R7 群 | 1.71±0.25 | 1.92±0.25 | 2.05±0.13 | 2.23±0.37 | 0.186 |
| 土壤芽孢杆菌属 | 1.49±0.35 | 1.59±0.17 | 1.57±0.28 | 1.53±0.24 | 0.971 |
| 赖氨酸芽孢杆菌属 | 1.31±0.23 | 1.22±0.14 | 1.61±0.19 | 1.25±0.14 | 0.094 |
| 甲烷短杆菌属 | 1.65±0.14 | 1.67±0.05 | 1.68±0.13 | 1.69±0.04 | 0.957 |
| 糖化假丝酵母菌属 | 1.53±0.28 | 1.55±0..27 | 1.52±0.36 | 1.53±0.11 | 0.999 |

将属水平的前 10 种瘤胃菌群与瘤胃发酵参数进行相关性分析，如图 4-1 所示，pH 值与 *Succiniclasticum* 呈显著正相关（$P<0.05$），与 *Ruminococcaceae_NK4A214_group* 呈显著负相关（$P<0.05$）。*Ruminococcaceae_NK4A214_group* 与乙酸和乙酸/丙酸呈显著正相关（$P<0.01$），与丙酸和 pH 值呈显著负相关（$P<0.05$）。*Prevotella_1* 和 *Succiniclasticum* 与丙酸呈显著正相关（$P<0.01$），与乙酸和乙酸/丙酸呈显著负相关（$P<0.05$）。

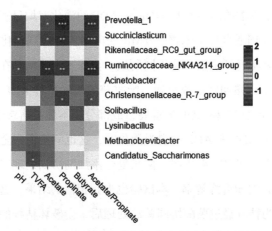

图 4-1　肉牛瘤胃细菌与发酵参数的相关性热图

注：图中 TVFA、Acetate、Propinate、Butyrate 和 Acetate/Propinate 分别代表总挥发性脂肪酸、乙酸、丙酸、丁酸和乙酸/丙酸。*0.01 $<P<$ 0.05，**0.001 $<P<$ 0.01，***$P<$ 0.001。

**4. 讨论**

玉米秸秆经过物理、生物及物理生物相结合的加工调制方式可改变纤维素结构、改善秸秆储存的营养价值。本研究中，膨化微贮玉米秸秆的营养成分与揉丝玉米秸秆相比差异不显著，但菌酶协同玉米秸秆黄贮的粗蛋白质含量较两者提升了 17.17% 和 11.89%。王玉婷认为膨化微贮秸秆的粗蛋白质含量较秸秆和黄贮提升了 65% 和 27%，这可能是挤压膨化工艺不同，以及黄贮或微贮添加的菌酶差异所致。王晋莉等发现玉米秸秆黄贮作为粗饲料饲喂肉牛，其日增重较玉米秸秆组提升了 48.54%。肖蕊等也发现秸秆经过黄贮处理后能显著提高可消化有机物的进食量和肉牛养殖经济效益。本研究中，揉丝组与膨化微贮组之间肉牛的生长性能无显著差异，但黄贮组的肉牛日增重显著升高，而且减少蛋白质原料的用量，育肥效果优于膨化和揉丝组，说明菌酶协同玉米秸秆黄贮可以提高肉牛的生长性能和经济效益。全株玉米青贮因制作时带有籽粒，其营养价值在三者中最高，作为粗饲料能显著提高肉牛的生长性能。本试验结果表明，相比 3 种不同加工玉米秸秆型 TMR，全株玉米青贮 TMR 显著提高了肉牛日增重、降低了料重比，原因在于全株玉米青贮中非结构性碳水化合物含量较高，纤维含量和木质化程度较低，从而提高了消化率。

表观消化率是表示动物对饲粮的消化吸收情况，它的高低影响动物的生长性能。粗饲料的不同处理方式对消化率有直接影响。张智安等发现，与玉米秸秆组相比，全株玉米青贮组湖羊的 NDF 和 ADF 消化率显著升高。孙雪丽等研究表明，采食全株玉米青贮的肉牛 CP、NDF 和 ADF 的消化率均显著高于玉米秸秆黄贮组。本研究中，饲喂全株玉米青贮 TMR 的肉牛养分表观消化率最高，可能是不同收获期的玉米秸秆纤维素结构不同所致，全株玉米收割是在蜡熟期，而玉米秸秆收割一般处于完熟期之后或更晚，晚收获的玉米秸秆 ADL 含量比全株玉米青贮高，而 ADL 是 NDF 和 ADF 的重要组成部分，不易被瘤胃微生物分解利用，从而降低了饲粮中 NDF 和 ADF 的表观消化率，这也间接说明全株玉米青贮组生长性能最高的原因。诸多研究表明，菌酶复合添加剂协同处理玉米秸秆可以显著提高 NDF 和 ADF 的瘤胃降解率。本试验也得到相似的结果，这可能会影响肉牛的生长性能，因为秸秆经过菌酶协同黄贮处理后，会破坏秸秆的细胞壁，使秸秆更柔软，提高了适口性和采食量。挤压膨化（1.8 MPa 和 120 ～ 140℃）和蒸汽爆破（1.3 MPa 和 100 ～ 120℃）结合纤维素酶、乳酸菌协同处理能使瘤胃中玉米秸秆 NDF 和 ADF 表观消化率提高，但本研究相比揉丝玉米秸秆并没有显著提高，其原因可能是挤压膨化加工方式不同所致，也与膨化挤压后的秸秆未添加菌酶微贮有关，从而导致了挤压膨化加工方式的玉米秸秆型饲粮表观消化率没有得到显著改善。

瘤胃 pH 值是衡量瘤胃内环境稳定和反映瘤胃发酵状况的重要指标，其正常范围在 5.5 ～ 7.5 波动。本试验中各组瘤胃 pH 值均处于正常范围内，说明不同加工方式的玉米秸秆不会影响瘤胃 pH 值，这与张兴夫等研究结果相似。瘤胃发酵饲料的终产物主要是乙酸、丙酸和丁酸。随着粗纤维含量的降低，乙酸下降而丙酸增加。乙酸是动物脂肪酸的合成前体，而丙酸能提高葡萄糖转化和贮存。因此，丙酸发酵可以为机体提供更多能量，帮助牲畜增重。本试验中，全株玉米青贮和玉米秸秆黄贮组的肉牛瘤胃液中乙酸含量有降低的趋势，但丙酸含量显著升高，乙酸 / 丙酸显著降低，这与屈雷宇等利用乳酸菌发酵玉米秸秆饲喂肉牛的瘤胃发酵结果一致。菌酶协同玉米秸秆黄贮和全株玉米青贮的纤维含量较低，促进了肉牛瘤胃发酵类型向丙酸型转变，使动物更有效地利用能量促进生长，这也可能是全株玉米青贮和玉米秸秆黄贮组改善肉牛生长性能的原因之一。

瘤胃微生物群是反刍动物瘤胃的重要组成部分，其功能主要是发酵动物摄入的粗饲料。普雷沃氏菌属是反刍动物瘤胃内优势菌属，主要通过丙烯酸和琥珀酸途径发酵瘤胃碳水化合物和蛋白质生成丙酸。本试验中，各组优势菌属是普雷沃氏菌属 _1，且全株玉米青贮和黄贮组的相对丰度显著高于揉丝和膨化组，这可能与两组饲粮中淀粉和蛋白水平较高有关，它们是普雷沃氏菌属 _1 生长的底物，同时，发酵这些底物能生成丙酸，为动物生长提供更多能量，进一步印证了全株玉米青贮和黄贮组生长性能较高的结果。这与陈跃鹏的研究结果相似。解琥珀酸菌属可将瘤胃微生物分解碳水化合物后产生的琥珀酸代谢成丙酸盐，进而生成丙酸。本试验中青贮和黄贮组丙酸含量升高可能与解琥珀酸菌属相对丰度升高有关。瘤胃球菌属通过分泌纤维素酶来降解纤维生成乙酸。粗纤维含量降低，瘤胃球菌纤维分解菌的数量会减少，本研究中也发现全株玉米青贮和黄贮组瘤胃球菌科 NK4A214 群相对丰度低于秸秆和黄贮组。瘤胃微生物与挥发性脂肪酸密切相关。本研究中，普雷沃氏菌属 _1 和解琥珀酸菌属与丙酸呈正相关，说明这些菌属促进了丙酸的合成。此外，本研究还发现，瘤胃球菌科 NK4A214 群与乙酸呈正相关。这与王亚玲等研究结果相似，也揭示了本研究中乙酸浓度显著降低的原因。

### 5. 结论

菌酶添加处理有效提高了玉米秸秆黄贮饲料和全株玉米青贮饲料的粗蛋白质含量，降低了 NDF 和 ADF 含量，提高了玉米秸秆的营养价值。在精粗比为 50∶50 的玉米秸秆型饲粮中，青贮和黄贮加工方式能显著提高瘤胃中普雷沃氏菌属 _1 和解琥珀酸菌属的相对丰度，提高了 NDF 和 ADF 的消化率，促进瘤胃向丙酸型发酵转变，提高了肉牛日增重，降低了料重比，为肉牛饲用不同加工方式的玉米秸秆提供生产参考。

## 主要参考文献

白大洋，温媛媛，李艺，等，2021. 玉米秸秆黄贮为主型粗饲料的饲粮能量水平对西门塔尔杂交牛生长性能、屠宰性能及肉品质的影响［J］. 动物营养学报，33（9）：5064-5075.

陈跃鹏，2022. 全株玉米与玉米秸秆青贮品质评价及对肉牛生长性能和瘤胃微生物区系的影响［D］. 郑州：河南农业大学.

旦增旺久，尼玛群宗，拉巴次仁，等，2019. 安格斯牛与西藏犏牛杂交生产肉牛试验初报［J］. 中国牛业科学，45（5）：6-9.

付瑶，郭江鹏，王俊，等，2023. 补饲苜蓿干草对蒙贝利亚×荷斯坦杂交犊牛瘤胃内环境和胃肠道发育的影响［J］. 动物营养学报，35（8）：5182-5190.

郭文杰，刘书杰，冯宇哲，等，2022. 哺乳期补饲开食料对牦牛犊牛生长性能、腹泻频率和发病频率的影响［J］. 动物营养学报，34（1）：422-431.

金录国，周奎良，2024. 基于"物联网＋人工智能"的肉牛养殖园区技术推广探究［J］. 中国牛业科学，50（4）：73-76.

李琦，徐均钊，马建飞，等，2024. 早期补饲对舍饲肉用犊牛生长性能和肠道健康的影响［J］. 动物营养学报，36（7）：4413-4427.

李婷婷，马静，刘帅，等，2020. 不同周龄补饲燕麦干草对犊牛生长发育和行为的影响［J］. 动物营养学报，32（7）：3246-3254.

梁运祥，胡宝娥，陈宏声，等，2022. 利用生物技术，加快秸秆"高值饲料化"转化，促进草食畜牧业发展［J］. 饲料工业，43（12）：1-9.

屈雷宇，金楚砚，李可人，等，2022. 富硒乳酸菌发酵秸秆对延边黄牛瘤胃发酵的影响［J］. 饲料工业，43（23）：44-50.

瞿明仁，梁欢，2020. 我国肉牛营养与饲料研究进展［J］. 动物营养学报，32（10）：4716-4724.

苏玉若，2024. 肉牛育肥期的饲养管理技术［J］. 今日畜牧兽医，40（8）：59-61.

孙雪丽，李秋凤，刘英财，等，2018. 全株青贮玉米对西门塔尔杂交牛生产性能、表观消化率及血液生化指标的影响［J］. 草业学报，27（9）：201-209.

王亚玲, 孔鹏辉, 袁冬冬, 等, 2023. 饲粮添加乙酸钠对奶山羊泌乳性能和瘤胃微生物区系的影响 [J]. 动物营养学报, 35 (1): 428-438.

王玉婷, 2020. 膨化微贮玉米秸秆营养价值的评定及其对肉牛生产性能的影响 [D]. 长春: 吉林农业大学.

王治林, 2022. 肉牛育肥的影响因素 [J]. 吉林畜牧兽医, 43 (5): 1-2.

魏著英, 白春玲, 杨磊, 等, 2022. 肉牛 Myostatin 基因编辑育种研究 [J]. 中国畜禽种业, 18 (10): 30-33.

肖蕊, 赵祥, 岳勇伟, 等, 2009. 肉牛饲喂不同处理玉米秸秆日粮营养物质消化和生产效益的差异比较 [J]. 中国农学通报, 25 (3): 8-12.

徐迎春, 高树新, 呼格吉勒图, 等, 2019. 不同品种肉牛生长发育、育肥性能比较 [J]. 畜牧兽医科学 (电子版) (9): 1-2.

张天留, 王泽昭, 朱波, 等, 2023. 华西牛新品种培育及对我国肉牛育种的启示 [J]. 吉林农业大学学报, 45 (4): 385-390.

张兴夫, 钱英红, 李国东, 等, 2022. 不同粗饲料日粮对西门塔尔繁殖母牛瘤胃发酵和血液指标的影响 [J]. 畜牧与饲料科学, 43 (5): 22-28.

张智安, 周文静, 潘发明, 等, 2021. 粗饲料中不同全株玉米青贮比例对湖羊生长性能、养分表观消化率、肉品质及血液生理指标的影响 [J]. 动物营养学报, 33 (9): 4998-5006.

DU Y, GAO Y, HU M, et al, 2023. Colonization and development of the gut microbiome in calves [J]. Journal of Animal Science and Biotechnology, 14 (1): 46.

FISCHER A J, SONG Y, HE Z, et al., 2018. Effect of delaying colostrum feeding on passive transfer and intestinal bacterial colonization in neonatal male holstein calves [J]. Journal of Dairy Science, 101 (4): 3099-3109.

GUO G, CHEN S, LIU Q, et al., 2020. The effect of lactic acid bacteria inoculums on in vitro rumen fermentation, methane production, ruminal cellulolytic bacteria populations and cellulase activities of corn stover silage [J]. Journal of Integrative Agriculture, 19 (3): 838-847.

（徐均钊）

# 第三节　肉牛直线育肥与青粗饲料高效利用关键技术

## 一、肉牛直线育肥技术

### （一）直线育肥的原理

肉牛持续育肥阶段是肉牛生长发育的重要时期，目标是让肉牛尽快达到理想的出栏体重。为了实现这一目标，必须提供比维持其生命活动和正常生长发育所需更高的营养物质，以促进体内构成组织和储备能量的营养在软组织中最大程度地积累。所谓的持续育肥，实际上是基于肉牛在特定营养水平下的生长规律：在骨骼相对稳定发育的同时，通过提高营养供给，使肉牛的软组织，特别是肌肉和脂肪，迅速增加并发生质和量的变化。从生产角度来看，持续育肥的主要目的是充分发挥肉牛的遗传生长潜力，使育肥牛在出栏时达到更高的等级或标准，从而在屠宰后能够生产更多的优质牛肉。这不仅要求合理的饲养管理策略，确保肉牛生长的各个阶段都有适当的营养支持，还需要在投入和成本之间找到平衡，确保生产效益最大化。因此，持续育肥的关键在于既要增加肉牛体内肌肉和脂肪的积累，提升牛肉品质，又要使生产成本控制在合理范围内，从而提高肉牛的经济价值和市场竞争力。

### （二）肉牛直线育肥的生长发育规律

肉牛的生长育肥过程主要通过三种方式实现：一是细胞增殖（即细胞数量的增加），二是细胞增大（即现有细胞体积的扩展），三是细胞外液的增加。肉牛的生长潜力受遗传因素控制，但要让这种潜力充分释放，必须提供足够的营养。因此，营养是肉牛育肥的关键，它决定了饲料中的营养物质能否被肉牛有效吸收和利用，从而促进肉牛的生长。此外，肉牛的生长速度并不是恒定的，而是呈现出阶段性的变化。在整个生长过程中，日增重随着肉牛年龄的增加呈现出"S"形的增长曲线。

在育肥前期肉牛进入快速增长期，育肥中期时，肉牛的生长速度开始放缓，到育肥后期基本停止，直至达到成年或屠宰体重。在育肥前期肉牛的主要生长特征是骨骼和肌肉的快速发育，尤其是肌肉生长最为突出，但脂肪发育相对较慢，骨骼在胴体中的比例较高。随着育肥期的延长，肌肉的生长逐渐减缓，脂肪的积累速度开始加快，特别是在育肥后期，肌肉生长趋于停止，而脂肪继续沉积。这一转变对牛肉品质和市场价值产生重要影响，脂肪含量增加使得肉牛的屠宰质量提升。

当日增重从高峰期开始减缓时，这个阶段被称为"生长转折点"。在生长转折点之前，肉牛对饲料的利用率最高，此时是增加饲养投入以获得最佳经济效益的关键时机。此阶段肉牛生长迅速，饲料转化效率高，能够显著增加体重。然而，过了生长转折点后，肉牛的维持需求增大，饲料利用率下降，肉牛进入收益递减阶段。此时，继续大量投喂饲料不会带来显著的增重效果，反而会增加饲养成本。因此，饲养管理需要及时调整，合理控制饲料的质量和数量，以确保投入与产出之间的平衡，避免不必要的浪费。综上，肉牛的生长育肥是一个复杂的过程，需要在不同的生长阶段调整饲养管理策略，以确保肉牛获得所需的营养物质，从而最大限度地发挥其遗传潜力并实现经济效益最大化。

（三）直线育肥技术的关键影响因素

影响肉牛直线育肥效果的因素有很多，主要包括营养管理、饲料配方、环境控制和品种选择等。首先，饲料是肉牛增重的核心因素。直线育肥过程中，饲料配方中的能量、蛋白质、矿物质和维生素必须保持均衡，以确保肉牛能够快速增重。高能量的精饲料是直线育肥的基础，但也需适量添加粗饲料，以维持瘤胃的正常功能。与此同时，饲料的加工方式（如粉碎、混合和青贮技术）会直接影响饲料的利用效率，从而影响育肥效果。其次，育肥环境对肉牛的生长至关重要。牛化欣等研究表明，温度和湿度等环境因素都会影响肉牛的食欲和日增重。因此，直线育肥技术要求严格控制育肥舍内的温湿度，且保持畜舍良好的通风和卫生条件，以避免环境应激导致生长停滞。最后，不同品种的肉牛在增重速度、饲料转化效率以及肉质方面存在差异，如西门塔尔牛或安格斯牛，能够显著提升育肥效率，通过选择适合直线育肥的优质品种来提高直线育肥效果。

## 二、肉牛直线育肥方法

肉牛直线育肥的一种常见方法是持续育肥法，即在犊牛断奶后，通过均衡的营养供给使其进入生长和育肥阶段，直至出栏。此方法既可采用放牧加补饲的方式，也可以选择舍饲饲养方式，通常日粮中的精饲料占总营养物质的50%以上。具体的育肥方法如下。

### （一）放牧加补饲持续育肥法

放牧加补饲持续育肥法以青粗饲料为主，目标是在18月龄时将肉牛的体重提升到400 kg。在牧草条件良好的地区，犊牛断奶后以放牧为主，并根据草场情况适当补充精饲料或干草。在哺乳阶段，犊牛的日增重可达0.9～1 kg，冬季日增重保持在0.4～0.6 kg，第二个夏季的日增重约为0.9 kg。在枯草季节，杂交牛每天需补喂1～2 kg精饲料。春季放牧期间，饲草中水分、蛋白质和维生素含量较高，利于犊牛发育，但能量、纤维、钙、磷等矿物质不足，因此需要补充干草和矿物质舔砖。为了避免干草摄入不足导致消化不良或瘤胃膨胀，放牧前需补喂干草并控制放牧时间。冬季积雪覆盖时，可将牛群转为舍饲育肥。通常在我国草场条件下，春季产犊，经过1个冬季后，于第二年秋季体重达到500 kg左右出栏，整个饲养周期约18个月。

### （二）放牧＋舍饲＋放牧持续育肥法

放牧＋舍饲＋放牧持续育肥法适用于9—11月出生的秋犊。哺乳期日增重约为0.6 kg，断奶时体重可达70 kg。断奶后以粗饲料为主进行冬季舍饲，自由采食青贮饲料或干草，精饲料日喂量不超过2 kg，平均日增重可达0.9 kg，6月龄时体重达到180 kg。随后转入优质牧草地放牧，日增重保持在0.8 kg，12月龄时体重达到320 kg左右。之后再次转为舍饲，自由采食青贮饲料或干草，精饲料日喂量2～5 kg，日增重保持在0.9 kg，至18月龄时体重可达490 kg。

### （三）舍饲持续育肥法

犊牛断奶后即开始舍饲持续育肥，饲养强度决定屠宰的月龄。高强度育肥计划通常在12～15月龄屠宰，需提供较高的饲养水平，保证日增重在1 kg以上。制定育肥计划时，应综合考虑市场需求、饲养成本、牛场条件、牛的品种、育肥强度及屠宰时间等。

此外，肉牛直线育肥还可根据市场定位进行差异化生产，如小白牛肉、犊牛肉、幼牛强度育肥、高档肉（如雪花肉、大理石纹肉）等，不同的育肥方案根据市场需求和出栏时间进行优化调整。

# 三、肉牛直线育肥与青粗饲料结合的关键技术

肉牛直线育肥与青粗饲料的高效结合是现代化肉牛养殖中实现高效生产、降低成本、优化饲料资源利用的核心战略之一。在直线育肥模式下，青粗饲料不仅提供了必要的纤维、能量和蛋白质，还通过优化消化功能和调节瘤胃微生态，促进肉牛的生长增重。因此，合理地将青粗饲料融入直线育肥过程，既能提升育肥效果，又能减少对粮食类饲料的依赖。

## （一）肉牛直线育肥与青粗饲料利用的互动关系

在直线育肥过程中，青粗饲料的利用不仅是经济性考虑，更是维持肉牛健康、促进瘤胃功能的必需部分。青粗饲料中的纤维素可以刺激肉牛瘤胃蠕动，增强饲料的消化吸收功能，同时改善消化道微生物环境。研究表明，适量的青粗饲料不仅能够提升日增重，还能减少瘤胃酸中毒、肠道炎症等消化系统疾病的发生。青粗饲料在直线育肥中的利用具有双重作用，它不仅为肉牛提供了基础的能量和营养物质，还通过促进瘤胃微生物的活动，帮助肉牛高效消化精饲料，提升整体饲料转化率。徐均钊等研究结果表明，全菌酶协同玉米秸秆黄贮能显著提高秸秆的营养价值和表观消化率，有效改善瘤胃发酵和纤维素降解菌组成，提高肉牛的生产性能。此外，直线性育肥技术和粗饲料的结合是优化生长和饲料效率的一种关键方法，主要是粗饲料和浓缩饲料的混合，通常使用粗饲料（如秸秆和苜蓿），结合浓缩饲料（如玉米、麦麸、大豆蛋白和矿物质）来促进体重增加和肉质改善。另一种有效的方法包括青贮饲料制备，将全株玉米制成青贮饲料，以增强营养吸收，缩短育肥期并提高牛肉品质。改良进化策略与线性规划相结合等高级策略通过最大限度地降低成本同时最大限度地提高营养产量来进一步帮助优化饲料配方，鉴于牛饲料的高成本，这一点至关重要。总体而言，这些方法提供了一种系统的方法，通过整合高效的饲料组合来提高牛的生产力，确保高营养摄入量，同时控制运营成本。

## （二）饲料优化与养殖管理的综合调控

在直线育肥过程中，饲料配方的优化与养殖管理是提高动物生长速度、减少饲料浪费、降低生产成本并最终实现经济效益最大化的关键因素。饲料配方的优化是育肥过程中最重要的环节之一，它直接影响到动物的健康、生长速度和生产成本，重点是根据动物的生长阶段和营养需求来调整饲料中的能量、蛋白质、维

生素和矿物质的含量，以达到育肥效果的最大化。精准管理营养需求、提高饲料转化效率、选择适宜的原料、平衡微量元素和维生素、制定不同育肥阶段的饲料配方等策略，能够有效促进动物生长，降低饲料成本。在养殖管理方面，环境控制、饲喂管理、饮水管理、健康监测和疾病防控、减少应激因素及育肥密度管理等措施也至关重要，这些管理措施共同作用于确保动物健康和生长效率，避免常见问题如疾病和应激的影响。通过结合实际养殖条件，灵活调整饲料配方和管理策略，并进行数据记录和分析以不断优化，能够显著提高育肥效率，降低养殖风险，最终实现经济效益最大化。

### （三）直线育肥与青粗饲料结合应用中的技术关键点

直线育肥是一种从牲畜较小体重阶段持续育肥到理想屠宰体重的生产管理模式，其中合理结合青粗饲料的使用至关重要。青粗饲料与精饲料的科学搭配，不仅能够有效满足不同阶段牲畜对营养的需求，还能显著降低饲料成本并改善育肥的整体经济效益。为了最大化青粗饲料的营养价值和适口性，青贮饲料等处理方式常被采用，以保持饲料中营养成分的稳定和牲畜的采食积极性，这些都能促进牲畜的快速生长并提高饲料的转化效率。Xu 等报道 FTMR 能降低瘤胃体外甲烷产量，改善营养物质消化吸收，优化瘤胃发酵，提高肉牛生长性能。与此同时，精确配比青粗饲料与精饲料，对于维持反刍动物瘤胃功能和保持良好的消化能力至关重要，纤维素的充足供应有助于增强瘤胃的蠕动和发酵，防止瘤胃酸中毒等消化系统疾病的发生。申迪等研究结果表明，与低精饲料组相比饲喂高精饲料日粮降低了牦牛瘤胃微生物菌群的多样性，并减少了不利于瘤胃菌群健康的菌群丰富度，同时提高了优势菌群的丰富度。在代谢功能上，高精饲料日粮增加了碳水化合物代谢和其他营养因子代谢，降低了免疫疾病代谢。饲喂过程中，需要考虑饲料的精细化管理，例如控制饲喂频率和日粮供给，以避免饲料浪费或营养不均衡，这一比例的调整需要结合肉牛的生理需求和市场目标，以确保最佳的增重效果和肉质。此外，为了保持牲畜健康，青粗饲料的存储和处理必须避免污染和霉变，预防寄生虫和病原体感染，确保饲料清洁与安全。在青粗饲料富含的维生素和抗氧化物质的支持下，可以显著提高肉品的抗氧化性能和保鲜期，优化肉品的品质，减少脂肪的过度沉积，进而获得更高的市场竞争力。通过结合科学的饲料管理、精确的日粮配比、青贮处理技术及对健康管理的关注，直线育肥中的青粗饲料应用能够有效促进牲畜的快速生长，提高肉质，并最终提升生产的经济效益，实现育肥管理的高效和可持续发展。

## 四、直线育肥与青粗饲料结合的研究进展

肉牛直线育肥与青粗饲料高效利用的结合，不仅是现代肉牛养殖的重要技术手段，也为提高生产效率、降低养殖成本提供了有力支持。为了更加全面了解其实际应用效果，全球范围内许多成功的案例研究为我们提供了宝贵的经验。此外，随着技术的不断进步和市场需求的变化，肉牛养殖的未来趋势逐渐显现，特别是在智能化、可持续发展和新型饲料资源的探索等方面。Ku 等研究了不同精粗比的 TMR 对韩牛公牛生长性能、胴体特性和肉质的影响，他发现较高粗饲料的 TMR 可增强肌内脂肪，提高肉质，并降低 n-6/n-3 脂肪酸比例，这更有利于人类健康，也使高粗饲料饮食成为韩国市场生产优质牛肉的首选。Jha 等使用不同饲料配方饲喂雄性水牛犊，经过 240 d 的饲喂试验后，他发现高粗饲料配方组的水犊牛在生长性能和经济回报方面被证明是最有效的。美国是全球牛肉生产大国，其肉牛养殖多采用规模化、集约化的直线育肥模式。美国德克萨斯州的一个大型牛肉生产企业，他们采用精确的营养管理系统，并结合本地丰富的青粗饲料资源，如玉米秸秆和苜蓿，通过优化的日粮配方和青贮饲料储备技术，大大提升了肉牛的育肥效率。Jardstedt 等研究了不同类型粗饲料对肉牛产前喂养期间能量状态和代谢状况的影响。结果显示，基于粗粮的饲喂策略（如使用草甸针茅青贮和其他替代品）显著影响了肉牛的身体状况评分（BCS）和体重，强调了产前饲喂对牛健康和育肥效率的重要性。在中国，肉牛养殖业近年来也逐渐转向集约化、现代化的直线育肥模式。内蒙古地区的某大型养殖场，他们结合当地的青贮玉米秸秆和苜蓿草资源，通过青贮和氨化处理等技术，开发了适合本地环境的高效育肥方案。Xu 等的研究进一步探讨了将玉米秸秆等副产品作为粗饲料加入育肥牛高能量日粮的效果，指出这些替代品在提高育肥效率的同时解决了传统粗饲料消化率低的问题。

综上所述，肉牛直线育肥与青粗饲料高效利用技术是现代肉牛养殖的核心策略，旨在通过优化饲料配方和管理措施，实现高效增重、提升肉质和降低养殖成本。直线育肥技术通过科学营养管理，在整个育肥过程中最大限度发挥肉牛的生长潜力，确保肉牛在不同生长阶段获得精准的营养支持。青粗饲料在此过程中不仅提供基础能量和纤维素，还能改善瘤胃功能，提升饲料利用效率。同时，结合物联网、大数据等智能化管理技术，肉牛养殖业能够更精准地监控生长状态，降低饲料浪费并减少环境负担。这些创新实践为提高生产效率、实现绿色可持续发展提供了有力支撑。

# 主要参考文献

李秀丽, 2024. 青贮饲料对肉牛生产性能和肉质的作用 [J]. 特种经济动植物, 27 (8): 72-73, 79.

牛胜策, 罗晓瑜, 洪龙, 等, 2015. 影响肉牛直线育肥效果的因素分析 [J]. 黑龙江畜牧兽医 (2): 35-38.

徐均钊, 王琦, 胡宗福, 等, 2023. 不同加工方式玉米秸秆型饲粮对肉牛生长性能、养分表观消化率、瘤胃发酵和菌群结构的影响 [J]. 草地学报, 31 (6): 1894-1901.

GASCO L, ACUTI G, BANI P, et al. , 2020. Insect and fish by-products as sustainable alternatives to conventional animal proteins in animal nutrition [J]. Italian Journal of Animal Science, 19 (1): 360-372.

HOSTIOU N, FAGON J, CHAUVAT S, et al. , 2017.Impact of precision livestock farming on work and human-animal interactions on dairy farms. A review [J]. Biotechnologie, Agronomie, Environnement / Biotechnology, Agronomy, Society and Environment, 21 (4): 268-275.

KU M J, MAMUAD L, NAM K C, et al. , 2021.The effects of total mixed ration feeding with high roughage content on growth performance, carcass characteristics, and meat quality of hanwoo steers [J]. Food Science of Animal Resources, 41 (1): 45-58.

MONTEIRO A, SANTOS S, GONÇALVES P, 2021.Precision agriculture for crop and livestock farming-brief review [J]. Animals, 11 (8): 2345.

XU J, MA J, SA R, et al. , 2024. Effects of lactic acid bacteria inoculants on the nutrient composition, fermentation quality, and microbial diversity of whole-plant soybean-corn mixed silage [J]. Frontiers in Microbiology, 15: 1347293.

（徐均钊）

# 第四节　肉牛育肥营养调控技术

## 一、育肥牛饲料配方优化

### （一）能量饲料的选择与比例优化

在肉牛育肥中，能量饲料的选择与合理配比是影响育肥效果的重要因素。玉米是肉牛育肥过程中最常用的能量饲料之一，因其淀粉含量高、易于消化，能够为肉牛提供充足的能量，尤其是在育肥后期，玉米可以促进脂肪的沉积，从而改善肉质的风味和嫩度。小麦和大麦则因其易消化和较高的蛋白质含量，也在育肥饲料中得到了广泛应用。在育肥的初期阶段，能量饲料的比例需要控制在一定范围内，以促进瘤胃微生物的正常发酵过程。而在育肥的后期，为了增加脂肪沉积，提高肉质，能量饲料的比例通常会增加到日粮的 70% 以上。

### （二）蛋白质饲料的选择与氨基酸平衡

蛋白质是促进肉牛肌肉生长和修复的关键营养素，其质量和氨基酸组成直接影响育肥效果。豆粕是肉牛日粮中最常用的蛋白质饲料，具有高蛋白质含量和良好的氨基酸平衡，特别是富含赖氨酸。在育肥初期，豆粕作为蛋白质来源，可以满足肉牛对氨基酸的需求，有效促进肉牛肌肉的生长。为了提高蛋白质的利用率，饲料中氨基酸的平衡尤为重要，特别是赖氨酸和蛋氨酸等必需氨基酸的补充。在育肥初期，由于肉牛对氨基酸的需求较高，饲料中的蛋白质含量通常在 14% ～ 16%，以促进骨骼和肌肉的快速生长。在后期育肥阶段，蛋白质含量可适当降低至 12% 左右，以减少饲料成本，同时避免过量蛋白质转化为能量而被浪费。此外，近年来研究发现，通过在饲料中添加过瘤胃保护蛋白，可以显著提高蛋白质的生物利用率，减少瘤胃中蛋白质的降解，提高育肥牛的增重效果。

### （三）饲料添加剂的应用

饲料添加剂在肉牛育肥中的应用越来越广泛，以期改善生长性能、提高饲料转化效率、增强免疫力和改善肉质。维生素（如维生素 A、维生素 D、维生素 E）

则有助于提高肉牛的免疫功能和繁殖性能。酶制剂的添加可以提高饲料中营养物质的消化率，尤其是非淀粉多糖酶的应用，可有效提高植物性饲料的利用率。而益生菌则通过调节瘤胃微生物群，改善消化系统健康，进而提高饲料的消化利用效率。瘤胃调控剂如瘤胃缓冲剂和瘤胃保护脂肪，可以维持瘤胃的 pH 值稳定，减少因饲料中高能量成分导致的瘤胃酸中毒风险。研究表明，在日粮中添加瘤胃缓冲剂可以有效防止瘤胃酸化，提高饲料的转化率和肉牛的日增重。虽然生长促进剂在一些地区的应用受到严格监管，但其在提高饲料利用率和肉牛增重速度方面的效果显著。近年来，天然植物提取物如牛至精油、大蒜素等因其具有抗菌、抗氧化和促进生长的作用，逐渐成为抗生素替代品，受到了广泛关注。

# 二、阶段性饲养管理

## （一）初期、中期和后期育肥的营养需求差异

肉牛育肥过程可分为初期、中期和后期三个阶段，每个阶段的营养需求不同，因此饲料配方需要根据肉牛的生长发育需求、季节变化及环境因素进行动态调整。在初期育肥阶段，主要目标是促进骨骼和肌肉的快速生长，因此这一阶段的日粮应以高蛋白和中等能量为主，特别需要确保赖氨酸和蛋氨酸等必需氨基酸的充足供应，为后期的体重快速增加打下坚实基础。进入中期育肥阶段，肉牛体重增长加快，对能量的需求显著增加，因此日粮中高能量成分（如玉米、大麦等谷物）的比例应逐步提高。虽然蛋白质仍然重要，以维持肌肉的持续生长，但为了瘤胃的健康，粗纤维饲料的比例也需保持在适当水平，以避免纤维摄入不足导致的消化问题。在后期育肥阶段，肉牛的营养需求主要集中在脂肪的沉积上，以提升肉质风味并改善牛肉的嫩度。因此，日粮结构应以高能量、低蛋白为主，能量饲料的比例通常达到 70% 以上，而蛋白质比例则下降至 12% 左右。为了进一步提高饲料转化效率和促进脂肪积累，可以适当增加脂肪性饲料（如植物油或动物脂肪）的供给。此外，补充适量的维生素和矿物质，尤其是维生素 E，不仅有助于增强肉的抗氧化能力，还能改善肉的保存时间和颜色。

## （二）饲养管理中的应激控制

在阶段性饲养管理中，应激控制是保证肉牛健康和提高育肥效果的关键环节。肉牛在饲养过程中可能会面临多种应激因素，如断奶、运输、高温和疫苗接种等，这些应激因素会影响肉牛的采食量和生长速度，甚至导致免疫力下降。在

初期育肥阶段，肉牛对环境变化较为敏感，应尽量减少断奶和转群等操作对其带来的应激。在中期和后期育肥阶段，保持稳定的饲喂时间和充足的饮水供应，可以有效减少应激对肉牛生长的负面影响。此外，适当补充维生素 C 和维生素 E 等抗氧化剂，也有助于缓解应激反应，提高肉牛的抗病能力。

### （三）饲喂方式的改进

在肉牛的阶段性饲养管理中，合理的饲喂方式对于提高饲料利用效率和促进肉牛的生长至关重要。初期育肥阶段采用少量多次饲喂的方式尤为有效，通过增加饲喂次数，可以提升肉牛的采食量，促进饲料的消化和吸收，从而加速骨骼和肌肉的快速生长。而在中期和后期育肥阶段，虽然可以逐渐减少饲喂次数，但必须确保饲料的品质和适口性，以最大限度地提高饲料的转化效率，满足肉牛快速增重和脂肪沉积的需求。同时，现代化肉牛育肥场中越来越多地应用自动饲喂系统，该系统能够根据肉牛的个体需求进行精准投喂，减少饲料浪费和人为干扰，降低因应激对肉牛生长产生的不利影响，从而进一步优化育肥效果，提升生产效率。

### （四）环境管理与阶段性饲养的结合

在肉牛的阶段性饲养管理中，环境条件的管理同样不可忽视。适宜的温度、湿度以及良好的通风对于肉牛的健康和生长至关重要。特别是在初期育肥阶段，肉牛对寒冷和潮湿的环境较为敏感，因此应采取适当的保暖措施，确保其在寒冷环境下的健康和生长。而在中期和后期育肥阶段，防暑降温变得尤为重要，以减少热应激对肉牛采食量和生长性能的负面影响。研究显示，在高温季节，增加遮阴设施和使用喷雾降温系统能够有效降低热应激，进而提高肉牛的日增重和饲料利用率。此外，保持干燥、清洁的环境有助于减少疾病发生，降低抗生素的使用频率，从而提升养殖的整体效益和肉质的安全性。

## 三、精粗比调控

### （一）精粗比的调控

精粗比的合理调控对于肉牛的健康成长及肉品质至关重要，因此，需要在不同的育肥阶段，根据肉牛的生理需求和营养摄取特性进行精确调整。

**1. 育肥初期精粗比例**

在育肥初期（1～3 个月），肉牛处于快速生长发育期，粗饲料的比例应较高，以刺激反刍系统和瘤胃功能的发育，通常精粗比约为3∶7，较高的粗纤维含量有助于维持瘤胃pH值，促进微生物群落的繁殖，确保营养物质有效分解和吸收。本试验于2023年7月8日至9月18日在黑龙江省农业科学院畜牧研究所创新试验示范基地进行，选取16头平均体重为（338.5±35.3）kg、8月龄、生理状态和体况相似的健康西门塔尔公牛，采用对比试验设计分为两组，每组8头牛，每头牛作为一个重复。对照组（CON组）饲喂基础饲粮（粗饲料为玉米青贮），高丹草组（SS组）饲喂以55%高丹草替代基础饲粮中玉米青贮的饲粮。试验周期包括预试期10 d和正式试验期60 d，后者分为两个阶段（第1～30 d和第31～60 d）。所有试验牛均散栏饲养，饲养密度为每组96 m²，自由采食和饮水，每天饲喂两次，并通过个体采食量测定装置记录每日采食量。试验期间饲粮从基础饲粮逐渐过渡为试验饲粮，并根据牛体重分阶段制定，饲粮营养水平参照日本肉用牛饲养标准。饲粮组成及营养水平见表4-7。

表4-7　育肥初期（250～350 kg）饲粮组成及营养水平（干物质基础）　　（%）

| 项目 | 第1～30 d | | 第31～60 d | |
|---|---|---|---|---|
| | 对照组 | 高丹草组 | 对照组 | 高丹草组 |
| 原料 | | | | |
| 浓缩料[1] | 17.6 | 16.8 | 17.2 | 15.7 |
| 蒸汽压片玉米 | 16.4 | 17.0 | 16.4 | 17.2 |
| 豆腐渣 | | | 6.4 | 7.0 |
| 全株玉米青贮 | 60.0 | 27.0 | 55.0 | 24.8 |
| 高丹草 | | 33.4 | | 30.5 |
| 稻草 | 6.0 | 5.8 | 5.0 | 4.8 |
| 合计 | 100.0 | 100.0 | 100.0 | 100.0 |
| 营养水平[2] | | | | |
| 干物质（饲喂基础） | 51.44 | 48.03 | 52.59 | 50.16 |
| 粗蛋白质 | 10.12 | 11.22 | 11.26 | 11.93 |
| 粗脂肪 | 3.38 | 3.97 | 3.46 | 4.03 |
| 中性洗涤纤维 | 33.05 | 35.28 | 31.18 | 33.74 |
| 酸性洗涤纤维 | 24.52 | 26.74 | 25.54 | 27.80 |
| 粗灰分 | 5.29 | 6.21 | 5.33 | 6.33 |
| 钙 | 0.72 | 0.82 | 0.76 | 0.85 |
| 磷 | 0.38 | 0.47 | 0.36 | 0.42 |
| 代谢能（MJ/kg） | 11.34 | 10.89 | 11.84 | 11.36 |

注：1）浓缩料中含预混料，每千克预混料含有维生素A 40 000～330 000 IU，维生素D₃ 10 000～100 000 IU，维生素E 600 000 IU，铁60～1 600 mg，锌60～400 mg，铜10～500 mg，锰40～500 mg。

2）代谢能为计算值，参照《肉牛营养需要量和饲料成分表指南（2021）》计算；其余为实测值。

**2. 育肥中期精粗比例**

进入中期育肥阶段（3～6个月），肉牛的生长重点从发育转向体重增加，此时需增加能量摄入，精饲料比例提升至5:5或6:4，这个阶段提供的精饲料中的淀粉和糖类为肉牛提供大量能量，促进体重增长，但仍需确保粗纤维摄入以维持瘤胃健康，防止消化问题。试验于2021年4—6月在内蒙古通辽市科左中旗蒙智源养殖合作社进行，试验包含了10 d的预饲期和56 d的正式期。使用了28头体重为（350.23±23.57）kg的西门塔尔杂交公牛，随机分成4组，每组7头。各组牛分别喂以不同处理的玉米秸秆，包括揉丝玉米秸秆（JG组）、膨化微贮玉米秸秆（PH组）、菌酶协同玉米秸秆黄贮（HZ组）和全株玉米青贮（QZ组）的TMR，精粗比为50:50，试验饲料配方遵循《肉牛营养需要（第8次修订版）》进行，饲粮组成和营养水平见表4-8。

**表4-8　育肥中期（350～450 kg）肉牛饲粮组成及营养水平（干物质基础）　（%）**

| 项目 | 秸秆组 | 膨化秸秆组 | 黄贮组 | 青贮玉米组 |
|---|---|---|---|---|
| 原料 | | | | |
| 玉米秸秆 | 50.00 | | | |
| 膨化玉米秸秆 | | 50.00 | | |
| 玉米秸秆黄贮 | | | 50.00 | |
| 全株玉米青贮 | | | | 50.00 |
| 玉米破碎料 | 24.50 | 24.50 | 24.50 | 21.50 |
| 小麦麸 | 3.50 | 3.50 | 6.0 | 12.0 |
| 豆粕 | 11.00 | 11.00 | 8.50 | 5.50 |
| 向日葵饼 | 8.00 | 8.00 | 8.00 | 8.00 |
| 磷酸氢钙 | 0.25 | 0.25 | 0.25 | 0.25 |
| 小苏打 | 0.35 | 0.35 | 0.35 | 0.35 |
| 食盐 | 0.50 | 0.50 | 0.50 | 0.50 |
| 石粉 | 0.75 | 0.75 | 0.75 | 0.75 |
| 预混料 | 0.50 | 0.50 | 0.50 | 0.50 |
| 尿素 | 0.65 | 0.65 | 0.65 | 0.65 |
| 合计 | 100.00 | 100.00 | 100.00 | 100.00 |
| 营养水平 | | | | |
| 综合净能（MJ/kg） | 6.76 | 6.75 | 6.79 | 6.85 |
| 粗蛋白质 | 13.75 | 13.18 | 12.98 | 13.05 |
| 中性洗涤纤维 | 40.01 | 39.78 | 39.41 | 32.37 |

| 项目 | 秸秆组 | 膨化秸秆组 | 黄贮组 | 青贮玉米组 |
|---|---|---|---|---|
| 酸性洗涤纤维 | 24.72 | 21.59 | 21.4 | 15.28 |
| 粗灰分 | 9.55 | 9.51 | 10.05 | 10.32 |

注：每千克预混料提供：维生素 A 150000 IU，维生素 $D_3$ 20000 IU，维生素 E 3 000 IU，铁 3 200 mg，锰 1 500 mg，锌 2 000 mg，铜 650 mg，碘 35 mg，硒 10 mg，钴 10 mg。依据我国《肉牛饲养标准》（NY/T815—2004）和饲料总能量计算综合净能量，其他营养水平为实测值。

**3. 育肥后期精粗比例**

在育肥后期（6个月以后），肉牛的体重已达到目标，重点是增加脂肪沉积以改善肉质。此时精饲料比例应进一步提高，通常达到 7∶3 或更高。高精饲料比例可加速脂肪沉积，改善肉质大理石花纹，提高口感和市场价值。然而，需严格监控瘤胃健康，避免因精饲料过量引发酸中毒等问题。

饲养试验和消化代谢试验于 2022 年 9—10 月在江西省莲花县江西胜龙牛业集团有限责任公司进行，样品检测在江西农业大学江西省动物营养重点实验室完成。试验操作严格按照《江西农业大学实验动物福利伦理和动物实验安全审查制度》（赣农大发〔2018〕30号）要求进行。试验选取 30 头健康、体重为（497.73±43.84）kg 的西门塔尔杂交公牛，采用随机区组设计，将肉牛分为 5 组，每组 6 头牛。基础饲粮（A组）参照《肉牛饲养标准》（NY/T 815—2004）和《日本饲养标准：肉用牛（2008 年版）》中 500 kg 肉牛日增重 1.0 kg/d 的营养需求进行配制，A 组饲粮粗蛋白质（CP）水平为 9.53%。在此基础上，B组、C组、D组和E组的饲粮CP水平分别增加1%（10.53%）、2%（11.53%）、3%（12.53%）和4%（13.53%），各组饲粮的综合净能统一为 6.12 MJ/kg。饲粮的具体组成及营养水平见表 4-9。

**表 4-9 育肥后期（450～600 kg）肉牛饲粮组成及营养水平（干物质基础）（%）**

| 项目 | 组别 | | | | |
|---|---|---|---|---|---|
| | A | B | C | D | E |
| 原料 | | | | | |
| 麦秸 | 27.15 | 26.14 | 25.36 | 24.88 | 24.40 |
| 啤酒糟 | 5.00 | 8.00 | 10.00 | 12.00 | 14.00 |
| 玉米 | 56.16 | 50.04 | 42.25 | 39.29 | 34.72 |
| 麦麸 | 8.00 | 12.00 | 18.00 | 18.00 | 20.00 |

| 项目 | 组别 | | | | |
|------|------|------|------|------|------|
| | **A** | **B** | **C** | **D** | **E** |
| 豆粕 | 0.76 | 0.96 | 1.50 | 3.01 | 4.16 |
| 小苏打 | 1.00 | 1.00 | 1.00 | 1.00 | 1.00 |
| 食盐 | 0.50 | 0.50 | 0.50 | 0.50 | 0.50 |
| 石粉 | 0.30 | 0.30 | 0.10 | 0.13 | 0.22 |
| 磷酸氢钙 | 0.13 | 0.06 | 0.29 | 0.19 | |
| 预混料 | 1.00 | 1.00 | 1.00 | 1.00 | 1.00 |
| 合计 | 100.00 | 100.00 | 100.00 | 100.00 | 100.00 |
| 营养水平 [2] | | | | | |
| 综合净能（MJ/kg） | 6.12 | 6.12 | 6.12 | 6.12 | 6.12 |
| 粗蛋白质 | 9.53 | 10.53 | 11.53 | 12.53 | 13.53 |
| 钙 | 0.50 | 0.50 | 0.50 | 0.50 | 0.50 |
| 磷 | 0.33 | 0.33 | 0.33 | 0.33 | 0.33 |
| 中性洗涤纤维 | 31.73 | 33.05 | 34.79 | 35.13 | 36.01 |
| 酸性洗涤纤维 | 18.77 | 19.32 | 20.01 | 20.30 | 20.78 |

1）每千克预混料含有：维生素 D 320 000 IU，维生素 A 150 000 IU，维生素 E 4 000 IU，铁 5 200 mg，锰 1 600 mg，锌 3 000 mg，铜 700 mg，碘 40 mg，硒 15 mg，钴 15 mg，钙 150 g，磷 40 g。

2）综合净能为计算值，其他为实测值。

## （二）精粗比对瘤胃健康的影响

在肉牛育肥过程中，合理调整精粗比是确保高效增重与维持瘤胃健康的关键，其中，精饲料富含淀粉和糖类，能为肉牛提供充足的能量，从而提高饲料转化率，促进体重增长。然而，精饲料发酵较快，过量使用可能导致瘤胃 pH 值下降，增加酸中毒风险。为避免这一问题，粗饲料中的纤维可以起到缓冲作用，帮助维持瘤胃的酸碱平衡。因此，在调整精粗比时，必须在满足能量需求与保护瘤胃健康之间找到平衡。逐步调整饲料比例尤为重要，通常过渡期为 1～2 周，以便瘤胃微生物有足够时间适应新配方，避免因精饲料比例骤增引发健康问题。此外，精粗比应根据肉牛的生长阶段和育肥目标灵活调整，以实现最佳的饲料转化率和健康状态。

## 四、饲喂方式与频率

饲喂方式与频率在肉牛饲养过程中起着至关重要的作用，不仅直接影响肉牛的采食量、消化效率和生长速度，还对肉质的改善、饲料的有效利用以及肉牛健康有深远影响。合理的饲喂策略可以最大限度地挖掘肉牛的生长潜力，确保肉牛在整个育肥过程中始终保持良好的健康状态，同时减少饲料浪费，提高饲料的利用效率。

### （一）少量多次饲喂

采用"少量多次"的饲喂方式是一种被广泛推崇的饲喂策略，它的核心在于每天将肉牛的日粮分成多次进行饲喂，而不是一次性提供大量饲料。肉牛的瘤胃是一个复杂的发酵系统，突然大量进食容易引发消化不良、瘤胃胀气等问题，影响牛的健康。而少量多次的饲喂方式能更好地帮助肉牛提高采食量和消化率，减少肠胃负担，避免过量采食对瘤胃健康的不良影响。尤其在夏季高温时期，肉牛容易受到热应激的影响，食欲下降，代谢率降低，这时少量多次的饲喂方式可以减轻肉牛的热应激反应，保持稳定的采食行为。同时，小批量饲喂还能够让饲料更好地保持新鲜度，减少因饲料暴露过久而导致的品质下降或霉变问题。

### （二）定时饲喂

肉牛是具有较强生物钟的动物，因此定时饲喂可以有效帮助肉牛建立规律的进食习惯，减少应激反应和不良行为的发生。通常情况下，建议每天饲喂 2 ～ 3 次，具体时间安排在早晨、午后和傍晚，以配合肉牛的自然采食行为，这样安排不仅有利于肉牛的胃肠道休息，还可以避免过度饥饿引起的暴食现象。定时饲喂对于肉牛瘤胃微生物的稳定繁殖也至关重要，瘤胃中大量微生物帮助肉牛消化粗纤维和复杂碳水化合物，定时饲喂能维持瘤胃环境的稳定，促进微生物的活跃繁殖，提高饲料的消化利用率，从而帮助肉牛更好地增长体重。

### （三）饲料均匀混合

在饲喂过程中，必须确保精饲料和粗饲料的均匀混合。肉牛通常会偏好精饲料，但过多摄入精饲料会导致营养不均衡，影响健康。均匀混合的日粮可以确保肉牛摄入足够的粗纤维，维持瘤胃正常功能，减少因偏食或挑食带来的营养失衡风险。对于肉牛来说，足够的粗纤维摄入不仅有助于瘤胃的健康，还能避免因精饲料过多而导致的酸中毒等问题。另外，饲料中的各种营养成分（如蛋白质、碳水化合物、维生素和矿物质）应根据肉牛的生长阶段进行合理搭配，确保饲料的营养均衡。这样不仅有助于肉牛的快速生长，还能增强其免疫力和抗病能力。

### （四）饲料质量的控制

饲料的质量对肉牛的健康至关重要。每次饲喂前都应仔细检查饲料的质量，确保没有霉变、异味或其他质量问题。霉变的饲料可能含有霉菌毒素，这些毒素一旦被肉牛摄入，可能会对其消化系统和免疫系统造成严重损害，导致生产性能下降，甚至引发疾病。为了保证饲料的质量，应选择可靠的饲料供应商，尽量购买新鲜的饲料，并且在储存过程中要注意防潮、防虫，防止饲料发霉或腐败。同时，要定期对饲料进行检测，以确保其营养成分符合肉牛的生长需求。

### （五）充足的饮水供应

充足的清洁饮水是肉牛健康的重要保障，也是促进饲料消化和营养吸收的基础。肉牛每天的饮水量会随着环境温度、体重和采食量的变化而有所不同，特别是在夏季高温季节，肉牛的饮水需求量会显著增加。因此，在饲养过程中，必须确保肉牛能够随时获得充足的清洁水源，以保证正常的消化功能和体温调节。饮水的温度也不容忽视。极端温度的水会对肉牛的采食行为产生影响，夏季过热的水会让肉牛采食量减少，而冬季过冷的水则可能导致食欲下降。因此，最好在高温季节为牛提供适当降温的饮水，冬季则应适当加热饮水，以保证肉牛的正常采食和消化。

### （六）饲喂环境的管理

饲喂环境对肉牛的健康和采食行为也有重要影响。饲养场的环境应保持安静、整洁，避免噪声、拥挤等因素造成肉牛的应激反应。饲槽的设计应合理，确保每头牛有足够的进食空间，防止牛群在进食时因竞争而发生争斗，影响采食量和健康。此外，饲槽和饮水槽应定期清洗，防止细菌和其他有害微生物滋生，保持良好的卫生条件。清洁的饲喂设备能够降低肉牛感染疾病的风险，确保饲料和饮水的安全与健康。

## （七）饲喂频率的灵活调整

饲喂频率应根据肉牛的生长阶段、天气条件以及饲料的类型灵活调整。例如，在育肥初期，肉牛的消化系统尚未完全发育成熟，消化能力较弱，因此可以适当增加饲喂次数，以促进瘤胃的发育。而在育肥后期，肉牛的消化能力增强，可以适当减少饲喂次数，增加每次的饲料量，以促进脂肪沉积，从而提高肉质。天气条件对饲喂频率的影响也不容忽视。高温天气下，肉牛的采食欲望下降，可以通过增加饲喂次数、减少每次饲料量来维持其正常的采食行为，避免过度热应激对生产性能的不利影响。

## （八）自由采食与限量饲喂

自由采食和限量饲喂是两种不同的饲喂方式，适用于不同的育肥目标。自由采食通常适用于需要快速增重的牛群，这种方式允许肉牛在全天候随时进食，可以最大限度地提高采食量和生长速度，适合育肥期较短的快速育肥模式。但自由采食也有一定的风险，如肉牛容易因过量摄入精饲料而导致消化问题，因此要加强饲料的合理配比和管理。限量饲喂则适合需要控制体重或提高饲料利用率的牛群。例如，对于那些肉质要求较高、脂肪沉积比例需要严格控制的牛种，限量饲喂可以避免过度肥胖，提高肉质品质，同时减少饲料浪费，降低饲养成本。

## 主要参考文献

梁运祥，胡宝娥，陈宏声，等，2022. 利用生物技术，加快秸秆"高值饲料化"转化，促进草食畜牧业发展［J］. 饲料工业，43（12）：1-9.

刘朝乐门，王纯洁，斯木吉德，等，2023. 日粮精粗比对反刍动物生产性能影响的研究进展［J］. 饲料研究，46（20）：148-152.

刘宏凯，王浩程，王佳宁，等，2024. 额外添加复合维生素对育肥牛生长性能、屠宰性能和肉品质的影响［J］. 饲料研究，47（11）：24-29.

孟庆翔，2022. 矿物质在肉牛饲养中的作用［J］. 饲料工业，43（24）：1-8.

魏梓恒，卜也，苏华维，等，2024. 鲜饲高丹草替代玉米青贮对西门塔尔公牛生长性能、血清生化指标和粪便微生物区系的影响［J］. 动物营养学报，36（9）：5748-5760.

熊凤良，吕良康，李文娟，等，2024. 氧化镁预防反刍动物亚急性瘤胃酸中毒的机制及其应用研究进展〔J〕.中国畜牧杂志, 60（6）: 101-106.

SUPAPONG C, CHERDTHONG A, WANAPAT M, et al. , 2019.Effects of sulfur levels in fermented total mixed ration containing fresh cassava root on feed utilization, rumen characteristics, microbial protein synthesis, and blood metabolites in thai native beef cattle〔J〕.Animals, 9（5）: 261.

（胡宗福）

# 第五章 肉牛青粗饲料型饲料配方

## 第一节 肉牛粗饲料型饲料配方与养殖效果

### 一、不同饲料原料的营养价值及其评判

肉牛作为反刍动物，对粗饲料的依赖有别于单胃动物，在其饲养过程中，粗饲料的选择和搭配对于牛的生长和健康至关重要。粗饲料主要包括农作物秸秆、牧草、部分木质纤维素，还有青贮玉米秸秆、啤酒糟、白酒糟等，这些饲料不但成本低，经过瘤胃消化以后，能够转化为肉牛生长所需要的必要的营养，同时也有利于降低饲养成本。在肉牛的饲养配方中，粗饲料的比例通常较大，与精饲料相结合，以满足肉牛不同生长阶段的需求。

农作物秸秆是成熟农作物茎叶（穗）部分的总称，通常指小麦、水稻、玉米、薯类、油菜、棉花、甘蔗和其他农作物在收获籽实后的剩余部分，富含氮、磷、钾、钙、镁和有机质等，是一种具有多用途的可再生的生物资源。其综合利用意义重大，不仅可以解决秸秆处理难题，还能推动绿色农业发展。

牧草是指供饲养的牲畜食用的草或其他草本植物，具有再生力强、富含微量元素和维生素等特点，是饲养家畜的首选。牧草品种繁多，按植物学分类主要包括禾本科牧草和豆科牧草。禾本科牧草如黑麦草、高丹草等，适宜喂养牛、羊等草食动物；豆科牧草如紫花苜蓿、白三叶等，营养价值高，特别是蛋白质含量丰富。此外，还有一些多年生优质牧草，如皇竹草、巨菌草等，能连续收割多年，产量高，适口性好，广泛应用于畜牧业。在选择牧草品种时，需考虑土壤环境、温度、水肥等条件，因地制宜，以保证牧草的高产和优质。

牛的木本饲料主要包括柠条、构树、肥牛树和泓森槐等。这些木本饲料富含粗蛋白质、粗脂肪等营养物质，是牛的重要饲料来源。柠条是一种优良的木本饲料，富含粗蛋白质、粗脂肪，是牧区重要的抗旱饲料。构树生命力极强，其茎叶富含丰富的蛋白质、氨基酸等微量元素，是牛羊养殖中"以树代粮"的优质木本饲料原料。肥牛树是中国特有的珍贵木本饲用植物，其叶含蛋白质较高，营养丰富，适口性好，是牛的重要饲料。槐叶片鲜嫩多汁，适口性好，蛋白质含量高、消化率高，是适合发展饲料林建设的优良品种。

牛的青贮饲料是一类由含水分多的植物性饲料经过密封、发酵后而成的饲料，主要用于喂养反刍动物。青贮饲料具有气味酸香、柔软多汁、适口性好、营养丰富等特点，且比新鲜饲料耐储存，营养成分强于干饲料，同时储存占地少，没有火灾问题。使用青贮饲料喂养牛有诸多好处，第一，营养价值高：青贮饲料能最大限度地保持青绿饲料中的营养成分，尤其是蛋白质和维生素。第二，适口性好，消化率高：青贮饲料具有酸甜的风味，提高了牛的食欲，同时有助于降低饲料的 pH 值，抑制有害微生物的生长。第三，降低饲养成本：青贮饲料的制作原料来源广泛，成本较低。

青贮饲料原料来源广泛，主要以全株玉米为主，此外还有青贮苜蓿、青贮牧草及其他青贮农作物。有些木本植物也可以制作青贮饲料。青贮玉米秸秆是一种常见的粗饲料，通过将玉米秸秆在秋季收割后及时进行大面积青贮，为肉牛全年提供优质的粗饲料来源。

啤酒糟和白酒糟作为副产品，含有丰富的纤维素和一定量的蛋白质，是肉牛饲养中优质的粗饲料补充。

在肉牛的饲养过程中，粗饲料和精饲料的搭配使用是非常重要的。精饲料主要包括玉米、豆饼、棉籽饼、麸皮等，这些饲料为肉牛提供能量和蛋白质等必需营养。粗饲料的多元化使用不仅可以提高肉牛的消化率，还能促进肉牛的健康生长。例如，青贮玉米秸秆和啤酒糟、白酒糟的结合使用，不仅提供了肉牛所需的纤维素，还增加了饲料的适口性，有助于提高肉牛的采食量和生长速度。

此外，粗饲料的处理方式也是影响肉牛饲养效果的重要因素。例如，通过氨化处理或微生物发酵的方式，可以提高粗饲料的营养价值和适口性，进一步促进肉牛的生长。氨化处理是将无霉变的农作物秸秆或稻草与尿素和水混合后均匀洒在秸秆上，然后密封发酵；而微生物发酵则是利用专门的发酵制剂对秸秆进行处理，这些方法都能有效提高粗饲料的营养价值，从而提升肉牛的饲养效果。

综上所述，肉牛饲养中粗饲料的合理搭配和使用对于提高饲养效果具有重要意义。通过合理搭配粗饲料和精饲料，以及采用适当的处理方式，可以有效提高肉牛的生长速度和健康状况，进而提高养殖效益。肉牛各种常用饲料的成分与营养价值见表 5-1 至表 5-5。

表 5-1　青绿饲料类饲料成分与营养价值表　　　　（%）

| 饲料名称 | 地点 | DM | CP | EE | CF | NFE | Ash | Ca | P |
|---|---|---|---|---|---|---|---|---|---|
| 大麦青割 | 北京 | 15.7 | 2.0 | 0.5 | 4.7 | 6.9 | 1.6 | — | — |
| | 5 月 | 100 | 12.7 | 3.2 | 29.9 | 43.9 | 10.2 | — | — |
| 黑麦草 | 北京 | 18.0 | 3.3 | 0.6 | 4.2 | 7.6 | 2.3 | 0.13 | 0.05 |
| | | 100 | 18.3 | 3.3 | 23.3 | 42.2 | 12.8 | 0.72 | 0.28 |
| 苜蓿 | 北京， | 26.2 | 3.8 | 0.3 | 9.4 | 10.8 | 1.9 | 0.34 | 0.01 |
| | 盛花期 | 100.0 | 14.5 | 1.1 | 35.9 | 41.2 | 7.3 | 1.30 | 0.04 |
| 沙打旺 | 北京 | 14.9 | 3.5 | 0.5 | 2.3 | 6.6 | 2.0 | 0.2 | 0.05 |
| | | 100 | 23.5 | 3.4 | 25.4 | 44.3 | 13.4 | 1.34 | 0.34 |
| 象草 | 广东湛江 | 20.0 | 2.0 | 0.6 | 7.0 | 9.4 | 1.0 | 0.15 | 0.02 |
| | | 100.0 | 10.0 | 3.0 | 35.0 | 47.0 | 5.0 | 0.25 | 0.10 |
| 野青草 | 黑龙江 | 18.9 | 3.2 | 1.0 | 5.7 | 7.4 | 1.6 | 0.24 | 0.03 |
| | | 100.0 | 16.9 | 5.3 | 30.2 | 39.2 | 8.5 | 1.27 | 0.16 |
| 玉米青贮 | 4 省市，5 | 22.7 | 1.6 | 0.6 | 6.9 | 11.6 | 2.0 | 0.10 | 0.06 |
| | 样品平均值 | 100.0 | 7.0 | 2.6 | 30.4 | 51.1 | 8.8 | 0.44 | 0.26 |
| 玉米黄贮 | 吉林，收获 | 25.0 | 1.4 | 0.3 | 8.7 | 12.5 | 1.9 | 0.10 | 0.02 |
| | 后黄干贮 | 100.0 | 5.6 | 1.2 | 35.6 | 50.0 | 7.6 | 0.40 | 0.08 |
| 苜蓿青贮 | 青海西宁， | 33.70 | 5.3 | 1.4 | 12.8 | 10.3 | 3.9 | 0.5 | 0.1 |
| | 盛花期 | 100.0 | 15.7 | 4.2 | 38.0 | 30.6 | 11.6 | 1.48 | 0.3 |
| 甜菜叶青贮 | 吉林 | 37.5 | 4.6 | 2.4 | 7.4 | 14.6 | 8.5 | 0.39 | 0.10 |
| | | 100.0 | 12.3 | 6.4 | 19.7 | 38.9 | 22.7 | 1.04 | 0.27 |

注：引自《肉牛饲养标准》（NY/T815—2004）。

表 5-2　部分干草类饲料成分与营养价值　　　　（%）

| 饲料名称 | 地点 | DM | CP | EE | CF | NFE | Ash | Ca | P |
|---|---|---|---|---|---|---|---|---|---|
| 羊草 | 黑龙江，4 | 91.6 | 7.4 | 3.6 | 29.4 | 46.6 | 4.6 | 0.37 | 0.18 |
| | 样品平均值 | 100 | 8.1 | 3.9 | 32.1 | 50.9 | 5.0 | 0.40 | 0.20 |
| 苜蓿干草 | 北京，苏联 | 92.4 | 16.8 | 1.3 | 29.5 | 34.5 | 10.3 | 1.95 | 0.28 |
| | 苜蓿 2 号 | 100.0 | 18.2 | 1.4 | 31.9 | 37.3 | 11.1 | 2.11 | 0.30 |
| 野干草 | 河北，野草 | 87.99 | 9.3 | 3.9 | 25.0 | 44.2 | 5.5 | 0.33 | — |
| | | 100.0 | 10.6 | 4.4 | 28.4 | 50.3 | 6.3 | 0.38 | — |
| 碱草 | 内蒙古，结 | 91.7 | 7.4 | 3.1 | 41.3 | 32.5 | 7.4 | — | — |
| | 实期 | 100.0 | 8.1 | 3.4 | 45.0 | 35.4 | 8.1 | — | — |

续表

| 饲料名称 | 地点 | DM | CP | EE | CF | NFE | Ash | Ca | P |
|---------|------|------|------|------|------|------|------|------|------|
| 玉米秸秆 | 辽宁，3样 | 90.0 | 5.9 | 0.9 | 24.9 | 50.2 | 8.1 | — | — |
| | 品均值 | 100.0 | 6.6 | 1.0 | 27.7 | 55.8 | 9.0 | — | — |
| 小麦秸秆 | 北京，冬小麦 | 43.5 | 4.4 | 0.6 | 15.7 | 18.1 | 4.7 | — | — |
| | | 100.0 | 10.1 | 1.4 | 36.1 | 41.6 | 10.8 | — | — |

注：引自《肉牛饲养标准》（NYT 815—2004）。

**表 5-3　部分常用饲料风干物质中的 NDF 和 ADF 含量** （％）

| 饲料名称 | DM | NDF | ADF |
|---------|------|------|------|
| 豆粕 | 87.93 | 15.61 | 9.89 |
| 玉米 | 87.33 | 14.01 | 6.55 |
| 米糠 | 89.67 | 46.13 | 23.73 |
| 苜蓿 | | 51.51 | 29.73 |
| 豆秸 | | 75.26 | 46.14 |
| 羊草 | | 72.68 | 40.58 |
| 羊草 | 92.09 | 67.02 | 40.99 |
| 麦秸 | | 81.23 | 48.39 |
| 稻草 | | 75.93 | 46.32 |
| 玉米秸（叶） | | 67.93 | 38.97 |
| 玉米秸（茎） | | 74.44 | 43.16 |

注：引自《肉牛饲养标准》（NY/T 815—2004）。

**表 5-4　部分常用饲料干物质中的 NDF 和 ADF 含量** （％）

| 饲料名称 | DM | NDF | ADF |
|---------|------|------|------|
| 玉米淀粉渣 | 93.47 | 81.96 | 28：02 |
| 麸皮 | 88.54 | 40.1 | 11.62 |
| 整株玉米 | 17 | 61.3 | 54.86 |
| 青贮玉米 | 15.73 | 67.24 | 40.98 |
| 鲜大麦 | 30.33 | 65.7 | 39.46 |
| 青贮大麦 | 29.8 | 16.35 | 46.24 |
| 青贮高粱 | 93.65 | 67.63 | 43.71 |
| 青贮高粱 | 32.78 | 73.13 | 46.88 |
| 啤酒糟 | 93.66 | 77.69 | 25.77 |

续表

| 饲料名称 | DM | NDF | ADF |
|---|---|---|---|
| 白酒糟 | 94.5 | 73.48 | 50.64 |
| 羊草 | 92.96 | 70.74 | 42.64 |
| 稻草 | 93.15 | 74.79 | 50.3 |
| 苜蓿 | 91.46 | 60.34 | 44.66 |
| 玉米秸 | 91.64 | 79.48 | 53.24 |
| 谷草 | 90.66 | 74.81 | 50.78 |
| 麦秸 | 92.13 | 89.53 | 69.22 |
| 苜蓿秸 | 91.89 | 75.2 7 | 57.7 |

注：引自《肉牛饲养标准》（NY/T 815—2004）。

表 5-5 矿物质饲料类饲料成分和营养价值 （%）

| 饲料名称 | 样品地点 | 干物质 | 钙 | 磷 |
|---|---|---|---|---|
| 蚌壳粉 | 东北 | 99.3 | 40.82 | 0 |
| 贝壳粉 | 吉林榆树 | 98.9 | 32.93 | 0.03 |
| 砺粉 | 北京 | 99.6 | 39.23 | 0.23 |
| 石粉 | 广东 | 风干 | 55.67 | 0.11 |
| 碳酸钙 | 浙江湖州 | 99.1 | 35.19 | 0.14 |
| 蟹壳粉 | 上海 | 89.9 | 23.33 | 1.59 |

注：引自《肉牛饲养标准》（NY/T 815—2004）。

# 二、肉牛饲料配方及其养殖效果评价

## （一）通用肉牛养殖的饲料配方

### 1. 常用农户肉牛饲料配方

（1）体重在 400 kg 以上的架子牛精饲料配方为：玉米 65%，豆饼 5%，棉籽饼 15%，麸皮 11.5%，骨粉 1%。食盐 1%，苏打粉 1%，香味剂 0.5%。体重 250 kg 以上的青年牛饲料配方为：玉米 60%，豆饼 10%。棉籽饼 20%，麸皮 5.5%，骨粉 1.5%，食盐 1%，苏打粉 1%，香味剂 1%。

粗饲料主要以青贮玉米秸秆和啤酒糟、白酒糟结合，所用青贮玉米秸秆主要是利用秋季收玉米后的绿秆绿叶的玉米秸秆及时收割进行大面积青贮。全年饲喂。夏天配以啤酒糟，冬天配以白酒糟。

（2）饲料喂量：根据牛的年龄不同，育肥方法可分为：①青年牛育肥。育肥时间为 6～8 个月。②架子牛育肥。育肥时间在 4～5 个月。大体上可划分为三个阶段饲养：第一阶段 7～15 d，这时新购进的牛由于长途运输和应激会出现疲劳及对环境的不适应，这一阶段为恢复期，主要是调教牛。开始时不喂精饲料，先喂优质青草、干青草、麦秸、花生秧等，饮清水，陆续混入青贮饲料或氨化饲料、酒糟等。让牛饥饿 1～2 d 后再喂给精饲料。

第二阶段 15～20 d，为过渡期。经过前一阶段的恢复期后，牛基本适应了新环境的饲养条件，此时可加大精饲料的喂量。一般按体重的 0.8% 喂给精饲料，200 kg 体重的牛用精饲料 1.6 kg 就可以了，粗饲料不限量，连续喂几天，适应后逐渐增加精饲料的比例，过渡期终了时，精饲料可占日粮的 40%～50%。

第三阶段 110～120 d，为快速育肥期。这期间精饲料在日粮中所占比例是：1～20 d 为 55%～60%，21～50 d 为 65%～70%，51～90 d 为 75%，90～120 d 为 80%～85%。

（3）饲喂方式：为便于操作和管理，一般采取 1 d 喂 2 次的饲喂方式，冬春季早上 5 时、下午 5 时，夏秋季早上 4 时 30 分、下午 5 时，每天饲喂时间一般在 30～40 min，夏季中午喂水 1 次。做到反刍时间不低于 8 h。在日粮改变的 2～3 d 内，饲养人员要勤观察牛的采食情况、反刍次数，一旦发现异常情况要及时进行处理。同时，要按饲养阶段添加精饲料。草料的处理方法是：精饲料喂前用清水浸透，达到手握成团，掉地散开。先把青贮玉米秸秆均匀地摊在水泥地上约 15 cm 厚，然后在表面撒匀浸透后的精饲料，再在上面撒上 5 cm 厚的酒糟，最后用塑料布盖上发酵，一般夏天 3 h、冬天 12 h 后，即可拌匀饲喂。这样的草料柔软、有酒香味，牛特别爱吃，不剩渣，接着饮清水。

**2. 高档肉牛养殖饲料配比技术**

（1）适合于 150～200 kg 体重的牛使用：每日精饲料玉米 0.1 kg、豆饼 1 kg、粗饲料玉米秸 3 kg 或酒糟 15 kg，添加剂有尿素 50 g、食盐 40 g、磷酸钠 20 g、芒硝 15 g、瘤胃素 60 mg。

（2）200～250 kg 体重的牛使用：每日精饲料玉米 2.6 kg、豆饼 1 kg、粗饲料稻草 2.9 kg 或酒糟 20 kg，添加剂有尿素 60 g、食盐 40 g、碳酸钙 20 g、芒硝 18 g、瘤胃素 90 mg。

（3）250～300 kg 体重的牛使用：每日精饲料玉米 2.6 kg、豆饼 1 kg、粗饲料玉米秸秆 2.9 kg 或酒糟 25 kg，添加剂有尿素 100 g、食盐 65 g、碳酸钙 10 g、芒硝 30 g、瘤胃素 160 mg。

（4）300 ～ 400 kg 体重的牛使用：每日精饲料玉米 5.7 kg、豆饼 1 kg、粗饲料玉米秸秆 2.3 kg 或酒糟 30 kg，添加剂有尿素 150 g、食盐 100 g、芒硝 45 g、瘤胃素 360 mg。

此法把牛按体重分成 5 个段，用各自不同的配料及采食量饲喂，饲喂时先喂粗饲料后喂精饲料，每次喂给酒糟量为日给量的 1/4，余下的部分用于补充日粮采食的不足。日粮中粗饲料可用部分氨化微贮料代替，以提高日粮的营养和适口性。

**3. 氨化和微贮料的加工方法**

（1）粗饲料的氨化处理：将无霉变的农作物秸秆或稻草铡成 5 ～ 7 cm 长，每 100 kg 用尿素 4 ～ 5 kg、水 9.3 ～ 11.7 kg 拌匀后均匀地洒在秸秆草料上，装入池中踏实后密封；也可装入丝袋中垛起并用塑料布密封，温度控制在 10 ～ 15℃，1 周后即可使用，随用随取，用后封好即可。

（2）粗饲料的微生物处理：目前市场上有很多用于秸秆发酵的制剂。先将秸秆或稻草铡成 5 ～ 8 cm 长，加微生物发酵制剂，并按说明发酵即可。

## （二）肉牛高能饲料和高青贮饲料配方及养殖效果

研究者将以玉米和大麦为基础的高能饲料配方与以青贮玉米为主的低能饲料配方进行西门塔尔杂交肉牛对比养殖饲养试验，发现高能饲料配方的肉牛日增重全程高于低能饲料配方，这种日增重尤其在架子牛和育肥前期更明显。因此，高能饲料在肉牛育肥中具有重要意义。

表 5-6　肉牛高精干饲料和高青贮饲料配方

| 原料 | 高能饲料 | | 高青贮饲料 | |
|---|---|---|---|---|
| | 原料重（kg） | 占比（%） | 原料重（kg） | 占比（%） |
| 玉米青贮 | | | 4.62 | 50.12 |
| 甜菜渣青贮 | 2 | 16.19 | 1.05 | 11.39 |
| 小麦秸 | 1.2 | 9.72 | 0.27 | 2.93 |
| 破碎玉米 | 3.5 | 28.34 | 1.08 | 11.71 |
| 破碎大麦 | 2 | 16.19 | 1.08 | 11.71 |
| 挤压菜籽饼 | 1.1 | 8.91 | 0.9 | 9.76 |
| 甜菜渣 | 1.5 | 12.15 | 0 | 0 |
| 糖蜜 | 0.8 | 6.48 | 0 | 0 |
| 复合预混料 | 0.2 | 1.62 | 0.18 | 1.95 |
| 瘤胃调节剂 | 0.05 | 0.41 | 0.045 | 0.49 |
| 合计 | 12.35 | 100 | 20.95 | 100 |

续表

| 原料 | 高能饲料 | | 高青贮饲料 | |
|---|---|---|---|---|
| | 原料重（kg） | 占比（%） | 原料重（kg） | 占比（%） |
| 干物质基础 | 8.95 | | 9.225 | |
| 粗饲料 | | 25.0 | | 65.0 |
| 精饲料 | | 75.0 | | 35.0 |

表 5-7　高能量饲料和低能量饲料对肉牛增值的影响

| | 低能量饲料 | | | | | 高能量饲料 | | |
|---|---|---|---|---|---|---|---|---|
| | 日龄 | 月龄 | 阶段 | 体重（kg） | 日增重（kg） | 体重（kg） | 日增重（kg） | |
| 哺乳 | 0 | 0 | 出生 | 40 | | 40 | 3 月龄 | 180 |
| | 42 | 1.4 | 42 d | 80 | 0.95 | 80 | 0.95 | 6 月龄 | 270 |
| | 90 | 3 | 48 d | 134 | 1.125 | 134 | 1.125 | 9 月龄 | 360 |
| 断奶后 | 120 | 4 | 30 d | 176 | 1.4 | 176 | 1.4 | 12 月龄 | 450 |
| | 150 | 5 | 30 d | 225 | 1.63 | 225 | 1.63 | 15 月龄 | 300 |
| 架子牛 | 250 | 8.3 | 100 d | 397 | 1.72 | 409 | 1.84 | |
| 育肥前期 | 350 | 11.7 | 100 d | 572 | 1.75 | 600 | 1.91 | |
| 育肥中后期 | 450 | 15 | 100 d | 722 | 1.5 | 752 | 1.52 | |
| 全程 ADG | | | | | 1.5 | | 1.582 | |
| 断奶后 ADG | | | | | 1.6 | 提前 20 d 出栏 | 1.6606 | |

## （三）西门塔尔牛肉牛养殖饲料配方

肖跃强等以西门塔尔杂交肉牛公牛为养殖观察动物，配制了 4 组饲料，对其养殖效果进行了评估，可供参考。其特点为精饲料以玉米为主，同时辅以喷浆玉米皮、小麦麸、大豆粕，粗饲料配以不同的黄贮玉米秸秆饲料或全株玉米青贮（表 5-8）。A 组为对照组，饲喂黄贮 + 玉米组，该组为山东滨州地区大部分养牛户常用配方；B 组为饲喂黄贮 + 精饲料组；C 组为饲喂经微生物青贮剂发酵的黄贮 + 精饲料组；D 组为饲喂全株青贮 + 精饲料组。B 组全期平均日增重最小，为 0.86 kg，C 组次之，为 0.93 kg，D 组最高，为 1.05 kg，A 组为 1.02 kg。61 d 的饲喂增重 A 组为 807 kg，B 组 680 kg，C 组 733 kg，D 组 832 kg。

因此，应用全株青贮玉米＋精饲料配方可获得最大利润，应该加快推广，以提高肉牛养殖经济效益、增加养殖户收入。

表 5-8　饲养前期 1 后期饲料原料组成及营养水平（前期 1 后期）　（%）

| 项目 | | A 组 | B 组 | C 组 | D 组 |
|---|---|---|---|---|---|
| 原料组成 1% | 玉米 | 37.50/53.00 | 22.30/37.00 | 22.30/37.00 | 22.30/37.00 |
| | 喷浆玉米皮 | 5.00/6.00 | 5.75/6.00 | 5.75/6.00 | 6.00/6.00 |
| | 小麦麸 | 3.00/8.00 | 8.00/8.00 | 8.00/8.00 | 8.00/8.00 |
| | 大豆粕 | 6.50/5.70 | 6.00/5.70 | 6.00/5.70 | 6.00/5.70 |
| | 4% 预混料 | 0.50/0.50 | 0.50/0.50 | 0.50/0.50 | 0.50/0.50 |
| | 尿素 | 0.40/0.10 | 0.45/0.30 | 0.45/0.30 | 0.00/0.00 |
| | 石粉 | 0.80/1.00 | 0.80/1.00 | 0.80/1.00 | 0.80/1.00 |
| | 食盐 | 0.50/0.40 | 0.50/0.50 | 0.50/0.50 | 0.50/0.50 |
| | 小苏打 | 0.50/1.00 | 0.40/0.70 | 0.40/0.70 | 0.60/1.00 |
| | 氧化镁 | 0.30/0.30 | 0.30/0.30 | 0.30/0.30 | 0.30/0.30 |
| | 玉米秸黄贮 | 45.00/24.00 | 55.00/40.00 | 0 | 0 |
| | 青贮剂发酵玉米秸黄贮 | 0 | 0 | 55.00/40.00 | 0 |
| | 全株玉米青贮 | 0 | 0 | 0 | 55.00/40.00 |
| 营养水平 | 增重净能（MJ/kg） | 6.36/6.32 | 5.85/4.34 | 5.85/4.34 | 5.83/4.34 |
| | 粗蛋白质 | 7.15/8.92 | 6.56/7.64 | 6.56/7.64 | 6.6/7.64 |
| | 中性洗涤纤维 | 39.12/29.38 | 46.76/38.41 | 46.76/41.36 | 36.82/31.06 |
| | 酸性洗涤纤维 | 24.03/15.81 | 28.86/22.57 | 28.09/22.01 | 21.91/17.46 |
| | 钙 | 0.09/0.10 | 0.09/0.10 | 0.09/0.10 | 0.09/0.10 |
| | 磷 | 0.20/0.29 | 0.20/0.24 | 0.20/0.24 | 0.20/0.24 |
| 配合饲料单价（元/kg） | | 1.27/1.57 | 1.10/1.32 | 1.11/1.32 | 1.12/1.34 |

注：4% 预混料购自中粮（北京）饲料科技有限公司。

（肖跃强等）

## （四）西门塔尔牛杂交牛养殖试验饲料配方

刘华等在河南驻马店地区，对 12 月龄左右、体重在 395 ～ 405 kg 的西门塔尔杂交牛（西门塔尔牛 × 本地牛）进行了养殖，配制了 3 组饲料，考察其养殖效果（表 5-9）。其特点是饲喂的全株玉米青贮都相同，不同在于添加的干草粗饲料，分为麦秸组、花生秧组、苜蓿干草组。整体精粗比接近1∶1。以下三组饲料配方养殖为90 d，麦秸组平均日增重0.84 kg，花生秧组平均日增重1.05 kg，苜蓿干草组1.25 kg。料重比麦秸组最高（11.4），花生秧组其次（9.92），苜蓿干草组最低（7.80）。根据干草营养成分对比可见，苜蓿蛋白质含量最高，因此取得了最大的平均日增重和最低的料重比。

表5-9 试验饲粮组成及营养水平（干物质基础） （%）

| 项目 | 麦秸组 | 花生秧组 | 苜蓿干草组 |
| --- | --- | --- | --- |
| 原料 | | | |
| 麦秸 | 24.15 | | |
| 花生秧 | | 24.15 | |
| 苜蓿干草 | | | 24.15 |
| 全株玉米青贮 | 27.55 | 27.55 | 27.55 |
| 精饲料[1] | 48.30 | 48.30 | 48.30 |
| 合计 | 100.00 | 100.00 | 100.00 |
| 营养水平[2] | | | |
| 综合净能（MJ/kg） | 6.48 | 6.73 | 6.76 |
| 粗蛋白质 | 9.12 | 10.24 | 11.98 |
| 中性洗涤纤维 | 40.46 | 32.86 | 30.40 |
| 酸性洗涤纤维 | 26.13 | 20.88 | 18.61 |
| 钙 | 1.06 | 1.09 | 1.05 |
| 磷 | 0.58 | 0.57 | 0.59 |

注：1）精饲料由60%玉米、10%干酒糟及其可溶物、10%豆粕、13%麸皮、1%石粉、2%小苏打、4%预混料组成。预混料为每千克饲粮提供：铁1 200 mg，锌450 mg，铜150 mg，硒5 mg，碘15 mg，钴4 mg，维生素A 150 000 IU，维生素$D_3$ 50 000 IU，维生素E 500 mg.

2）综合净能为计算值，根据《肉牛饲养标准》（NY/T 815—2004）计算，其余为实测值。

## （五）西门塔尔公牛肉牛养殖配方及养殖效果

动物养殖在德国霍夫古特诺伊尔进行。使用肉牛品种为西门塔尔公牛［初始年龄为（167±11.7）d，初始活重211～9.3 kg］。饲料配方分两组，一组添加青贮全株玉米（CONVL组），另一组不添加青贮全株玉米（DRY组）。饲料配制特点是作为中心成分，两组饲粮都含有典型的可用饲料，如甜菜浆青贮饲料、小麦秸秆、玉米、大麦籽粒、菜籽粕、矿物质和维生素预混料（表5-1）。DRY组和CONVL组饲粮的主要区别特征是不含玉米青贮饲料。养殖结果显示，CONVL

组平均日增重 1.84 kg，DRY 组平均日增重 1.87 kg，CONVL 组料重比为 5.01，DRY 组料重比为 4.78。总体来说，DRY 组具有较好的养殖生长效率和养殖效益。

表 5-10　西门塔尔公牛日粮中的成分和化学成分

| 饲料 | 处理（kg） | | 营养组成（DM） | DRY | CONVL |
| --- | --- | --- | --- | --- | --- |
| | DRY | CONVL | | | |
| 青贮玉米 | — | 14.00 | DM% | 72.46 | 44.00 |
| 青贮甜菜浆 | 2.00 | 3.00 | ME（MJ/kg） | 10.5 | 11.00 |
| 小麦秸秆 | 1.2 | 0.3 | NEm（MJ/kg） | 6.70 | 7.10 |
| 玉米粉 | 3.5 | 1.2 | NEg（MJ/kg） | 4.20 | 4.50 |
| 大麦粉 | 2.0 | 1.2 | CF（%） | 8.35 | 11.08 |
| 菜籽粕提 | 1.10 | 1.00 | EE（%） | 2.85 | 2.99 |
| 甜菜浆颗粒（干） | 1.50 | — | CP（%） | 13.12 | 13.75 |
| 甜菜糖浆 | 0.80 | — | RDP（% CP） | 60.5 | 70.7 |
| MiproBull 200 Forte | 0.20 | 0.20 | 灰分（%） | 5.90 | 4.60 |
| 酸保护剂 TMR | 0.05 | 0.05 | WSC（%） | 8.50 | 3.44 |
| 饲料中总量（kg DM） | 12.35（8.95） | 20.95（9.22） | Starch（%） | 34.52 | 32.17 |
| | | | Ca（%） | 0.77 | 0.75 |
| | | | P（%） | 0.36 | 0.37 |
| | | | Mg（%） | 0.28 | 0.26 |
| | | | Na（%） | 0.14 | 0.19 |

# 第二节　肉牛青贮饲料型饲料配方与养殖效果

## 一、全株青贮玉米搭配不同粗饲料养殖效果

粗饲料在反刍动物的饲粮中占有较高的比例，通常约占饲粮的 60%（干物质基础），且其营养对反刍动物的采食量及营养物质利用非常重要。在实际生产过程中，常利用不同的粗饲料组合带来的组合效益提高肉牛的生长性能，不仅可

以降低肉牛养殖的生产成本，还可以促进农作物秸秆的合理利用。青贮是保存秸秆饲料营养物质的有效方法之一，因具有适口性好、营养丰富、可长期保存、消化率高及价格低廉等特点，被广泛应用于养殖业，尤其是牛、羊等反刍动物的生产过程中。常见的玉米青贮饲料有全株玉米青贮、普通玉米秸秆青贮和甜玉米秸秆青贮。全株玉米青贮因制作时带有籽粒，其营养价值在三者中最高，但其制作成本较高，因此多应用于奶牛的饲养过程中。肉牛生产过程中则多饲用玉米秸秆青贮。普通玉米秸秆是以收获籽粒为种植目的，成熟度较高，其青贮营养价值相对较低，仍具有一定程度的利用价值。甜玉米作为近年新兴的鲜食玉米，其种植面积逐年增多，且因其收割较早，适口性好，含水量适当，适宜作为青贮饲料的原料，且其收购价格较全株玉米低，可以在很大程度上降低养殖成本，因此深受奶牛场等养殖企业的欢迎。然而，玉米青贮饲料中粗纤维含量较高，而粗蛋白质含量相对较低。Abdulrazak 等研究表明，在玉米秸秆中添加豆科牧草可以显著改善玉米秸秆的消化率。花生秧是花生生产过程中的主要副产品之一，是一种优质的粗饲料，其产量大，适口性好，且营养物质含量丰富，其中粗蛋白质含量为 15.2%，粗脂肪含量为 5.0%，粗纤维含量为 20.1%，其丰富的营养不仅能够弥补玉米青贮营养的不足，而且可以降低因农作物秸秆利用不当造成的环境污染。Nolan 等通过在全株玉米青贮中添加禾本科饲草来改善粗饲料营养的平衡性，进而提高瘤胃微生物蛋白的合成量。张一为等利用体外瘤胃发酵技术研究发现，全株玉米青贮与花生秧组合时会出现正组合效应。王笑笑等研究发现，在饲粮中增加花生秧的添加量，可以提高经济效益，当花生秧与玉米青贮的配比在 1.0 : 1.2 时，奶牛氮素利用及经济效益效果最佳。秦雯霄等研究发现，花生秧的营养物质消化率均处于较高水平，具有很高的饲用价值和开发潜力。因此，本试验采用 3 种不同类型的玉米青贮与花生秧、麦秸组成 4 种不同的粗饲料组合，研究不同类型玉米青贮及以麦秸替代部分全株玉米青贮对西门塔尔杂交肉牛生长性能、血清生化指标及饲粮中各营养物质表观消化率的影响，为在肉牛养殖中更好地利用该类粗饲料资源提供理论与实践依据。

　　薛霄等使用全株青贮玉米搭配不同类型粗饲料并搭配合理的能量饲料对西门塔尔杂交肉牛做了养殖试验。其试验分组包括甜玉米秸秆青贮＋花生秧组（Ⅰ组），普通玉米秸秆青贮＋花生秧组（Ⅱ组），饲粮全株玉米青贮＋花生秧组（Ⅲ组），全株玉米青贮＋花生秧＋麦秸组（Ⅳ组）。经过 90 d 的养殖。结果显示，Ⅰ至Ⅵ组的平均日增重分别为 0.54 kg/d、0.47 kg/d、0.58 kg/d、0.53 kg/d，组间差异不显著。平均日采食量分别为 8.65 kg/d、8.58 kg/d、8.94 kg/d、8.89 kg/d，组间差异不显著。研究发现不同类型玉米青贮的粗饲料组合对肉牛营养物质表观消化率的影响显著。干物质表观消化率分别为68.48%、59.73%、70.24%、61.05%，组间差异显著，其中Ⅲ组最高，而Ⅰ、Ⅲ组显著高于Ⅱ、Ⅳ组。中性洗涤纤维（NDF）表观消化率分别为54.83%、38.72%、57.17%、45.90%，差异显著，Ⅰ、Ⅲ组显著高，Ⅳ组显著低于其他组。酸性洗涤纤维（ADF）表观消化率分别为47.55%、25.47%、41.73%、32.20%，差异显著，Ⅰ组显著高于其他组，Ⅱ组显著低于Ⅰ、Ⅲ组。粗蛋白质CP表观消化率分别为69.13%、65.91%、77.34%、69.03%，差异显著，Ⅲ组显著高于其他组。粗脂肪EE表观消化率分别为76.78%、80.32%、88.73%、86.04%，差异显著，Ⅲ、Ⅳ组显著高于Ⅰ、Ⅱ组。而总能（GE）表观消化率在各组分别为71.13%、63.80%、74.23%、65.17%，差异显著，在Ⅲ组显著高于Ⅱ、Ⅳ组。因此，从营养物质的表观消化率来看，Ⅲ组最好，Ⅰ组也是较优的选择，而其他两组表观消化率最差。因此，实际养殖中可以选择饲粮全株玉米青贮＋花生秧组（Ⅲ组）或甜玉米秸秆青贮＋花生秧组（Ⅰ组）。但考虑成本问题，另外两组在表观消化率上的表现也不是不可接受。

**表5-11 试验饲粮组成及营养水平（干物质基础）** （％）

| 项目 | 组别 | | | |
| --- | --- | --- | --- | --- |
| | A | B | C | D |
| 原料 | | | | |
| 甜玉米秸秆青贮 | 23.39 | | | |
| 普通玉米秸秆青贮 | | 23.06 | | |
| 全株玉米青贮 | | | 24.24 | 14.65 |
| 花生秧 | 18.63 | 17.78 | 17.98 | 18.11 |
| 麦秸 | | | | 9.06 |
| 干酒糟 | 10.40 | 12.04 | 12.18 | 11.65 |
| 玉米粉 | 15.88 | 15.90 | 14.05 | 14.74 |
| 豆腐渣 | 0.57 | 0.56 | 0.56 | 0.57 |
| 浓缩料[1] | 31.14 | 30.66 | 30.99 | 31.22 |
| 合计 | 100.00 | 100.00 | 100.00 | 100.00 |
| 精粗比 | 58:42 | 59:41 | 58:42 | 58:42 |
| 营养水平[2] | | | | |
| 干物质DM | 50.63 | 52.48 | 51.91 | 61.51 |

表 5-12　各组饲料营养成分组成

| 项目 | 组别 | | | |
|---|---|---|---|---|
| | A | B | C | D |
| 综合净能（MJ/kg） | 50.90 | 52.29 | 53.69 | 51.74 |
| 粗蛋白质 | 14.59 | 14.68 | 14.29 | 14.17 |
| 粗脂肪 | 3.93 | 3.80 | 3.40 | 3.38 |
| 中性洗涤纤维 | 33.66 | 36.52 | 34.70 | 37.79 |
| 酸性洗涤纤维 | 22.66 | 24.78 | 24.34 | 25.72 |

（薛霄等）

试验进一步研究了不同类型玉米青贮的粗饲料组合对肉牛血清生化指标的影响，结果显示葡萄糖（GLU，mmol/L）、总蛋白（TP，g/L）、球蛋白（GLO，g/L）、尿素氮（UN，mmol/L）、肌酐（CREA，μmol/L）等指标上在各组差异不显著。白蛋白（ALB，g/L）只在Ⅲ组显著高于Ⅰ组。游离脂肪酸（FFA，mmol/L）在Ⅰ组（0.18）、Ⅱ组（0.20）显著高于Ⅲ组（0.15）、Ⅳ组（0.14），乳酸脱氢酶（LDH，U/L）只在Ⅱ组（6 035.18）显著高于Ⅲ组（507.75）。游离脂肪酸反应了体内甘油三酯的动员程度，表明自身能量供给是否充足，试验显示全株玉米青贮组能够较好地降低血清游离脂肪酸含量。此外，对乳酸脱氢酶研究也表明全株青贮玉米能够降低血清乳酸脱氢酶含量，从而降低体内糖酵解的程度。

因此，试验整体结果表明全株青贮玉米组能够较好地提高表观消化率，优化血清学指标，促进肉牛养殖效益；而甜玉米秸秆青贮相比普通玉米秸秆青贮养殖效果又要好。

## 二、玉米青贮型全混合日粮对西门塔尔牛生长性能的影响

欧洲和世界上大多数发达国家的公牛增肥饲料传统上以玉米青贮饲料、富含淀粉和高能量/高蛋白的补充饲料为基础。气候变化对作物产量、饲料供应和价格波动的影响需要新的和适应的喂养策略，包括对育肥公牛的喂养策略。因此，本研究的目的是比较具有代表性的传统玉米青贮型（CONVL）全混合日粮和干型（DRY）全混合日粮（TMR）饲喂西蒙塔尔公牛的生长性能和经济影响。试验9个月（272 d），24头公牛（215±10 kg BW）随机分为2个TMR饲喂组（每组12头）。DRY-TMR的主要特点是营养纤维来源，完全基于秸秆和其他副产品。饲粮以康奈尔净碳水化合物和蛋白质系统为基础进行配方和平

衡。经过 272 d 的催肥，公牛被屠宰。采食量、平均日增重（ADG）/干物质采食量（DMI）比和营养物质采食量均受处理、时间及其交互作用的影响（$P <$ 0.05）。处理对酸性洗涤剂的木质素摄入量和淀粉摄入量均无影响。与 CONVL 公牛相比，饲喂 DRY-TMR 的公牛消耗了更多的非纤维性碳水化合物和瘤胃不可降解中性洗涤纤维，表现出较少的干物质和新鲜物质摄入量，以及较少的代谢能和物理有效中性洗涤纤维摄入量。两种饲料的营养摄取量存在差异（$P <$ 0.05），但饲料粒度分布和生长性能无显著差异（$P=0.45$）。由于平均日增重（DRY-TMR）和平均日增重（CONVL）分别达到 1.87 kg 和 1.84 kg，两个处理组的西门塔尔公牛均能在较短时间内达到目标体重。两种处理均获得正利润率 [（598±28）E/ 牛 ]。虽然不同处理之间每头公牛的总收入和屠宰率没有差异，但 DRY-TMR 显著较高的饲料成本（$P < 0.01$）导致 CONVL 处理组的收入高于饲料成本（$P= 0.04$）。尽管 DRY 饲粮的饲料成本高于 CONVL 饲粮，但 DRY-TMR 较好的 ADG/DMI 比（$P < 0.01$）有助于降低育肥期的绝对采食量。由于正利润率和较高的平均日增重结果，基于秸秆和副产品的 DRY-TMR 增肥公牛解决方案可以被认为是一种有前途的替代喂养策略。

国际和区域作物和玉米青贮产量可能受到全球气候变化的严重影响，例如降水模式的变化和可用水量的不足。与传统的玉米青贮相比，替代饲料是基于秸秆等副产品的，反刍动物可以有效地利用这些副产品生产供人类食用的食物。研究发现，尽管营养摄入量和颗粒大小分布存在差异，但两种饮食在体重增加方面没有差异。由于两组平均日增重均较高（平均 1.86 kg/d），本研究西门塔尔公牛在较短的育肥期内达到了目标体重。

这些公牛大多在集约化饲养系统中育肥，饲料以玉米青贮饲料和高能或高蛋白补充饲料为基础（Schütte 等，2021）。使用的青贮饲料主要是农场生产的玉米青贮饲料，因此公牛的肥育主要与农田地点有关。因此，玉米生产相对于粮食生产的竞争力决定了幼牛集约化育肥的区域分布。近几十年来，区域市场对生物能源的需求导致饲料和土地市场与沼气生产的竞争加剧，这影响了牛育肥的盈利能力（Henke 和 Theuvsen，2013）。此外，降雨减少和气温上升的气候变化可能更有利于谷物玉米而不是青贮玉米。这些因素限制了玉米青贮饲料的可用性，特别是肥育公牛，因此需要提供类似或更高能量水平的替代日粮，以满足遗传生长潜力，同时还需要提供足够的纤维，以满足瘤胃功能和反刍要求。

因此，面对不断加剧的气候变化、不断变化的饲料价格和饲料供应，必须不断评估公牛育肥的新型的和适应的喂养策略。本研究的目的是比较西门塔尔公牛饲喂传统玉米青贮基础日粮（CONVL）和干性（DRY）全混合日粮（TMR）的采食量、生长性能和经济影响，直到它们的最终体重达到 750 kg 左右。为了进行比较，DRY-TMR 被设计成含有与 CONVL 相似比例的瘤胃可发酵碳水化合物，同时提供饲喂特定浓度结构组分［物理有效中性洗涤纤维（peNDF）或淀粉酶修正中性洗涤纤维（aNDF）］的选择。本研究的假设是，饲喂 DRY-TMR 将产生与饲喂玉米青贮相当的生长速度和经济效益，并且不会对动物生产性能产生负面影响。

该动物试验于 2020 年 12 月 10 日至 2021 年 9 月 7 日在德国霍夫古特诺伊尔畜牧研究中心进行。所有实验程序均经动物福利事务部动物伦理委员会批准，符合德国动物福利法（许可号：G-20-20149）。将 24 头弗莱维赫公牛［$n = 24$，初始年龄（167±11.7）d，初始活重（211±9.3）kg］圈养在 8 个组栏中，分别饲喂常规（CONVL）和干式（DRY）TMR 两种饲粮中的一种。两种 TMR 饲粮均为每日 1 次。将公牛随机分为按体重分层的 2 个试验组（饲粮）。分别是 CONVL 和 DRY 组经异方差假设的双尾检验，12 头公牛初始体重与试验组无显著差异（$P >$ 0.54）。在处理期间，公牛被随机分配到位于公牛育肥仓的 4 个栏中的一个，即组（3 只动物／栏）。每个围栏配有板条地板和橡胶垫，面积为 11.8 m$^2$，相当于每头牛 3.93 m$^2$。为了免费获得饮用水，所有围栏都配备了两个压力碗。根据 NRC（2016）模型配制饲粮，为 500 kg 育肥公牛提供足够的能量和蛋白质，以支持每头每天约 2 kg 的体重增长。作为中心成分，两种试验饲粮都含有典型的可用饲料，如青贮甜菜浆、小麦秸秆、玉米、大麦籽粒、菜籽粕、矿物质和维生素预混料（表 5-15）。DRY 和 CONVL 饲粮的主要区别特征是不含青贮玉米饲料。为了防止排序为防止饲粮中的分选，在 DRY 饲粮中添加 6.5% 的甜菜糖蜜，以 20 mm 的理论切碎长度预切麦秸。

结果显示两种饲料的设计都保持了相似的生长速度。每千克干物质的 DRY-TMR 的 ME 含量为 10.5 MJ、NEm 含量为 6.7 MJ、NEg 含量为 4.2 MJ、CP 含量为 13.1%，CP 占 RDP 的 60.5%、EE 的 2.9%、NFC 的 51.5% 和 peNDF 的 14.8%，其中干物质含量为 44.0%，低于 DRY-TMR 的 72.5%。每千克干物质的 CONVL 饲料的 ME 含量为 11.0 MJ，NEm 含量为 7.1 MJ，NEg 含量为 4.5 MJ，CP 含量为 13.8%，CP 中 RDP 占 70.7%，EE 占 3.0%，NFC 占 45.2%，peNDF 占 23.1%，满足西门塔尔牛的要求。

摄取量和生长性能结果见表 5-13 和图 5-1A ～ E。采食量、ADG/DMI 比和养分采食量受处理、时间及其交互作用的影响（$P < 0.01$）。与 CONVL 公牛相比，饲喂 DRY-TMR 的动物 NFC、糖（水溶性碳水化合物）、可溶性纤维和 uNDF 的摄入量更高，新鲜和干物质摄入量更低，代谢能和粗纤维摄入量更低，αNDF、ADF 和 peNDF 摄入量更低。ADL 摄入量和淀粉摄入量均不受处理影响。

平均日增重不受处理影响，但时间和时间×处理交互作用显著（$P <$

0.01）。试验开始时，两组平均日增重均保持在 2 kg /d 以上，直至试验第 13 d。第 34 d，DRY 组的平均日增重低于 CONVL 组。从第 34 d 到第 90 d，两组平均日增重均增加至 2 kg /d，并保持该水平至第 119 d。第 134 d，CONVL 组的平均日增重低于 DRY 组（$P < 0.05$）。在两组中，直到实验结束，生长速率都保持稳定和高（161 ～ 272 d）。在 272 d 内，DRY–TMR 组的公牛平均每天增重 1.87 kg，而 CONVL–TMR 组的公牛平均每天增重 1.84 kg。第 62 d 和第 90 d，CONVL 组的活重高于 DRY 组（$P < 0.05$）。处理不影响总活增重（kg/ 头，272 d）。

表 5–13　饲喂不同试验饲粮的育肥牛采食量及生长性能

| 项目 | 处理 | | SEM | P 值 | | |
| --- | --- | --- | --- | --- | --- | --- |
| | DRY | CONVL | | 处理 | 时间 | 处理 × 时间 |
| 饲料 DMI（kg/d） | 8.95 | 9.22 | 0.242 | 0.01 | < 0.01 | < 0.01 |
| ME 摄入量（MJ/d） | 93.93 | 101.40 | 2.580 | 0.01 | < 0.01 | < 0.01 |
| 鲜饲料摄入量（kg/d） | 12.43 | 21.43 | 0.551 | < 0.01 | < 0.01 | < 0.01 |
| Crude fibre 摄入量（kg/d） | 0.75 | 1.02 | 0.025 | < 0.01 | < 0.01 | < 0.01 |
| aNDFom 摄入量（kg/d） | 2.46 | 3.16 | 0.077 | < 0.01 | < 0.01 | < 0.01 |
| ADF 摄入量（kg/d） | 1.46 | 1.73 | 0.042 | < 0.01 | < 0.01 | < 0.01 |
| ADL 摄入量（kg/d） | 0.27 | 0.25 | 0.007 | 0.5 | < 0.01 | < 0.01 |
| peNDF 摄入量（kg/d） | 1.32 | 2.13 | 0.054 | < 0.01 | < 0.01 | < 0.01 |
| NFC 摄入量（kg/d） | 4.61 | 4.17 | 0.121 | 0.04 | < 0.01 | < 0.01 |
| 淀粉 WSC 摄入量（kg/d） | 0.76 | 0.32 | 0.025 | < 0.01 | < 0.01 | < 0.01 |
| 淀粉摄入量（kg/d） | 3.88 | 2.97 | 0.081 | 0.73 | < 0.01 | < 0.01 |
| 可溶性纤维摄入量（kg/d） | 0.62 | 0.37 | 0.018 | < 0.01 | < 0.01 | < 0.01 |
| uNDF 摄入量（kg/d） | 0.71 | 0.61 | 0.019 | < 0.01 | < 0.01 | < 0.01 |
| CP 摄入量（kg/d） | 1.17 | 1.27 | 0.032 | < 0.01 | < 0.01 | < 0.01 |
| 可溶性蛋白摄入量（kg/d） | 0.41 | 0.52 | 0.013 | < 0.01 | < 0.01 | < 0.01 |
| 粗纤维摄入量（kg/d） | 0.26 | 0.28 | 0.007 | < 0.01 | < 0.01 | < 0.01 |
| ADG（kg/d） | 1.87 | 1.84 | 0.042 | 0.45 | < 0.01 | < 0.01 |
| ADG/DMI 比 | 0.26 | 0.24 | 0.022 | < 0.01 | < 0.01 | < 0.01 |

　　注：DMI ＝饲料干物质摄入；ME ＝代谢能；aNDFom ＝淀粉酶和灰分校正 NDF；peNDF ＝物理有效 NDF；NFC ＝非纤维碳水化合物；WSC ＝可溶性碳水化合物；uNDF ＝瘤胃不可降解 NDF；ADG ＝平均日增重；CONVL ＝传统玉米青贮日粮；DRY ＝干总混合日粮。

　　1 DRY 和 CONVL 日粮的主要区别是玉米青贮的缺失或存在。

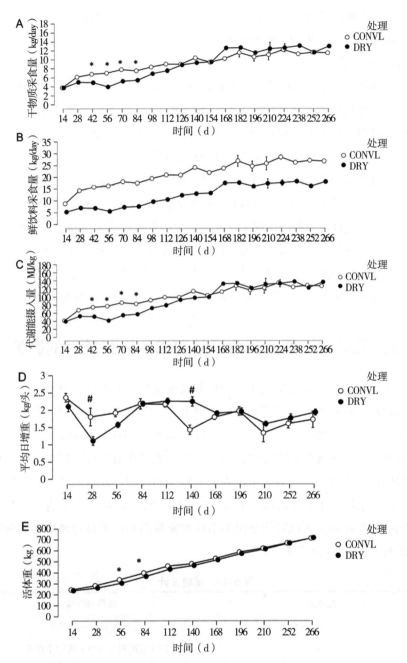

图 5-1　育肥牛干性饲料 (DRY) 和青贮玉米饲料 (CONVL) 处理不同养殖日期养殖效果
干物质采食量 (A)，鲜饲料采食量 (B)，代谢能摄入量 (C)，平均日增重 (D)，活体重 (E)

研究结果证实了我们的假设，即饲喂 DRY-TMR 将获得与饲喂玉米青贮相当的生长速度和经济效益，并且不会对动物生长性能产生负面影响。由于两组的平均日增重均较高（平均 1.86 kg/d），与典型的西门塔尔公牛生长曲线（平均日增重 1.5 kg/d，总活重 500 kg，即育肥期 333 d）相比，本研究西门塔尔公牛在较短的育肥期内达到了目标体重，这对农场盈利能力产生了积极影响。尽管在淀粉和快速瘤胃可发酵碳水化合物摄入量相当的情况下，膳食纤维摄入量和 TMR 特异性粒度分布存在差异，但两个处理组之间的生长性能没有差异。如 DRY 处理组所示，饲料的管理和适当的饲料粒度分布是优化肥育公牛饲料的重要方面。在欧洲，对食用动物的福利和健康提出了极高的要求。结合这些公牛的生长性能高，没有临床上明显的疾病，可以认为是健康的。因此，DRY-TMR 解决方案在青贮饲料供应普遍有限的情况下，或由于劳动力需求减少和整体农场管理的好处，可能是一种替代喂养策略。为了提高公牛集约化育肥的可持续性，需要在气候变化不断加剧的基础上制定新的喂养策略。未来的研究应更深入地探讨这一问题，如平衡区域相关的经济完全成本方法和可持续公牛育肥的环境目标。

## 三、高粱青贮型全混合日粮对肉牛生长性能的影响

为探究青贮饲用高粱对肉牛生长性能及血液指标的影响，综合考虑各种青贮饲用高粱的营养搭配是否满足肉牛营养需要，以期推动中国现代肉牛经济发展。陈凯等选 3 代阉牛为试验牛，以 BJ0603 青贮饲料作为基础饲粮，每个日粮处理组挑选 3 头牛进行屠宰分割，测定生长性能及血液指标。结果表明：青贮饲用高粱饲喂育肥肉牛，通过对肉牛血液指标的检测，发现对其肝脏功能、脂类的代谢及电解质水平等均没有不利影响。50% 青贮高粱和 50% 青贮玉米混合青贮饲喂效果较好，不仅能增加肉牛机体对能量的利用率且对肉牛肾脏功能无不利影响（表 5-14 至表 5-17）。

表 5-14　试验设计

| 处理组 | 粗饲料组成 |
| --- | --- |
| A | 100% 青贮全株玉米 |
| B | 25% 青贮高粱 +75% 青贮全株玉米 |
| C | 50% 青贮高粱 +50% 青贮全株玉米 |
| D | 75% 青贮高粱 +25% 青贮全株玉米 |
| E | 100% 青贮高粱 |

表 5-15　不同饲粮对肉牛生长性能的影响

| 项目 | 试验 A 组 | 试验 B 组 | 试验 C 组 | 试验 D 组 | 试验 E 组 |
|---|---|---|---|---|---|
| 初始体质量（kg） | 546.67±5.03a | 546.67±5.03b | 546.67±3.21d | 482.67±2.08c | 491.00±4.36c |
| 末质量（kg） | 640.33±48.81a | 633.17±44.62a | 607.00±8.72a | 601.67±32.75a | 598.33±10.02a |
| 日增质量（kg） | 0.57±0.29a | 0.67±0.2a | 0.84±0.03a | 0.72±0.19a | 0.65±0.05a |
| 胴体质量（kg） | 336.67±25.11ab | 338.67±18.82a | 319.33±10.69ab | 306.33±14.5b | 321.33±3.21ab |
| 屠宰率（%） | 52.58±0.11a | 53.53±0.84a | 52.60±1.02a | 50.93±0.86b | 53.71±0.97a |

注：数值用平均数±标准差表示。不同的小写字母表示在 0.05 水平上差异显著（t 检验）。表 5-16 和表 5-17 同。（引自陈凯等）

表 5–16  影响肉牛肝脏功能的部分血液生化指标　　　　　　（g/L）

| 项目 | 试验 A 组 | 试验 B 组 | 试验 C 组 | 试验 D 组 | 试验 E 组 |
|---|---|---|---|---|---|
| 总蛋白（TP） | 66.00±4.34d | 68.60±9.97cd | 79.50±5.27a | 71.60±16.06bc | 73.90±13.22b |
| 白蛋白（ALB） | 9.70±6.28c | 9.80±4.32c | 14.40±1.43a | 10.90±5.03b | 11.10±0.63b |
| 球蛋白（GLB） | 16.20±4.17e | 18.80±6.12d | 26.40±4.38a | 20.70±6.05c | 22.70±3.1b |
| 白球比（A/G） | 0.55±0.13ab | 0.52±0.16bc | 0.56±0.1a | 0.53±0.06abe | 0.51±0.08c |

表 5–17  影响肉牛血脂的血液生化指标　　　　　　（mmoL/L）

| 项目 | 试验 A 组 | 试验 B 组 | 试验 C 组 | 试验 D 组 | 试验 E 组 |
|---|---|---|---|---|---|
| 总胆固醇（CHOL） | 2.78±0.33b | 3.67±0.41a | 3.35±0.34ab | 3.95±0.31a | 2.76±0.76b |
| 甘油三酯（TG） | 0.87±0.62a | 0.60±0.62a | 0.66±0.70a | 0.27±0.03a | 1.22±0.82a |
| 高密度脂蛋白胆固醇（HDL） | 1.43±0.41a | 1.74±0.04a | 1.41±0.19a | 1.71±0.16a | 1.57±0.25a |
| 低密度脂蛋白胆固醇（LDL） | 0.53±0.05b | 0.85±0.33ab | 0.86±0.13ab | 1.08±0.16a | 0.61±0.27b |

通过测定肉牛日增质量、胴体质量等生长性能，评价饲料的综合效果，50%青贮高粱 +50% 青贮玉米组（C 组）最好，100% 青贮玉米组（A 组）最低。屠宰率、胴体质量等指标，是衡量牛肉生产性能和生长发育的重要依据。本试验中，随着青贮高粱比例的变化，肉牛胴体质量发生显著变化，屠宰率也发生显著变化，其中，以试验 A 组与试验 B 组胴体质量最高，但各组间屠宰率差异并不显著（$P > 0.05$），可能是由于各组间初始重量差异显著（$P < 0.05$）引起的。肉牛在生长育肥阶段所获得的营养物质，首先必须满足身体正常的生命活动，然后剩余的能量才能用于生产增质量。大量研究表明，屠宰前胴体质量随着宰前活质量的下降而下降，因此，不同比例的青贮高粱和青贮玉米不仅会影响肉牛的采食量和日增质量，还会间接影响肉牛的产肉性能。

青贮饲用高粱饲喂育肥肉牛，对其肝功能、肾脏功能及脂类代谢没有显著影响。青贮饲用高粱饲喂育肥肉牛，对其电解质水平没有显著影响。青贮饲用高粱与青贮玉米混合饲料具有良好的饲喂效果，且不会对肉牛的生长造成不利影响。其中以 50% 青贮高粱与 50% 青贮全株玉米混合青贮饲料饲喂效果较好，能增加肉牛机体对能量的利用率。

# 四、不同高值化玉米秸秆类型全混合日粮对肉牛生产性能的影响

玉米资源是我国粮食安全和农业可持续发展的根本保障，其利用形式多样，种质资源潜力巨大，种植优势明显。根据《中国统计年鉴》公布的主要农作物种植结构和主要能量产品产量，2020年我国玉米播种面积占总播种面积的24.64%，玉米产量2.6亿t，占粮食类作物中产量的38.93%，是世界玉米产量第二大国家。

我国每年产生超过3.4亿t玉米秸秆，饲料化利用比例约占秸秆资源可利用量的35.18%，是牛、羊等反刍动物的重要饲料来源。玉米秸秆在自然条件下是一种低质粗饲料，一般将玉米茎秆划分为适宜直接饲喂与适宜加工饲喂级别，将玉米叶梢划分为适宜直接饲喂级别。在我国畜牧业发达的地区，如内蒙古等地，玉米秸秆平均饲料化利用率在64%以上，部分地区秸秆饲料化利用率可达100%。但由于其质地粗硬、粗纤维含量高、难以消化、营养价值低等特性，大部分地区秸秆饲料化程度较低，对玉米秸秆一般采取废弃或焚烧处理。而焚烧过程导致土壤中微生物死亡、理化性质改变，并产生大量$CO$、$CO_2$等气态污染物，浪费资源的同时对当地生态环境造成巨大伤害。

为此，我国农业农村部于2015年开始推广"粮改饲"项目，以种植全株青贮玉米为重点，推进发展"种养结合"模式，在促进畜牧业发展、增加农民收益的同时，缓解秸秆焚烧带来的环保压力。近十年来，东北地区的秸秆产量、玉米秸秆密度及人均占有量均居全国第一。秸秆综合利用率能够达到78%～82%，饲料化利用率在16%～43%。但实际上，秸秆的资源总量、理论可收集量和实际可利用量之间存在较大差距。首先，由于在农作物收割过程中，损耗不可避免，一般农作物可收集系数在0.78～0.95；其次，虽然我国玉米秸秆饲料化利用量一直保持增长趋势，但总体利用仍处于初级粗放阶段。

目前，限制我国玉米资源饲料化的主要因素包括以下6个方面：①我国农业的发展现状是以农作物规模化栽培种植及可食用部分的开发利用为重点，对生产过程中产生的秸秆资源利用不够重视；②玉米秸秆的收获受季节影响，收运周期短，运输及装卸成本高；③东北地区玉米种植大多为农户模式，田地分散，且离公路较远，收储及运输难度大；④玉米秸秆密度低，体积大，存贮空间需求大，贮存成本高；⑤玉米秸秆本身容易发霉变质，需要专业的处理及贮藏手段；⑥技

术及设备成本高，现有的技术水平落后，设备性能低、更新慢，导致投入高，产出低。

## （一）玉米秸秆饲用高值化利用的不同形式

### 1. 揉丝玉米秸秆

揉丝玉米秸秆是通过玉米秸秆挤丝揉搓机，将玉米秸秆处理成柔软丝状草料，并且通过微生物处理技术从根本上改变了秸秆的营养成分，改善适口性，提高采食量。在柳茜等的试验中，比较了切碎和揉丝两种处理方式对青玉米秸秆青贮品质的影响，结果表明，揉丝玉米秸秆青贮的 pH 值低于切碎玉米秸秆；乳酸含量达到 9.42%，高出切碎秸秆 31.56%，干物质提高 13.51%，粗蛋白质含量提高 4.98%，NDF 和 ADF 降低 20.50% 和 17.13%，显著提高了青贮品质。而在康永刚等的试验中，揉丝微贮秸秆的粗蛋白质、粗脂肪较普通秸秆提高了 2% 和 1%，粗纤维降低了 12%，日增重提高了 26.5%，显著提高了饲料品质。

### 2. 膨化微贮秸秆

膨化微贮秸秆是一种将物理和生物处理方法结合起来的新型复合加工方法，通过将玉米秸秆切段、挤压膨化并加入菌制剂进行发酵，破坏其纤维结构，从而提高反刍动物的消化及利用效率。并且，经过膨化处理的玉米秸秆，结构性碳水化合物与木质素结构被破坏，可溶性成分增加，色泽、味道等性状改变，适口性提高。有研究显示，经过膨化处理的玉米秸秆，其细胞壁结构受到破坏，纤维素结构也由致密变为松散，用于饲喂肉牛时，其纤维素分解菌属相对丰度提高。

### 3. 黄贮玉米秸秆

在我国北方，玉米作为主要种植作物，每年都会产生大量的秸秆，但其利用率低，多数地区都采用废弃、焚烧等方式处理产生的秸秆。为了高效利用秸秆资源，减少环境污染，常用的方法是添加纤维素酶，将秸秆发酵制成黄贮饲料，从而改善秸秆利用效率。黄贮是在玉米完熟期或之后，植株下部叶片枯黄、中部叶片开始变黄、上部叶片仍绿时期，玉米籽粒含水量降至 20% ～ 25%，秸秆含水量降至 50% ～ 65% 时收获，在厌氧条件下利用乳酸菌发酵制成的粗饲料，是反刍动物的优质粗饲料资源。

玉米秸秆中纤维结构复杂且含量较高，适口性差，降低了反刍动物的采食欲望，提高了消化难度。通过黄贮发酵，将秸秆中的碳水化合物转化为乳酸等有机酸，提高了饲料的适口性及发酵品质。而添加纤维素酶则能够分解秸秆中的纤维素、木质素等物质，生产糖类，为乳酸菌提供底物，加快饲料发酵过程。因此，有学者利用纤维素酶与乳酸菌的相互作用，研究酶菌协同作用对发酵玉米秸秆营养物质影响。此外，有研究表明，以黄贮玉米秸秆作为粗饲料饲喂肉牛，能够提高其生长性能、营养物质表观消化率及屠宰性能。

**4. 全株玉米青贮**

青贮饲料是一种厌氧条件下保存绿色牧草作物的常规方法，目的是为牲畜提供高质量的饲料，是反刍动物的重要饲料之一，具有营养损失少、适口性好、消化率高等优点，能够提高反刍动物生长性能、营养物质表观消化率及瘤胃发酵性能。并且，经过青贮后，饲料的气味芳香，用于饲喂牲畜，能够显著提高采食量。其原理是厌氧环境下，乳酸菌（LAB）将水溶性碳水化合物（WSC）转化为有机酸，在短时间内迅速降低饲料 pH 值，抑制好氧微生物的繁殖，从而减少饲料营养物质损失并延长储存时间。优质的青贮饲料在牛羊养殖上具有巨大优势，不仅营养物质均衡，而且能够保证禽畜在秋冬季节获得充足的食物来源。

青贮接种剂用于加速青贮过程中 pH 值的下降，提高饲料的有氧稳定性及消化率。第一代青贮接种剂为乳酸菌，能够加速乳酸产生和 pH 值下降，降低青贮饲料营养物质损失。随后，异型发酵乳酸菌被引入作为第二代接种剂，如布氏乳杆菌等，能够产生乙酸和 1，2- 丙二醇，从而抑制酵母和霉菌的繁殖，提高饲料有氧稳定性。而一些特殊的布氏乳杆菌被定义为第三代接种剂，因为它们不仅能够提高饲料有氧稳定性，还含有阿魏酰酯酶，能够水解植物细胞壁中的阿魏酰化多糖，从而提高饲料中纤维的消化率。而第四代接种剂则是指能够直接饲喂，不仅作用于饲料，同时还能够作用于反刍动物本身，促进瘤胃健康，提高饲料利用效率，减少甲烷排放的微生物制剂。

**5. 乳酸菌接种剂**

乳酸菌是用于发酵饲料的主要微生物制剂。添加乳酸菌能够降低青贮饲料 pH 值，增加乙酸、丙酸浓度，降低酸性洗涤纤维、可溶性碳水化合物及氨态氮浓度。此外，接种剂能够减少酵母和霉菌数量，增加乳酸菌数量，从而提高发酵饲料的有氧稳定性及饲料品质。LAB 接种剂又分为同型发酵和异型发酵，其使用效果存在显著差异。

同型发酵乳酸菌能够消耗饲料的可溶性碳水化合物，生成有机酸，快速降低 pH 值，增加乳酸含量，改善饲料发酵效果，抑制霉菌和酵母等好氧微生物的繁殖，从而延长饲料贮存时间，最大限度地减少营养物质和能量损失。但在出料阶段，当饲料暴露在空气中时极易变质。饲料在好氧微生物的作用下发生二次发酵，产生腐败现象，造成饲料营养物质损失，霉菌所产生的毒素还会对动物健康和生产性能造成负面影响。

异型发酵乳酸菌在发酵过程中，除产生少量乳酸外，还会消耗乳酸，生成乙酸和 1, 2- 丙二醇。由于乙酸含量升高，霉菌和酵母的活动受到抑制，饲料有氧稳定性得到提高。Costa 等有研究显示，使用专性异型发酵菌株处理的发酵饲料具有最低的干物质损失、最高的有氧稳定性、良好的产酸和 pH 值，以及最低的酵母数量。但异型发酵乳酸菌转化乳酸的效率低下，转化过程消耗大量能量，会导致一定的营养物质损失。

本试验旨在研究不同高值化玉米秸秆粗饲料对西门塔尔杂交肉牛生产性能、营养物质表观消化率、血清生化指标和经济效益的影响，为降低肉牛饲养成本，促进玉米秸秆资源饲料化，减少精饲料消耗，为促进畜牧业发展提供理论依据。

### （二）饲料配方与养殖

2020 年 9 月和 10 月分别采自内蒙古通辽市科左中旗敖包苏木农田，收割的蜡熟期全株玉米、晚熟期玉米籽粒和玉米秸秆。本试验中玉米秸秆处理分 4 个处理组。①揉丝玉米秸秆：在玉米试验田采集玉米秸秆，去穗，使用大型秸秆粉碎揉丝一体机，将玉米秸秆揉丝后打包，以备玉米秸秆 TMR 制作；②膨化秸秆微贮：采集的揉丝玉米秸秆加水调整水分至 60%，使用大型单螺杆主机，温度 120℃，挤压膨化，装入 PA–PE 复合尼龙袋，每个袋 200 kg，加入纤维素酶，真空包装，室温条件下贮藏 30 d 后，以备膨化秸秆微贮 TMR；③黄贮玉米秸秆：将刈割后的玉米秸秆切割为长度 1 ~ 2 cm，将纤维素酶和不同乳酸菌添加到各处理组中，并添加尿素作为糖源，调整饲料水分至 60%，在搅拌罐中混合均匀，装入 PA–PE 复合尼龙袋，每个袋 200 kg，每个处理 3 个重复。真空包装，室温条件下贮藏 60 d 后，以备黄贮玉米秸秆 TMR 制作；④青贮全株玉米：将刈割后的全株玉米切割为长度 1 ~ 2 cm，按每千克 5×10$^5$ CFU 植物乳杆菌和 5 ×10$^5$ CFU 布氏乳杆菌均匀喷洒在青贮玉米上，装入 PA–PE 复合尼龙袋，每个袋 400 kg，真空包装，室温条件下贮藏 60 d 后，以备青贮全株玉米 TMR 制作。

将以上 4 种不同形式的玉米秸秆作为粗饲料，制备全混合日粮所用原料如表 5-18 所示。

表 5-18　试验日粮组成及营养水平　　　　　　　　　　（%）

| 项目 | 分组 | | | |
|---|---|---|---|---|
| | JG | PH | QZ | HZ |
| 原料 | | | | |
| 玉米秸秆 | 50.00 | | | |
| 膨化玉米秸秆 | | 50.00 | | |
| 全株玉米青贮 | | | 50.00 | |
| 黄贮玉米秸秆 | | | | 50.00 |
| 玉米破碎料 | 24.50 | 24.50 | 24.50 | 21.50 |
| 小麦麸 | 3.50 | 3.50 | 5.80 | 11.80 |
| 豆粕 | 11.00 | 11.00 | 8.50 | 5.50 |
| 向日葵饼 | 8.00 | 8.00 | 8.00 | 8.00 |
| 磷酸氢钙 | 0.25 | 0.25 | 0.25 | 0.25 |
| 小苏打 | 0.35 | 0.55 | 0.55 | 0.35 |
| 食盐 | 0.50 | 0.50 | 0.50 | 0.50 |
| 石粉 | 0.75 | 0.75 | 0.75 | 0.75 |
| 预混料[1] | 0.50 | 0.50 | 0.50 | 0.50 |
| 尿素 | 0.65 | 0.65 | 0.65 | 0.65 |
| 合计 | 100.00 | 100.00 | 100.00 | 100.00 |
| 营养水平 | | | | |
| 综合净能（MJ/kg）[2] | 6.76 | 6.75 | 6.79 | 6.85 |
| 粗蛋白质 | 13.75 | 13.18 | 12.98 | 13.05 |
| 中性洗涤纤维 | 40.01 | 39.78 | 39.41 | 32.37 |
| 酸性洗涤纤维 | 24.72 | 21.59 | 21.40 | 15.28 |
| 粗灰分 | 9.55 | 9.51 | 10.50 | 13.60 |

注：1）每千克预混料提供：维生素 A 150 000 IU，维生素 D 320 000 IU，维生素 E 3 000 IU，铁 3 200 mg，锰 1 500 mg，锌 2 000 mg，铜 650 mg，碘 35 mg，硒 10 mg，钴 10 mg，钙 130 g，磷 30 g。2）综合净能为计算值，根据我国《肉牛饲养标准》（NY/T 815—2004）及饲料总能，其他营养水平为实测值。

　　以内蒙古通辽市科左中旗蒙智源养殖合作社肉牛养殖基地的西门塔尔杂交肉牛为试验动物，选择 28 头月龄相近、体重（350±23）kg 的西门塔尔杂交公肉牛，随机分成 4 组，每组 7 头。分别饲喂玉米秸秆（JG 组）、膨化玉米秸秆（PH 组）、黄贮玉米秸秆（HZ 组）和青贮全株玉米（QZ 组），按照精粗比 1∶1 配制成全混合日粮，日粮配制参考《肉牛营养需要（第 8 次修订版）》，按照日增重为

1.5 kg 设计 TMR 配方，饲料组成及营养水平见表 5-18。

本次试验共 66 d，包括 10 d 预试期及 56 d 正试期。本次试验开始于 2021 年 3 月 25 日。试验前对牛场进行全面消毒，每组牛驱虫健胃防疫后被安置各组围栏中，包括食槽、水槽，并保证肉牛具有充足的活动空间，自由饮水。按照表 5-18 配方中比例，将原料置于搅拌撒料一体 TMR 机（SL-5A 型，山东新圣泰机械制造有限公司，山东曲阜）中，并加水混合 5 min 使 TMR 含水量调整至约 50%。每天 6:30 和 17:30 定时饲喂 TMR。

## （三）养殖效果

### 1. 不同玉米秸秆型 TMR 的体外瘤胃发酵特性

不同玉米秸秆型 TMR 产气量及 pH 值的差异如表 5-19 所示，整个发酵过程中，PH 和 QZ 组的 GP 整体相对较高。发酵 24 h，HZ 组的 GP 显著高于 PH 组，其余时间均显著低于 PH 组（$P < 0.05$）；在整个发酵过程中，QZ 组的 GP 均显著高于其他组（$P < 0.05$）。在 24 h 内，各组 pH 值均随发酵时间而降低，QZ 组 pH 值最低，显著低于其他组（$P < 0.05$）；发酵 48 h，各组 pH 值上升且无显著差异（$P > 0.05$）。

表 5-19　不同玉米秸秆型 TMR 对体外发酵产气量及 pH 值的影响

| 项目 | 时间（h） | 组别 | | | |
|---|---|---|---|---|---|
| | | JG 组 | PH 组 | HZ 组 | QZ 组 |
| 产气量（mL/g DM） | 6 | $54.80\pm0.14^{c}$ | $58.60\pm0.85^{b}$ | $52.75\pm0.21^{d}$ | $62.20\pm0.57^{a}$ |
| | 12 | $74.45\pm1.91^{c}$ | $83.00\pm0.70^{b}$ | $81.90\pm0.00^{b}$ | $95.00\pm0.57^{a}$ |
| | 24 | $89.50\pm1.28^{d}$ | $99.40\pm0.85^{c}$ | $106.25\pm3.89^{b}$ | $118.70\pm0.28^{a}$ |
| | 48 | $121.95\pm3.32^{b}$ | $132.75\pm0.92^{a}$ | $122.20\pm1.98^{b}$ | $135.60\pm1.98^{a}$ |
| pH 值 | 6 | $6.56\pm0.02^{a}$ | $6.50\pm0.03^{a}$ | $5.45\pm0.05^{b}$ | $6.53\pm0.03^{a}$ |
| | 12 | $6.48\pm0.02^{b}$ | $6.66\pm0.15^{a}$ | $6.40\pm0.00^{b}$ | $6.29\pm0.09^{b}$ |
| | 24 | $6.31\pm0.07$ | $6.30\pm0.08$ | $6.32\pm0.01$ | $6.22\pm0.08$ |
| | 48 | $6.71\pm0.05^{a}$ | $6.76\pm0.03^{a}$ | $6.71\pm0.02^{a}$ | $6.63\pm0.04^{b}$ |

注：同行数据肩标不同字母表示差异显著（$P < 0.05$）；肩标相同字母或无字母标注表示差异不显著（$P > 0.05$）。

不同玉米秸秆型 TMR 干物质和中性洗涤纤维降解率的差异如表 5-20 所示，在整个发酵过程中，各组的 DMD 均增加，在发酵 24 h，JG 组的 DMD 最高，显著高于其他组（$P < 0.05$），其他时间均为 QZ 组的 DMD 最高，且差异显著（$P$

< 0.05 )；各处理的 NDFD 在发酵过程中均有所增加，其中 QZ 组的 NDFD 最高，显著高于其他组（$P < 0.05$）。

表 5-20　不同玉米秸秆型 TMR 对体外发酵干物质和中性洗涤纤维降解率的影响

| 项目 | 时间（h） | 组别 | | | |
|---|---|---|---|---|---|
| | | JG 组 | PH 组 | HZ 组 | QZ 组 |
| 干物质降解率（g/kg DM） | 6 | 185.22±3.45[a] | 164.66±7.45[ab] | 146.53±8.94[b] | 195.12±13.29[a] |
| | 12 | 239.67±8.54[b] | 213.65±1.44[c] | 225.35±1.82[bc] | 293.554±6.12[a] |
| | 24 | 425.53±1.96[a] | 398.44±11.59[b] | 400.30±6.26[b] | 370.92±6.62[c] |
| | 48 | 452.65±2.22[b] | 474.01±2.26[a] | 452.32±7.43[b] | 476.72±7.34[a] |
| 中性洗涤纤维降解率（g/kg DM） | 6 | 127.10±2.63[d] | 140.68±0.67[c] | 147.13±3.71[b] | 158.04±0.09[a] |
| | 12 | 214.96±3.35[b] | 218.79±7.93[b] | 272.76±6.42[a] | 273.52±7.58[a] |
| | 24 | 347.31±10.20[b] | 322.10±1.34[b] | 365.93±5.27[a] | 370.67±4.79[a] |
| | 48 | 368.56±9.33[ab] | 361.89±2.66[ab] | 342.42±7.43[b] | 378.98±11.14[a] |

注：同行数据肩标不同字母表示差异显著（$P < 0.05$）；肩标相同字母或无字母标注表示差异不显著（$P > 0.05$）。

### 2. 不同玉米秸秆型 TMR 对肉牛养殖的影响

不同玉米秸秆型 TMR 对肉牛生产性能的影响如表 5-21 所示，QZ 组的末重和平均日增重均显著高于 JG 和 PH 组（$P < 0.05$），且 QZ 组均最高。HZ 和 QZ 组的干物质采食量显著高于 JG 和 PH 组（$P < 0.05$），但 HZ 和 QZ 组、JG 和 PH 组之间均不显著（$P > 0.05$）。料重比 QZ 组最低，较 JG、PH 和 HZ 组分别降低了 15.20 %、14.05 % 和 11.14 %，显著低于 JG 和 PH 组（$P < 0.05$），但与 HZ 组不显著（$P > 0.05$）。

表 5-21　不同玉米秸秆型 TMR 对肉牛生长性能的影响

| 项目 | 试验期 | 组别 | | | | P 值 |
|---|---|---|---|---|---|---|
| | | JG 组 | PH 组 | HZ 组 | QZ 组 | |
| 体重（kg） | 初始 | 350.07±23.17 | 353.14±23.56 | 350.64±27.77 | 350.07±20.67 | 1.000 |
| | 28 d | 386.19±20.25[b] | 388.64±25.38[b] | 389.29±20.45[b] | 399.29±28.10[a] | 0.045 |
| | 56 d | 421.76±34.84[b] | 423.63±35.07[b] | 432.13±32.27[ab] | 445.14±32.22[a] | 0.032 |
| 日增重（kg/d） | 0～28 d | 1.29±0.32[c] | 1.37±0.19[c] | 1.52±0.27[bc] | 1.73±0.37[a] | 0.039 |
| | 29～56 d | 1.27±0.24[b] | 1.25±0.33[b] | 1.53±0.31[ab] | 1.67±0.27[a] | 0.048 |
| | 0～56 d | 1.28±0.25[c] | 1.31±0.24[c] | 1.52±0.25[b] | 1.71±0.30[a] | 0.041 |

| 项目 | 试验期 | 组别 | | | | P 值 |
|------|--------|------|------|------|------|------|
| | | JG 组 | PH 组 | HZ 组 | QZ 组 | |
| 干物质采食量（kg/d） | 0～28 d | $9.60\pm0.85^b$ | $9.72\pm0.79^b$ | $10.68\pm0.80^a$ | $10.52\pm1.24^a$ | 0.021 |
| | 29～56 d | $9.79\pm0.76^b$ | $9.51\pm0.95^b$ | $10.90\pm0.78^a$ | $10.91\pm0.21^a$ | 0.016 |
| | 0～56 d | $9.47\pm0.81^b$ | $9.58\pm0.90^b$ | $10.78\pm0.65^a$ | $10.77\pm0.99^a$ | 0.020 |
| 料重比 | 0～28 d | $7.44\pm0.58^a$ | $7.11\pm0.29^{ab}$ | $7.04\pm0.47^b$ | $6.08\pm0.39^c$ | 0.005 |
| | 29～56 d | $7.71\pm0.45^a$ | $7.65\pm0.46^a$ | $7.13\pm0.22^{ab}$ | $6.53\pm0.37^b$ | 0.030 |
| | 0～56 d | $7.43\pm0.64^a$ | $7.33\pm0.96^a$ | $7.09\pm0.35^{ab}$ | $6.30\pm0.22^b$ | 0.024 |

注：同行数据肩标不同字母表示差异显著（$P < 0.05$）；肩标相同字母或无字母标注表示差异不显著（$P > 0.05$）。

不同玉米秸秆型 TMR 对肉牛营养物质表观消化率的影响如表 5-22 所示，QZ 组干物质表观消化率显著高于 JG 组和 PH 组（$P < 0.05$），但与 HZ 组差异不显著（$P > 0.05$）；各组粗蛋白质表观消化率差异不显著（$P > 0.05$）；QZ 组 NDF 表观消化率显著高于其他各组（$P < 0.05$），JG 组低于 PH 和 HZ 组（$P > 0.05$）；QZ 组 ADF 表观消化率显著高于 JG 组和 PH 组（$P < 0.05$），但与 HZ 组差异不显著（$P > 0.05$）。

表 5-22　不同玉米秸秆型 TMR 对肉牛营养物质表观消化率的影响　　（%）

| 项目 | 组别 | | | | P 值 |
|------|------|------|------|------|------|
| | JG 组 | PH 组 | HZ 组 | QZ 组 | |
| 干物质 | $68.84\pm0.89^b$ | $69.15\pm0.20^b$ | $70.33\pm0.95^{ab}$ | $71.64\pm0.92^a$ | 0.048 |
| 粗蛋白质 | $64.34\pm0.62$ | $68.25\pm0.64$ | $68.27\pm0.82$ | $66.08\pm0.60$ | 0.081 |
| 中性洗涤纤维 | $49.98\pm0.41^b$ | $51.74\pm1.27^b$ | $53.99\pm1.30^b$ | $61.08\pm1.93^a$ | 0.035 |
| 酸性洗涤纤维 | $43.28\pm0.65^b$ | $43.80\pm1.28^b$ | $52.85\pm1.21^a$ | $57.41\pm0.52^a$ | 0.018 |
| 粗灰分 | $33.82\pm1.52^c$ | $35.33\pm0.53^b$ | $37.36\pm0.66^a$ | $35.54\pm0.84^b$ | 0.036 |

注：同行数据肩标不同字母表示差异显著（$P < 0.05$）；肩标相同字母或无字母标注表示差异不显著（$P > 0.05$）。

不同玉米秸秆型 TMR 对肉牛血清生化指标的影响如表 5-23 所示，各组肉牛血清总蛋白（TP）、白蛋白（ALB）、球蛋白（GLO）的含量和白蛋白/球蛋白值无显著差异（$P > 0.05$）；PH 组和 HZ 组肉牛血清中总血糖（GLU）含量显著高于 JG 组（$P < 0.05$），QZ 组血糖含量显著低于 JG 组（$P < 0.05$）；PH 组和 JG 组的肌酐和尿素氮显著低于 JG 组（$P < 0.05$）；PH 组血清丙氨酸转氨酶（ALT）含量显著低于其他各组（$P < 0.05$）；QZ 组血清碱性磷酸酶（ALP）含量显著低于其他各组（$P < 0.05$）；HZ 组血清总胆固醇（TC）含量显著高于 JG 组和 QZ

组（$P < 0.05$），但其他各组之间无显著差异（$P > 0.05$）。

表 5-23　不同玉米秸秆型 TMR 对肉牛血清生化指标的影响

| 项目 | JG 组 | PH 组 | HZ 组 | QZ 组 |
|---|---|---|---|---|
| 总血糖（mg/d） | 49.67±2.08[c] | 57.33±4.51[a] | 58.00±3.00[a] | 39.67±1.53[b] |
| 肌酐（μmol/mL） | 1.34±0.12[a] | 0.87±0.15[b] | 0.93±0.15[b] | 1.16±0.15[ab] |
| 尿素氮（mmol/L） | 11.67±2.08[a] | 6.33±1.53[b] | 6.00±1.00[b] | 6.33±1.15[b] |
| 总蛋白（g/L） | 7.00±0.35 | 7.20±0.10 | 7.23±0.45 | 7.23±0.35 |
| 白蛋白（g/L） | 2.90±0.10 | 3.00±0.00 | 2.97±0.21 | 2.90±0.10 |
| 球蛋白（g/L） | 4.10±0.26 | 4.26±0.12 | 4.23±0.25 | 4.30±0.36 |
| 白蛋白/球蛋白 | 0.71±0.03 | 0.70±0.02 | 0.70±0.01 | 0.68±0.07 |
| 丙氨酸转氨酶（U/L） | 71.67±2.89[a] | 54.33±0.58[b] | 74.00±3.00[a] | 70.67±2.08[a] |
| 碱性磷酸酶（U/L） | 163.00±18.33[a] | 155.00±6.56[a] | 167.67±5.51[a] | 107.33±1.53[b] |
| 总胆固醇（mmol/L） | 80.33±9.5[b] | 99.67±8.02[ab] | 108.33±18.56[a] | 80.33±2.08[b] |

注：同行数据肩标不同字母表示差异显著（$P < 0.05$）；肩标相同字母或无字母标注表示差异不显著（$P > 0.05$）。

不同玉米秸秆型 TMR 对肉牛养殖效益的影响如表 5-24 所示，整个试验期内，每头日增重效益 QZ 组最高，分别高于 JG 组、PH 组和 HZ 组 25.52 %、21.36 % 和 2.68 %。

表 5-24　不同玉米秸秆型 TMR 对肉牛每日增重效益的影响

| 项目 | 组别 | | | |
|---|---|---|---|---|
| | JG 组 | PH 组 | HZ 组 | QZ 组 |
| 日均干物质采食量（kg DM /d） | 9.47 | 9.58 | 10.78 | 10.77 |
| 饲料成本（元 / DM kg） | 1.84 | 1.83 | 1.85 | 2.37 |
| 每日饲料成本 ［元 /（d·头）］ | 17.38 | 17.55 | 19.94 | 25.48 |
| 平均日增重 ［kg/（d·头）］ | 1.28 | 1.31 | 1.52 | 1.71 |
| 日增重收入 ［元 /（d·头）］ | 43.36 | 44.42 | 51.70 | 58.10 |
| 每日增重效益 ［元 /（d·头）］ | 25.98 | 26.87 | 31.76 | 32.61 |

注：2021 年 3—6 月，玉米秸秆（揉丝粉碎）、膨化玉米秸秆、黄贮玉米秸秆和全株玉米价格分别 0.6 元 /kg、0.7 元 /kg、0.8 元 /kg、1.8 元 /kg，玉米（破碎）、豆粕、向日葵饼、麦麸、小苏打、磷酸氢钙、石粉、食盐、尿素、预混料分别是 2.2 元 /kg、3.9 元 /kg、2.7 元 /kg、2.6 元 /kg、2.25 元 /kg、2.4 元 /kg、0.3 元 /kg、0.8 元 /kg、2.4 元 /kg、12.0 元 /kg；6 月内蒙古通辽市场散栏活牛价格 36 元 /kg。

### 3. 不同玉米秸秆型 TMR 对肉牛瘤胃微生物多样性的影响

基于 97% 相似性水平划分，3 个处理组和 1 个对照组共得到 24 489 个 OUT。QZ 组 OUT 数显著低于 JG 组（$P < 0.05$），JG、PH、HZ 组之间无显著差异（$P > 0.05$，

图 5-2）。结果表明，饲喂青贮全株玉米导致肉牛瘤胃菌群 OUT 数量显著降低。

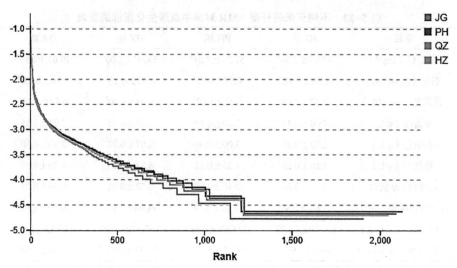

图 5-2 西门塔尔牛瘤胃样本细菌 Rank 丰度曲线

从分类学上，共鉴定出 22 门、40 纲、86 目、137 科、270 属和 119 种细菌。可以看出，获得的大部分序列属于厚壁菌门（Firmicutes）、拟杆菌门（Bacteroidetes）、变形菌门（Proteobacteria）和广古菌门（Euryarchaeota），其他则分布在髌骨细菌门（Patescibacteria）、浮霉菌门（Planctomycetes）、放线菌门（Actinobacteria）、Kiritimatiellaeota、软壁菌门（Tenericutes）、螺旋体门（Spirochartes）及其他未分类细菌中。在门水平上，厚壁菌门、拟杆菌门、变形菌门和广古菌门总数超过 90%。其中，厚壁菌门（Firmicutes）和拟杆菌门（Bacteroidetes）是各组瘤胃液中的优势菌群（二者相对丰度之和占细菌区系总数的 75% 以上），在 JG 组、PH 组、HZ 组和 QZ 组中厚壁菌门的相对丰度为37.26%、45.92%、46.39% 和 45.56%；拟杆菌门的相对丰度为 28.67%、30.9%、27.57% 和 22.95%。其次，变形菌门（Proteobacteria）、古菌门（Euryarchaeota）和杆状菌门（Patescibacteria）是瘤胃液中的次级优势菌门。其他菌门，如软壁菌门（Tenericutes）和螺旋体门（Spirochaetes）等虽然也有检出，但每个菌门的相对丰度均不足 1%。结果表明，PH、QZ、HZ 组厚壁菌门的相对丰度均高于 JG 组，HZ、QZ 组拟杆菌门的相对丰度低于 JG 组，PH、HZ、QZ 组变形菌门和广古菌门的相对丰度均低于 JG 组（图 5-3）。

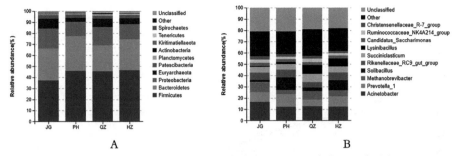

图 5-3　基于门水平（A）和属水平（B）的西门塔尔牛瘤胃细菌群落结构

在属水平上，大部分序列归属于不动杆菌（*Acinetobacter*）、普雷沃菌（*Prevotella*）、甲烷短杆菌（*Methanobrevibacter*）、森林土源芽孢杆菌（*Solibacillus*）、理研菌属 RC9（*Rikenellaceae RC9* gut group）、解琥珀酸菌（*Succiniclasticum*）、赖氨酸芽孢杆菌（*Lysinibacillus*）、候选单胞生糖菌（*Candidatus Saccharimonas*）、瘤胃球菌科 NK4A214（*Ruminococcaceae* NK4A214 group）、克里斯滕森菌科 R-7（*Christensenellaceae* R-7 group）。不同处理组瘤胃菌群相对丰度存在显著差异。不动杆菌属（*Acinetobacter*）、普雷沃氏菌属 1（*Prevotella-QZ*27）和未分类菌属（*Unclassified*）为瘤胃液真菌区系优势菌属（其相对丰度之和占到 45% 以上），在 JG 组、PH 组、HZ 组和 QZ 组中不动杆菌属的相对丰度为 16.64%、12.30%、12.44% 和 12.86%；普雷沃氏菌属 1 的相对丰度为 8.39%、10.19%、8.66% 和 6.42%。理岩菌科 RC9 肠道群（*Rikenellaceae_RC9_gut_group*）、甲烷短杆菌属（*Methanobrevibacter*）、解琥珀酸菌属（*Succiniclasticum*）和赖氨酸芽孢杆菌属（*Lysinibacillus*）等相对丰度在 1% ～ 10% 的为次级优势菌属。其他菌属，如瘤胃球菌属 2（*Ruminococcus*-2）和丛毛单胞菌属（*Comamonas*）等虽然也有检出，但其相对丰度小于 1%。PH、HZ、QZ 组不动杆菌属、甲烷短杆菌属、候选单胞生糖菌属及克里斯滕森菌属的相对丰度均低于 JG 组。相比之下，PH、HZ、QZ 组森林土源芽孢杆菌属、赖氨酸芽孢杆菌属的相对丰度显著高于 JG 组（图 5-4）。

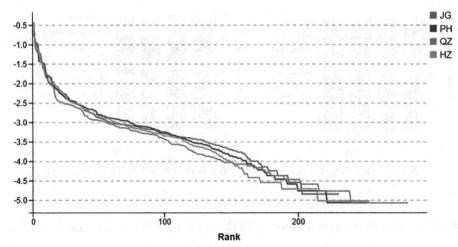

图 5-4　西门塔尔牛瘤胃样本真菌 Rank 丰度曲线

基于 97% 相似性水平划分，3 个处理组和 1 个对照组共得到 2 067 个 OUT。PH 组 OUT 数最低，HZ 组 OUT 数最高，但 4 组间无显著差异（$P > 0.05$）。结果表明，饲喂不同粗饲料对肉牛瘤胃真菌 OUT 数量无显著影响。

从分类学上，共鉴定出 9 门、28 纲、62 目、131 科、188 属和 166 种细菌。可以看出，获得的大部分序列属于子囊菌门（Ascomycota）、新美鞭毛菌门（Neocallimastigomycota）、被子植物门（Anthophyta）和担子菌门（Basidiomycota），其他则分布在毛霉亚门（Mucoromycota）、绿藻门（Chlorophyta）、纤毛亚门（Ciliophora）、Rozellomycota、被孢霉门（Mortierellomycota）及其他未分类真菌中。在门水平上，子囊菌门、新美鞭毛菌门（Neocallimastigomycota）、被子植物门和担子菌门总数超过 95%。在 JG 组、PH 组、HZ 组和 QZ 组中子囊菌门的相对丰度分别为 50.57%、58.3%、57.95% 和 60.21%；新美鞭毛菌门（Neocallimastigomycota）的相对丰度为 25.26%、4.49%、17.37% 和 28.21%。其次，被子植物菌门（Anthophyta）和担子菌门（Basidiomycota）是瘤胃液中的次级优势菌门。其他菌门，如纤毛亚门（Ciliophora）和毛霉门（Mucoromycota）等虽然也有检出，但每个菌门的相对丰度均不足 1%（图 5-5）。结果表明，PH、HZ、QZ 组子囊菌门的相对丰度均高于 JG 组，PH 组、HZ 组新美鞭毛菌门（Neocallimastigomycota）的相对丰度低于 JG 组，QZ 组新美鞭毛菌门（Neocallimastigomycota）的相对丰度高于 JG 组，PG、QZ、HZ 组被子植物门的相对丰度均低于 JG 组，PH、HZ 组担子菌门的相对丰度高于 JG 组，QZ 组担子菌门的相对丰度低于 JG 组。

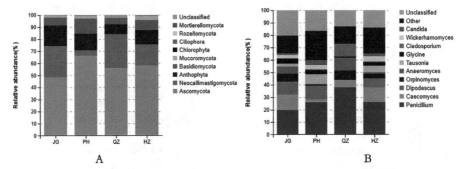

图 5-5 基于门水平（A）和属水平（B）的西门塔尔牛瘤胃真菌群落结构

在属水平上，大部分序列归属于青霉菌（*Penicillium*）、盲肠鞭菌（*Caecomyces*）、双足囊菌（*Dipodascus*）、厌氧真菌（*Orpinomyces*）、厌氧霉菌（*Anaeromyces*）、陶松菌属（*Tausonia*）、枝孢菌属（*Cladosporium*）、威克汉姆酵母属（*Wickerhamomyces*）、念珠菌（*Candida*）。不同处理组瘤胃真菌相对丰度存在显著差异。青霉菌属（*Penicillium*）和未分类菌属（*Unclassified*）为瘤胃液真菌区系优势菌属（其相对丰度之和占到40%以上），其中青霉菌属（*Penicillium*）是占绝对优势的菌属，在JG组、PH组、HZ组和QZ组中的相对丰度分别为19.82%、25.97%、26.12% 和 37.96%。盲肠鞭菌属（*Caecomyces*）、双足囊菌属（*Dipodascus*）和陶松菌属（*Tausonia*）等，相对丰度在 1% ~ 10% 的为次级优势菌属。其他菌属，如棉属（*Gossypium*）和曲霉属（*Aspergillus*）等虽然也有检出，但其相对丰度小于1%。PH、QZ、HZ组青霉菌（*Penicillium*）的相对丰度显著高于JG组，而盲肠鞭菌（*Caecomyces*）的相对丰度均低于 JG 组，枝孢菌属（*Cladosporium*）的相对丰度均高于JG组。与 JG 组相比，PH、HZ 组厌氧真菌（*Orpinomyces*）、厌氧霉菌（*Anaeromyces*）和QZ 组双足囊菌（*Dipodascus*）、陶松菌属（*Tausonia*）、威克汉姆酵母属（*Wickerhamomyces*）、念珠菌属（*Candida*）的相对丰度显著降低。

**4. 肉牛瘤胃细菌组成与养分消化率的关联性分析**

Heatmap 热图分析可视化地显示了肉牛瘤胃微生物与养分消化率、日增重和料重比之间的关联性。由图 5-6A 可知细菌组成对日增重有影响，在 4 组（JG组、PH组、HZ组和QZ组）瘤胃液中，瘤胃球菌属 –UGG–10（*Ruminococcaceae_UCG-010*）和糖发酵菌属（*Saccharofermentans*）均与日增重呈正相关（$P < 0.05$），赖氨酸芽孢杆菌属与日增重呈负相关（$P > 0.05$）。由图 5-6B 可知真菌组成对肉牛日增重和养分消化率有影响，在 4 组（JG 组、PH 组、HZ 组和 QZ 组）瘤胃液中，盲肠鞭菌属（*Caecomyces*）与日增重呈正相关（$P < 0.05$）；曲霉

属（*Aspergillus*）与料重比呈正相关（$P < 0.05$）；陶松菌属属（*Tausonia*）与干物质消化率呈正相关（$P < 0.05$），但曲霉属与日增重呈负相关（$P > 0.05$）；瘤胃菌属与料重比呈负相关（$P > 0.05$）。

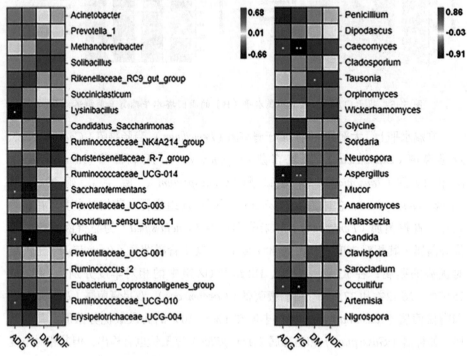

A 细菌相关性热图　　　　　　　　　　B 真菌相关性热图

图 5-6　肉牛养分消化率、日增重和料重比与微生物群落的热图分析

注：*$0.01 < P < 0.05$，**$0.001 < P < 0.01$，***$P < 0.001$。ADG：日增重；F/G：料重比；DM：干物质消化率；NDF：中性洗涤纤维消化率

## （四）讨论

### 1. 不同玉米秸秆型 TMR 的体外瘤胃发酵特性

通常，体外产气量 GP 用于评价牧草的饲用价值，能够一定程度上反映饲料在反刍动物体内的消化降解特性。就体外消化试验而言，产气量与饲料的营养价值、微生物对底物利用程度有关，会随发酵底物利用程度而提高。本试验中，6 h 和 12 h 产气量各组之间存在显著差异（$P < 0.05$），24 h 和 48 h 产气量 QZ 组最高，说明以青贮全株玉米为粗饲料的 TMR 底物发酵效果最好，营养物质代谢情况最佳。

此外，在瘤胃发酵过程中，乳酸菌能够消耗饲料中的纤维，转化为可溶性糖，从而促进瘤胃微生物发酵，增加饲料的干物质消失率。饲料在瘤胃中的消失率反映饲料被反刍动物消化利用的程度，与饲料特性、营养水平和瘤胃生理状态等有关。本试验中，QZ 组干物质和 NDF 降解率最高，说明青贮全株玉米中易消化物质多于其他处理组，营养水平更高，发酵品质提高。

**2. 不同玉米秸秆型 TMR 对肉牛生产性能的影响**

揉丝粉碎和黄贮是玉米秸秆加工调制的主要方式，而随着机械设备的不断发展与更新，为改善玉米秸秆粗纤维消化率低、适口性差等不足，采用挤压膨化、蒸汽爆破等技术破坏玉米秸秆复杂的纤维类结构，提高反刍动物玉米秸秆利用率。本试验结果表明，青贮全株玉米 CP、淀粉含量高于玉米秸秆，在青贮全株玉米 TMR 中减少了玉米破碎料和豆粕的用量，使得 TMR 中的综合净能、粗蛋白质含量相近。与其他处理组相比，以青贮全株玉米为粗饲料的 TMR 可显著提高肉牛日增重，降低料重比。这是由于全株青贮玉米经过发酵适口性好、易消化，且全株玉米青贮中含有益生菌及其代谢产物，为改善肉牛消化功能提供了良好的促进作用。本试验以挤压膨化玉米秸秆为粗饲料的肉牛 TMR，其饲喂效果与玉米秸秆 TMR 并无显著差异，表明挤压膨化物理方式处理对玉米秸秆营养成分和利用效果无显著影响，与邱玉朗研究结果相同，但与王玉婷研究结果不同。说明玉米秸秆挤压膨化加工工艺不同对玉米秸秆结构和消化利用不同。这也说明，玉米秸秆挤压膨化加工工艺不同可能会影响玉米秸秆结构及消化利用。与秸秆挤压膨化加工类似的蒸汽爆破处理可提高玉米秸秆纤维组分的瘤胃降解率、NDF、ADF，结合菌酶等生物技术微贮，能够进一步促进其利用效果。因此，利用优化的挤压膨化或蒸汽爆破加工与菌酶协同微贮是秸秆物理加工处理的最佳方式之一。

**3. 不同玉米秸秆型 TMR 对肉牛营养物质表观消化率的影响**

消化率是反映动物对营养物质摄取的多少，同时也是反映动物生长性能的重要指标，日粮营养物质在反刍动物体内的消化率受饲粮纤维组成和物理结构的影响。饲粮在瘤胃微生物发酵的作用下生成乙酸、丙酸等挥发性脂肪酸，为宿主提供能量。本试验中，饲喂青贮全株玉米 TMR 的肉牛各项营养物质表观消化率较高，特别是 NDF 和 ADF 表观消化率高于玉米秸秆的，这是由于不同收获期的玉米秸秆纤维素结构不同所致，全株玉米收割青贮制作是在蜡熟期，而玉米秸秆收割一般处于完熟期之后或更晚，后者木质素较前者含量高，而木质素是 NDF 和 ADF 的重要部分，不易被瘤胃微生物分解利用，从而降低了饲粮中 NDF 和 ADF 的表观消化率。与张智安等在湖羊上的研究结果一致。挤压膨化（1.8 MPa 和

120～140℃）或蒸汽爆破（1.5 MPa，3 min）处理能使瘤胃中玉米秸秆 NDF 和 ADF 表观消化率提高，但本研究相比玉米秸秆并没有提高，其原因可能是挤压膨化的压力或温度（1.3 MPa，100～120℃）不够所致。为进一步提高玉米秸秆的结构性碳水化合物降解率，可优化挤压膨化或蒸汽爆破加工工艺参数，并与菌酶协同微贮需要今后开展相关研究。本研究中，与玉米秸秆相比，利用菌酶调制的玉米秸秆黄贮的 NDF 和 ADF 含量未显著降低，但在 TMR 中肉牛的表观消化率升高，其原因是黄贮发酵的菌酶，在瘤胃中发挥了重要作用，促进了瘤胃微生物对秸秆的粘附作用。

**4. 不同玉米秸秆型 TMR 对肉牛养殖效益的影响**

在实际生产中，饲粮的选择应同时考虑肉牛的增重及经济效益。本试验中饲喂全株玉米青贮 TMR 的成本高于其他 3 组，但是它的平均日增重最高，且每日增重效益最好，为 32.61 元 /（d·头），比秸秆 TMR 组、膨化 TMR 组和黄贮 TMR 组分别提高了 25.52%、21.36% 和 2.68%，这表明全株玉米青贮 TMR 的使用虽然增加了成本，但也提高了肉牛的平均日增重，而且全株玉米青贮 TMR 每日增重效益显著高于秸秆 TMR 组、膨化 TMR 组和黄贮 TMR 组。总体来看，饲喂全株玉米青贮 TMR 的肉牛的经济效益高于饲喂其他玉米秸秆形式的饲粮。

**5. 不同玉米秸秆型 TMR 对肉牛瘤胃微生物多样性的影响**

细菌是占主导地位的菌群，它们对植物物质向挥发性脂肪酸和微生物蛋白质的消化和转化作出了重要贡献。饲喂全株青贮玉米 TMR 肉牛瘤胃液中厚壁菌门：拟杆菌门的比例最高，说明肉牛从全株青贮玉米 TMR 中获得的能量最多，所以采食全株青贮玉米 TMR 的肉牛日增重最好。进一步探究发现，在属水平上相对丰度较高的是普雷沃氏菌属 –1，它隶属于拟杆菌门，具有降解淀粉、蛋白质以及寡糖和半纤维素的能力，同时还可以通过琥珀酸途径发酵糖类物质产生丙酸。此外，4 组瘤胃液中还发现了理岩菌科 RC9 肠道群和解琥珀酸菌属等次级优势菌属，但它们在 4 组瘤胃液中的丰度相差不大。其中理岩菌科 RC9 肠道群和普雷沃氏菌属 –1 一样，隶属于拟杆菌门，所以可推测理岩菌科 RC9 肠道群可能是与非纤维植物成分降解有关的细菌。解琥珀酸菌属是一种典型的纤维降解菌，和纤维降解关系密切，淀粉作为解琥珀酸菌属的主要底物刺激其生长，能降解纤维或纤维二糖产生琥珀酸、乙酸和二氧化碳等。另外，本试验结果显示，4 组肉牛的瘤胃液中均存在瘤胃球菌属 2 和丛毛单胞菌属等相对丰度较小的微生物，这些微生物可能在肉牛瘤胃体内扮演着重要的生理及生态角色。

厌氧真菌是反刍动物和大型食草动物胃肠道中的"腐蚀性"微生物。由于它们广泛的假根系统和产生的各种高活性酶，能够破坏植物性细胞壁和促进纤维裂解菌在纤维细胞上的定植，在粗饲料的降解中发挥着重要的作用。本研究结果表明，新美鞭毛菌门和子囊菌门是肉牛瘤胃内主要的真菌类群，同时也发现了一群未培养的真菌以及少量的担子菌群，且其优势地位受饲粮中的纤维水平和碳水化合物含量的影响，多个研究结果均能够支持这一结论。子囊菌门是真菌界中最大的一类微生物，在营养循环中主要作为木质素和角蛋白的降解者。新美鞭毛菌门由瘤胃中的大多数厌氧真菌组成，在分解顽固的木质纤维方面发挥关键作用，主要消耗瘤胃可降解蛋白为宿主产生高质量的微生物蛋白。这些结果表明，真菌群落在肉牛瘤胃降解纤维中可能起着重要作用。本研究观察到，以全株青贮玉米为粗饲料的肉牛子囊菌门和新美鞭毛菌门相对丰度最高，这是由于全株玉米青贮经过发酵，植物纤维被打开，增强了真菌在纤维细胞上定植，为子囊菌门和新美鞭毛菌门的生长繁殖提供了有利的条件。这与张洪涛的研究结果一致。进一步探究发现，在属水平上肉牛瘤胃液中丰度较高的真菌菌属为青霉菌属，它隶属于子囊菌门，是丝状真菌中最具代表性的菌属之一，它分泌的胞外酶对纤维素、半纤维素和木质素有很强的分解作用，促进生物化学作用。本试验中，饲喂全株青贮玉米 TMR 肉牛的青霉菌属相对丰度比饲喂秸秆 TMR 的肉牛高 18.14%，这说明全株青贮玉米饲喂肉牛能够增加瘤胃液中胞外酶的产生，由此产生的结果是饲喂全株青贮玉米 TMR 肉牛的 NDF 和 ADF 表观消化率最好，肉牛的生长效率最高。表明饲喂全株青贮玉米能使瘤胃真菌种类显现出更利于降解纤维类物质的方向，丰富微生物菌群组成。此外 4 组瘤胃液中未分类菌属也是优势菌属，说明有关真菌菌群具体组成还需要进一步探究。

## （五）结论

将不同调制加工形式的玉米秸秆（揉丝粉碎、挤压膨化微贮、菌酶黄贮）和青贮全株玉米分别作为 TMR 中的粗饲料，占比为 50%，青贮全株玉米的体外瘤胃发酵产气量最高，pH 值最低，饲料消化性能最好。4 种玉米秸秆类型的 TMR 饲喂 350 ~ 450 kg 的西门塔尔杂交肉牛，青贮玉米 TMR 能够增加瘤胃真菌子囊菌门和新美鞭毛菌门的相对丰度，优化瘤胃细菌厚壁菌门：拟杆菌门的比例，提高肉牛采食量、营养物质表观消化率，提高日增重，降低料重比，增加饲料效益。不同形式秸秆饲料的饲喂效果依次为菌酶黄贮玉米秸秆 TMR、膨化玉米秸秆微贮、揉丝粉碎玉米秸秆。不同高值化玉米秸秆对肉牛的饲料转化利用效率不同，为进一步利用高新生物技术和机械加工技术高值化玉米秸秆提供了新思路和方法。

# 第三节　节粮型肉牛养殖发展潜力

节粮型肉牛养殖在我国具有广阔的发展潜力。具体分析如下。

市场需求与非粮饲料资源的可保障性：随着我国人口增长和生活水平提高，牛肉需求逐年上升。肉牛养殖节粮效应较高，发展节粮型肉牛养殖有助于缓解人畜争粮问题，提高非粮饲料的有效利用。

耕地资源优势：我国北方地区拥有耕地资源优势，适合发展节粮型肉牛生产，通过优化饲料配方和养殖技术，可以降低粮食消耗，提高养殖效率。

政策支持：政府出台了一系列扶持政策，旨在稳定肉牛生产，提高粮食转饲料转化率，为节粮型肉牛养殖提供了有力保障。

## 一、节粮型肉牛养殖面临的挑战

节粮型肉牛养殖面临的挑战主要包括如下。

品种优化程度低：我国肉牛品种繁多，但优质品种占比不高，且存在无序改良现象，导致牛群整体品质差，影响产业经济效益。

生产方式落后：以农户散养为主，饲养周期长，出栏体重小，育肥质量差，饲料转化率低，产品缺乏竞争力。

养殖知识贫乏：一些养殖户缺乏科学养殖知识，饲养管理粗放，导致购回病牛和品种差的牛，饲料配合不合理，甚至造成肉牛中毒或死亡。

综上所述，节粮型肉牛养殖在品种、生产方式及养殖知识等方面均面临挑战，亟须采取有效措施进行改进和提升。

## 二、节粮型肉牛养殖潜在的解决方案

节粮型肉牛养殖的潜在解决方案主要包括如下。

科学选种用种：根据市场需求，选择饲料转化率高、抗病能力强的品种，如西门塔尔、夏洛莱等，通过纯种或杂交方式，提高种质效益。

优化饲料资源：利用廉价且营养含量较高的原料，如酒糟、酱油糟、醋糟等，以及提高玉米全株青贮质量，节约能量饲料用量。同时，采用科学的饲料配方和加工调制技术，提高饲料转化利用效率。

改进养殖方式：推广规模化、集约化的养殖模式，替代传统的农户散养方式，提高饲料转化率和肉牛生产效率。

这些方案有助于降低肉牛养殖的粮食消耗，提高养殖效益，对节粮型肉牛产业的发展具有重要意义

## 三、节粮型肉牛养殖的具体技术优势

节粮型肉牛养殖的具体技术优势主要包括如下。

选种优势：通过科学选种，选择饲料转化率高、抗病能力强的品种，如西门塔尔、夏洛莱等，提高种质效益，降低饲养成本。

饲料利用优势：利用廉价且营养含量较高的原料，如酒糟、酱油糟、醋糟等，以及提高玉米全株青贮质量，节约能量饲料用量。同时，采用科学的饲料配方和加工调制技术，提高饲料转化利用效率。

设施与环境优势：建设现代化养殖场，包括合理的布局、完善的防疫设施等，为肉牛提供舒适的生活环境，有利于其健康生长，减少疾病发生，降低养殖成本。

## 四、节粮型肉牛养殖潜力

节粮型肉牛养殖市场前景广阔。随着全球粮食资源的日益紧张，节粮型畜牧业成为发展趋势。肉牛产业作为节粮型畜牧业的重要组成部分，通过充分利用牧草、农副产品等非粮饲料资源，减少粮食消耗，实现高效畜产品产出，具有显著的市场优势和发展潜力。市场需求增长：随着人们生活水平的提高，优质牛肉的需求量持续增长，为节粮型肉牛养殖提供了广阔的市场空间。国家出台了一系列政策措施，鼓励农民发展养牛业，提高牛肉自给率，为节粮型肉牛养殖提供了资金和技术支持。技术创新推动，智能化、自动化养殖设备和技术的应用，提高了养殖效率和生产效益，为节粮型肉牛养殖的发展注入了新的活力。

### 主要参考文献

柏峻，赵二龙，李美发，等，2019. 饲粮能量水平对育肥前期锦江阉牛生长性能、

养分消化和能量代谢的影响 [J].动物营养学报, 31（2）: 692–698.

常玮学, 杨英超, 夏志军, 等, 2022.不同添加量的植物水解单宁对秦川肉牛血清生化指标和瘤胃消化指标、瘤胃微生物区系的影响 [J].动物营养学报, 34（3）: 1642–1654.

陈凯, 朱新强, 王永刚, 等, 2019.青贮饲用高粱对肉牛生长性能及血液指标的影响 [J].华北农学报, 34（S1）: 366–371.

何振富, 董俊, 2016.不同饲料添加剂对舍饲肉牛血清生化指标, 免疫功能及生长激素的影响 [J].中国饲料（18）: 24–28.

霍路曼, 曹玉凤, 2019.饲粮能量水平对荷斯坦育成牛生长性能和瘤胃发酵的影响 [J].畜牧兽医学报, 50（2）: 108–118.

李国栋, 2017.蒸汽爆破对玉米秸秆的纤维结构, 瘤胃发酵及微生物粘附的影响 [D].扬州: 扬州大学.

李陇平, 刘锦旺, 李托, 等, 2021.细绒型和粗绒型陕北白绒山羊瘤胃细菌结构及组成 [J].动物营养学报, 33（11）: 6510–6522.

刘华, 牛岩, 肖俊楠, 等, 2020.不同粗饲料与全株玉米青贮组合对肉牛生长性能、血清生化指标、血清和组织抗氧化指标及肉品质的影响 [J].动物营养学报, 32（5）: 2417–2426.

马秀花, 桂瑞麒, 焦娜, 等, 2021.荞麦秸秆饲粮条件下甘露寡糖对滩羊瘤胃菌群结构的影响 [J].动物营养学报, 33（4）: 2365–2377.

邱玉朗, 朱煜升, 2020.不同处理秸秆营养成分及对肉羊生长性能的影响 [J].饲料研究, 43（12）: 13–16.

王循刚, 张晓玲, 徐田伟, 等, 2022.饲粮蛋白质水平对藏系绵羊瘤胃真菌菌群结构及功能的影响 [J].草业学报, 31（2）: 182–191.

王玉婷, 2020.膨化微贮玉米秸秆营养价值的评定及其对肉牛生产性能的影响 [D].长春: 吉林农业大学.

魏园, 赵晨旭, 李心慰, 等, 2018.不同粗纤维源日粮对梅花鹿瘤胃微生物区系的影响 [J].中国兽医学报, 38（1）: 217–221, 229.

吴琼, 王思珍, 张适, 等, 2019.基于16S rRNA高通量测序技术分析中国西门塔尔牛瘤胃微生物多样性和功能预测的研究 [J].中国畜牧兽医, 46（5）: 1370–1378.

肖跃强, 褚仁忠, 付石军, 等, 2020.黄贮、全株玉米青贮育肥杂交肉牛经济效益分析研究 [J].饲料研究, 2: 1–4.

徐晓锋，胡丹丹，郭婷婷，等，2020. 不同精粗比日粮对奶牛瘤胃真菌菌群结构变化的影响研究 ［J］. 云南农业大学学报，35（2）：269–275

薛霄，牛岩，蔡阿敏，等，2019. 不同类型玉米青贮的粗饲料组合对肉牛生长性能、营养物质表观消化率及血清生化指标的影响 ［J］. 动物营养学报，31（9）：4070–4079.

占今舜，霍俊宏，2020. 不同精粗比全混合日粮对努比亚山羊肉品质，血清指标和器官发育的影响 ［J］. 草业学报，29（10）：139–148.

张丹丹，张元庆，2021. 不同粗饲料组合对晋南牛瘤胃体外发酵特性的研究 ［J］. 草业学报，30（7）：93–100.

张红涛，2017. 不同玉米青贮水平对荷斯坦后备牛瘤胃液微生物组及其代谢组的影响 ［D］. 北京：中国农业大学.

张洁，王坤，李浩，等，2021. 粗饲料来源及长度对水牛犊牛生长性能、养分表观消化率和瘤胃菌群结构的影响 ［J］. 动物营养学报，33（12）：6876–6888

张智安，周文静，潘发明，等，2021. 粗饲料中不同全株玉米青贮比例对湖羊生长性能、养分表观消化率、肉品质及血液生理指标的影响 ［J］. 动物营养学报，33（9）：4998–5006.

赵聪聪，2019. 放牧条件下黄牛、犏牛和牦牛瘤胃液生理生化指标及微生物组成比较研究 ［D］. 杨陵：西北农林科技大学.

ABRÃO F O, DUARTE E R, PESSOA M S, et al., 2017. Notable fibrolytic enzyme production by *Aspergillus* spp. isolates from the gastrointestinal tract of beef cattle fed in lignified pastures［J］. PLoS One, 12（8）: e0183628.

BEIMFORDE C, FELDBERG K, NYLINDER S, et al., 2014. Estimating the Phanerozoic history of the *Ascomycota lineages*: combining fossil and molecular data ［J］. Molecular Phylogenetics and Evolution, 78: 386–398.

COSTA D M, CARVALHO B F, BERNARDES T F, et al., 2021. New epiphytic strains of lactic acid bacteria improve the conservation of corn silage harvested at late maturity［J］. Animal Feed Science and Technology, 114852.

CUI K, QI M, WANG S, et al, 2019. Dietary energy and protein levels influenced the growth performance, ruminal morphology and fermentation and microbial diversity of lambs［J］. Scientific Reports, 9（1）: 1–10.

DIAS J, MARCONDES M I, NORONHA M F, et al., 2017. Effect of pre-weaning diet on the ruminal archaeal, bacterial, and fungal communities of dairy calves［J］.

Frontiers in Microbiology, 8: 1553.

KOCH C, SCHÖNLEBEN M, MENTSCHEL J, et al., 2023. Growth performance and economic impact of Simmental fattening bulls fed dry or corn silage-based total mixed rations [J]. Animal, 17 (4): 100762.

YAN X T, YAN B Y, REN Q M, et al., 2018. Effect of slow-release urea on the composition of ruminal bacteria and fungi communities in yak [J]. Animal feed science and technology, 244: 18-27.

（胡宗福）

# 附录：彩图

彩图 1　中国西门塔尔公牛

彩图 2　舍饲肉用母牛－犊牛（中国西门塔尔）

彩图 3　蒙古牛（成年公牛）

彩图 4　蒙古牛（成年母牛）

彩图 5　华西牛（成年公牛）

彩图 6　华西牛（成年母牛）

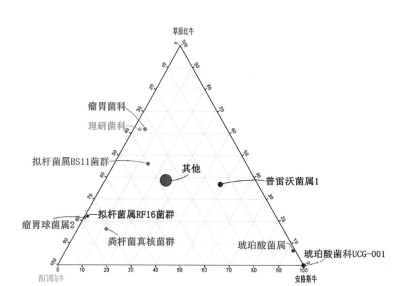

彩图 7　安格斯、西门塔尔和草原红牛瘤胃微生物
三元相图组成（属水平）

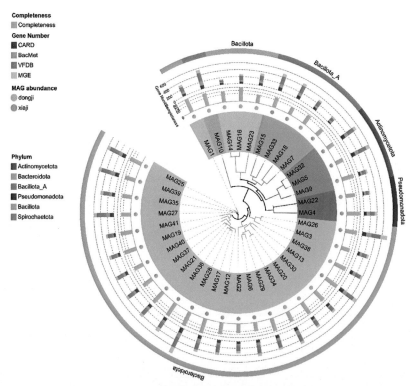

彩图 8　放牧采食新鲜天然牧草和干牧草的蒙古牛瘤胃
微生物组成异同（门水平 MAG 分析）

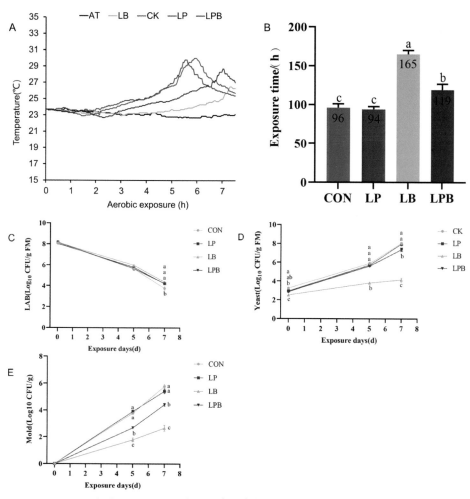

彩图 9　大豆和玉米混合青贮有氧暴露时间及微生物计数

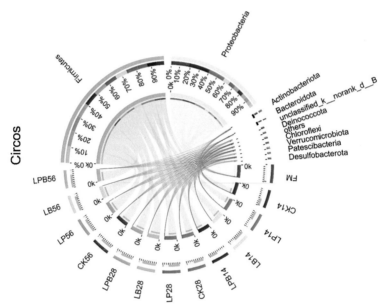

彩图 10　大豆和玉米鲜样（FM）、混合青贮饲料中细菌门水平菌群组成

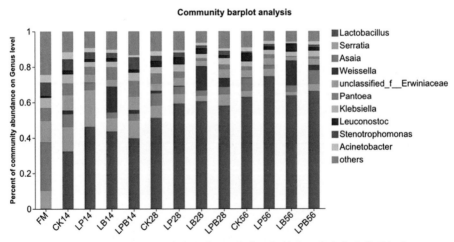

彩图 11　大豆和玉米鲜样（FM）、混合青贮饲料中细菌属水平菌群组成

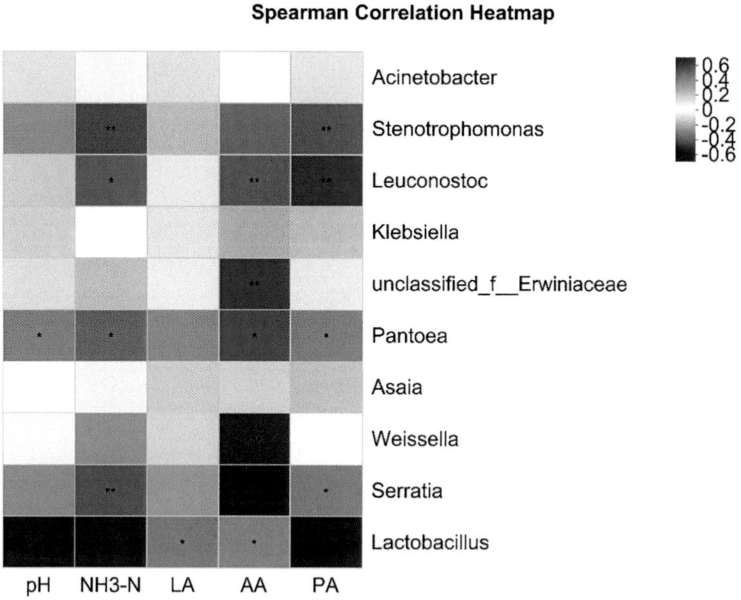

**Spearman Correlation Heatmap**

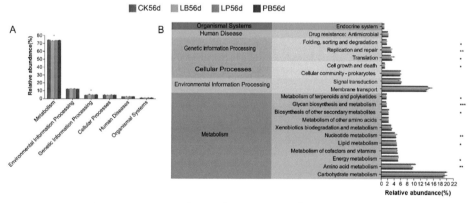

彩图 12　大豆和玉米混合青贮属水平微生物群落与
发酵参数之间的相关性分析

彩图 13　大豆和玉米混合青贮 56 d 后细菌群落的功能预测
（A）一级通路；（B）二级通路

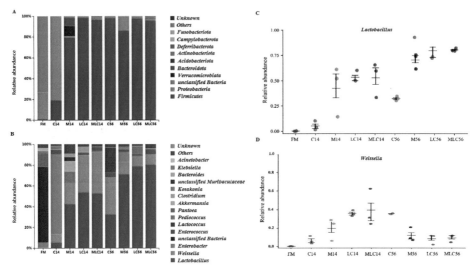

彩图 14　柠条青贮微生物菌群结构

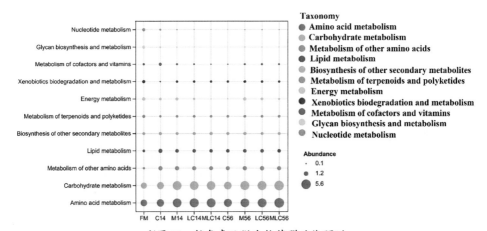

彩图 15　柠条青贮微生物菌群功能预测

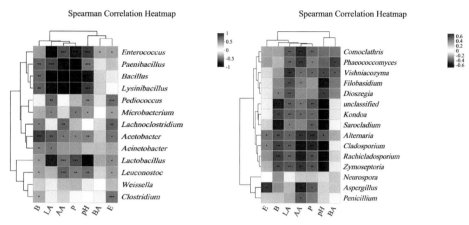

彩图 16　羊草青贮发酵品质和细菌菌群关联性分析

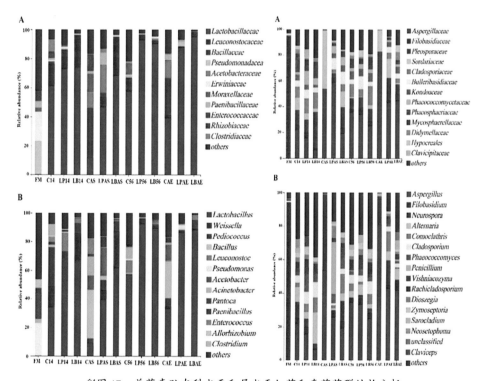

彩图 17　羊草青贮在科水平和属水平细菌和真菌菌群结构分析